车削加工过程颤振稳定可靠性设计

恩溪弄 著

东北大学出版社

·沈 阳·

图书在版编目（CIP）数据

车削加工过程颤振稳定可靠性设计 / 恩溪弄著. —沈阳：东北大学出版社，2024.3
ISBN 978-7-5517-3510-0

Ⅰ. ①车… Ⅱ. ①恩… Ⅲ. ①车削—研究 Ⅳ. ①TG51

中国国家版本馆CIP数据核字（2024）第054435号

出 版 者：东北大学出版社
地址：沈阳市和平区文化路三号巷11号
邮编：110819
电话：024-83683655（总编室）
024-83687331（营销部）
网址：http://press.neu.edu.cn
印 刷 者：辽宁一诺广告印务有限公司
发 行 者：东北大学出版社
幅面尺寸：185 mm × 260 mm
印　　张：11
字　　数：241千字
出版时间：2024年3月第1版
印刷时间：2024年3月第1次印刷
策划编辑：牛连功
责任编辑：周　朦
责任校对：王　旭
封面设计：潘正一
责任出版：初　茗

ISBN 978-7-5517-3510-0　　定价：40.00元

前　言

车削加工是机械制造中最普遍的加工方式之一，承担了半数以上的金属切削加工任务，因此，车削加工技术的发展水平在很大程度上反映了机械制造业的实力。而在车削加工过程中，机床、刀具和工件受到生产环境中多种随机因素的影响，构成一个复杂的动态作用系统，极易发生振动，从而影响工件的加工质量，甚至造成刀具磨损和机床损坏。其中，再生型颤振是刀具与工件之间产生的一种强烈自激振动，对切削系统的稳定性危害极大。因此，本书围绕车削加工过程优化进行研究，提出新的、高效的机械系统可靠性分析与设计方法，建立车削加工再生型颤振动力学模型及时变动力学模型，开展车削加工稳定性概率分析和全局可靠性灵敏度分析，并完成切削参数的可靠性优化设计。

本书主要研究内容如下。

第一，详细、系统地阐述了涉及概率论、数理统计等方面的基本知识。进而简要介绍了可靠性理论的基本概念与方法，以及常用的可靠性优化设计数学模型和可靠性优化算法。

第二，车削加工再生型颤振动力学建模与验证。针对车削系统，考虑加工刚性工件和柔性工件的情况，分别建立了车削刀具系统及车削加工系统的车削加工再生型颤振动力学模型。搭建车削加工试验平台，进行刀具系统和工件系统的模态试验、静刚度试验及切削力测试试验，获取车削系统的动力学参数及其分布特性。分析车削刀具系统和车削加工系统的稳定性。开展车削加工试验，对比试验试件的振纹情况，验证车削刀具系统和车削加工系统稳定性分析模型的准确性。

第三，车削颤振可靠性分析的控制变量法研究。结合二阶鞍点逼近理论和拉丁超立方采样方法，提出了机械可靠性分析的改进控制变量方法。将所提出的可靠性分析方法与其他可靠性分析方法(如Monte Carlo模拟方法等)相比较，验证所提出方法的精度和效率。根据车削颤振动态特性试验数据，建立车削刀具系统及车削加工系统的可靠性分析模型。对车削刀具系统和车削加工系统进行可靠性分析，为实际工程提供指导依据，并为系统后续优化设计提供理论基础。

第四，车削颤振时变可靠性分析。考虑刀具磨损对车削系统稳定性的影响，针对包含随机过程的高非线性小失效概率车削颤振时变可靠性问题，结合主动学习的Kriging模型与子集模拟时变可靠性分析方法，提出了基于子集模拟的主动学习Kriging时变可靠性分析方法。建立车削颤振时变稳定性模型，并通过试验验证了模型的准确性。建立车削颤振时变可靠性模型，分析了在不同主轴转速下的车削刀具系统颤振时变可靠性。

第五，车削颤振时变全局灵敏度分析。研究基于概率密度函数和累积分布函数的矩独立时变全局灵敏度分析方法及基于累积失效概率的矩独立时变全局灵敏度分析方法，采用主动学习Kriging时变模型代替时变极限状态函数，提出了基于主动学习Kriging的矩独立时变全局灵敏度分析方法。根据车削刀具系统颤振时变稳定性模型及时变可靠性模型，计算各参数基于概率密度函数、累积分布函数和累积失效概率的矩独立时变全局灵敏度指标，获取不同时间内车削参数的重要性排序。通过修正敏感参数的波动性，控制系统薄弱环节，提高车削加工过程的可靠性。

第六，车削加工参数可靠性优化。在序列优化与可靠性评定方法的基础上，结合可靠性分析的控制变量法，改进了逆可靠性分析优化模型，并提出了基于一阶控制变量的可靠性优化设计方法。建立车削颤振可靠性优化模型，对车削刀具系统和车削加工系统进行可靠性优化设计。对比基于一阶控制变量的可靠性优化设计方法和序列优化与可靠性评定方法的优化结果，证明所提方法在一定程度上提高了优化精度，降低了运算成本。

本书是在著者攻读博士学位期间所在课题组近几年研究成果的基础上总结、加工、整理而成的。感谢北京印刷学院对著者工作的支持，同时对东北大学出版社编辑团队在书稿出版过程中给予的帮助和付出的辛勤劳动深表谢意。部分研究成果得到了北京市教育委员会科学研究计划项目（KM202310015004）的资助，在此深表感谢。此外，著者的研究生参与了部分文字录入和编辑排版工作，在此表示感谢。

鉴于著者水平有限，本书中难免存在不当之处，恳请读者批评指正。

著　者

2023年11月

目　录

第1章 绪 论

1.1 课题研究背景与意义

机械制造业作为反映国家生产力和国防能力的基础产业，在创造物质财富的同时，也为国家生产部门提供装备，决定着国家的经济实力和综合国力，是国家科技发展的优先领域和高新技术的实施重点。自20世纪80年代以来，我国经济、科技高速发展，国产数控机床产品在国际市场上已占有一席之地，我国已经成为一个数控机床制造大国[1]；制造技术也朝着高速、高精度、智能化的方向发展，车削加工技术得到了广泛的关注。为提高产品质量和加工效率，对车削加工过程的深入研究不可或缺。因此，车削加工过程分析及优化逐渐成为现代机械制造和加工领域研究的热点之一。

在车削加工过程中，由于机床结构、刀具、工件、生产环境、车削参数等因素的多样性和复杂性，材料成形的过程会伴有许多复杂的物理现象发生，且这些现象大多集中在车削振动及稳定性方面。车削振动是车削加工中普遍存在的一种动态不稳定现象，其中再生型颤振对车削系统影响最大。这类振动现象会导致加工工件表面粗糙度低、加工过程噪声大、刀具磨损加剧，甚至会造成机床损坏，严重限制了生产效率[2]，因此，抑制车削颤振、维持系统稳定性对于车削加工而言是非常必要的。

同时，由于受到加工环境、测量和装配误差等因素的影响，车削系统具有不确定性，使车削加工中的颤振无法被准确预测。对车削系统进行可靠性分析可以评估系统发生颤振的概率，可以为工程人员选择加工参数提供重要依据。在车削加工过程中，系统的稳定性和可靠性是保障工业生产安全性、高效性、经济性、精确性的基础，因此，对车削加工的稳定性、可靠性进行分析，进而进行优化设计势在必行。

鉴于上述研究背景和车削加工技术问题，本书围绕车削加工过程优化进行研究，建立车削加工再生型颤振动力学模型及时变动力学模型，采用高效机械系统可靠性分析与设计方法，对车削加工过程稳定性概率和全局可靠性灵敏度进行分析，找出系统的敏感参数，并完成切削参数的可靠性优化设计，对提高车削加工过程的稳定性和可靠性、提高生产效率、降低生产成本有重要的理论价值及工程指导意义。

1.2 国内外发展与研究现状

1.2.1 车削振动研究

车削振动普遍存在于车削加工过程中，过度的车削振动将影响车削加工过程中的工件精度、生产效率和操作安全。车削加工过程主要存在自由振动、受迫振动、随机振动和自激振动[3]。自由振动是指系统受到外部冲击而脱离平衡，并通过自身阻尼作用很快衰减的振动。受迫振动是指系统在外部激励作用下发生的振动。随机振动是指系统在不确定性激励作用下发生的小幅振动。自激振动是指系统在无外部激励作用的情况下，仅由自身特性引起的振动。在车削加工过程中，自由振动和受迫振动往往是由操作不当或机床不平衡引起的，较易识别和消除。随机振动虽然无法消除，但对整个车削过程影响很小。而自激振动，又称颤振，是刀具与工件之间产生的一种强烈振动，在车削振动中起主导作用，能够引起工件表面粗糙度低、生产过程噪声大等问题，甚至影响机床寿命，对车削系统加工稳定性、加工质量和车削效率影响最大。同时，由于机床组件及车削系统本身动力学特性的复杂性，颤振也最难预测和抑制。

根据颤振产生机制，目前颤振基本分为再生颤振、振型耦合颤振及摩擦颤振[4]，在实际车削加工中，再生颤振是最常见、最主要的自激振动。目前，国内外学者的大多数研究是针对再生颤振的，他们在车削振动识别预测及车削系统动力学模型建立等方面开展研究，取得了一定成果。文献[5]通过分析车削振动信号，计算了前后两转车削振纹的相位差，分析了车削振动类型，识别出了车削加工过程中的强烈振动为再生型颤振。文献[6]提出了加工阻尼分析模型，计算了车削过程中低转速振动的加工阻尼比，建立了车削系统的二自由度复杂动力学模型。

在上述研究中，均假定工件为刚性工件，即在车削加工过程中，只考虑由刀具振动引起的再生颤振。而在对柔性工件车削加工过程中，工件在切削力作用下的振动也是影响车削加工稳定性的主要因素，因此，需要考虑工件振动与刀具振动耦合引起的颤振。针对上述问题，在加磁和不加磁两种情况下，文献[7]采用梁的单自由度受迫振动模型简化工件水平方向的振动，建立了工件振动方程。文献[8]采用均匀欧拉梁理论改进了工件振动模型，进而研究了车削稳定性极限。试验结果显示，计算求得的极限切削深度具有较好的精度。文献[9]建立了基于Timoshenko梁单元的阶梯轴弯曲振动模型，结合Nyquist图进行了车削稳定性分析。文献[10]考虑了刀具和工件振动对车削颤振的影响，采用有限元方法分析了车削加工稳定性。文献[11]建立了整个车削加工系统的动力学模型，并通过试验验证了模型。

1.2.2 车削加工稳定性研究

车削加工的稳定性是指系统在加工过程中抑制颤振的能力。车削系统从稳态切削到发生颤振之间的切削深度临界值称为稳定性极限，该极限越高，系统抑制颤振的能力越强。因此，通过对车削颤振进行监测和预测，将车削参数控制在使切削加工稳定的区域内，即可实现无颤振切削。目前，国内外学者对车削颤振监测与控制技术进行了大量研究工作。文献[12]建立了车削颤振的在线辨识与控制系统，辨识了系统的动态特性，在线控制了颤振的发生。文献[13]以切削力的标准差为参数，建立了车削加工颤振监测与抑制系统，对切削颤振进行在线监测。文献[14]采用人工神经网络模型分析了切削加工过程中的振动数据，监测了切削颤振的发生情况。同样，各种预测车削颤振稳定性的分析技术也受到广泛关注，其中较常用的技术有稳定性叶瓣图[15-16]、Nyquist图[17]和有限元分析[18]。这些研究成果对分析车削过程颤振稳定性具有重要的作用和现实意义。

随着现代机械产品质量要求的不断提升，对产品的加工精度及系统的加工效率提出了越来越高的要求，因此对切削颤振的控制更为重要。在任意切削加工过程中，刀具磨损问题不可避免，刀具磨损会使切削力不断增大、切削系数不断增加。切削力的变化必然会影响加工过程中的颤振稳定性[19]，因此，研究刀具磨损对车削颤振稳定性的影响非常必要。文献[20]针对刀具磨损与刀具寿命的关系进行研究，将刀具磨损分为三个阶段，即初级磨损、正常磨损和急剧磨损。文献[21]研究证明了刀刃几何形状和切削角度随着刀具磨损的变化，使切削力系数随之变化。

上述研究均可表明，刀具磨损引起的时变性影响了车削加工过程中的颤振稳定性，因此，在考虑刀具磨损的情况下，研究车削过程中颤振的时变稳定性是极其必要的。国内外学者也越来越重视刀具磨损对切削稳定性的影响。文献[22]考虑了刀具磨损及加工过程阻尼对切削稳定性的影响，并改进了动态切削力模型。文献[23]分析了车削过程中的硬质合金刀具磨损过程，并分析了车削系统稳定性，发现了车削稳定性判据随着刀具磨损量的变化规律。文献[24]研究了车削系统稳定性预测，考虑了时变切削深度和时变主轴转速对车削稳定性的影响，并通过试验进行了验证。

1.2.3 可靠性分析研究

通常，机械可靠性是指机械产品在规定的使用条件下和规定的时间内完成规定功能的能力[25-28]。在实际工程中，由于制造环境、安装误差、测量条件、技术条件、材料特征等因素的影响，机械零部件几何尺寸、形状、材料属性等参数及作用在机械系统上的载荷都具有随机性。可靠性分析可以找出系统的薄弱环节，对系统运转性能进行评价并降低系统的敏感参数等[29]。可靠性分析拟降低机械系统的故障发生率，避免系统的潜在风险，提升系统的使用寿命。由此可见，可靠性分析既是完成系统设计和制造的重要手段和环节，也是系统检测和维护的一个主要依据[30]。在机械工程领域，美国学者Freudenthal[31]于1947年提出了用于结构静强度可靠性设计的应力-强度干涉模型，这一著名理论引起了学术界与工程界的普遍关注和重视，形成了机械可靠性设计的基础。20世纪50年代，以电子产品为背景，可靠性问题的基本理论、方法及模型开始发展起来。近年来，随着可靠性理论的不断发展，国内外学者对可靠性在各个领域的应用进行了深入研究。可靠性分析方法大致分为近似解析法、数值模拟法和函数代替法[32]。其中，近似解析法可分为矩方法[33]和点估计法[34]；数值模拟法常见的有Monte Carlo模拟方法[35]、重要抽样法[36]、方向抽样法[37]等；函数代替法包括响应面法[38]、人工神经网络[39]等。

1.2.4 时变可靠性分析研究

在实际工程问题中，由于受环境或材料性能等因素的影响，系统的随机参数会随时间发生变化，传统可靠性分析无法精确描述系统的实际模型，因此，基于传统可靠性理论衍生出时变可靠性理论。对于实际工程中的时变系统而言，结构参数、材料、分布载荷及周围环境会随时间发生变化，即服从随机过程。

对于机械系统，时变可靠性分析方法主要有随机模拟法[40]、首次跨越法[41]和静态转化法[42]。文献[43]首先在研究动力学响应与某固定界限的交叉问题过程中提出了首次跨越概率公式，为时变可靠性问题研究奠定了基础。近年来，国内外学者对时变可靠性进行了深入研究，并将其应用到实际工程中。文献[44]通过离散随机过程，采用Monte Carlo模拟方法分析了时变可靠性。文献[45]考虑了结构的材料性能随时间退化或加载参数为随机过程的时变可靠性问题，结合一次二阶矩方法（FORM）提出了基于异交方法的PHI2方法。车削系统颤振时变可靠性模型具有强非线性且小失效概率的特点，因此，现有时变可靠性方法无法准确高效地解决车削颤振时变可靠度的计算问题。

针对小失效概率的时变可靠性问题，子集模拟方法也被逐渐应用于结构时变可靠度评估。文献[46]提出了一种改进的子集模拟方法，并通过离散随机过程估计随机参数系统的时变可靠度。文献[47-48]提出了一种基于子集模拟的时变可靠性分析方法，将时变可靠度问题转化为不确定性结构的静态可靠度问题，进而提出了一种基于极值矩法和改进的最大熵法相结合的多失效模式时变可靠性分析方法。

1.2.5 全局灵敏度分析研究

灵敏度分析[49]是确定单个参数对响应不确定性影响的一种定量技术。根据参数的灵敏度排序，找出系统的薄弱环节，从而将更多的注意力集中在敏感参数上，以降低参数不确定性对系统的影响。灵敏度分析分为局部灵敏度分析和全局灵敏度分析[50]。局部灵敏度分析假定模型为线性或单调性，通过偏导数或有限差分近似来评估参数的局部变化对系统的影响[51]。全局灵敏度分析评估单个参数在整个区间内的方差或响应分布对系统的贡献，并且全局灵敏度分析对系统模型没有限制[52]，因此，更能反映在完整分布范围内参数对系统的影响。

目前，随着时变可靠性研究的发展，国内外也存在一些关于时变全局灵敏度的研究成果。文献[53]结合三点估计法，对包含随机参数、模糊参数及多个时间参数的时变系统进行了全局灵敏度指标的评估，针对输入随机变量和随机过程同时存在的情况，提出了一种基于协方差的结构系统全局动态灵敏度方法。文献[54]利用基于泊松分布假设的首次跨越法和动态极限状态函数的一阶泰勒（Taylor）展开式，导出了随时间变化的全局可靠性灵敏度指标。文献[55]开发了一种基于Sobol指标和Karhunen-Loève扩展的时变全局可靠性灵敏度分析方法，反映了输入参数的不确定性对时变可靠性的贡献。

1.2.6 车削可靠性优化设计研究

在以往的研究中，传统的车削颤振稳定性数学模型都假定是确定的，即认为刚度、切削力系数和主轴转速等参数是确定的。然而，在实际工程中，由于产品质量和刚度特性的变化、车削加工时周围环境的变化及工件表面的不规则性等因素，参数具有不确定性。近年来，通过考虑加工参数的不确定性，已经有一些关于车削颤振稳定性的可靠性分析研究。文献[56]评估了结构模型和切削参数变异性对加工稳定性和颤振可靠性的影响。文献[57]采用蒙特卡罗仿真（Monte Carlo模拟）方法和先进的一次二阶矩方法对车削过程再生颤振稳定性进行了概率分析。文献[58]采用一次二阶矩方法和四矩法计算车削颤振系统的可靠度概率，提出了预测颤振区域和无颤振区域的可靠性瓣图。文献[59]建立了磨削颤振的二自由度动力学模型，并利用动力学参数分析了颤振振动的可靠性。

车削参数优化是提升车削系统稳定性的主要方式之一，通过车削参数的优化，达到提高车削加工效率、降低加工成本和提高加工质量的目的，为此，很多国内外学者在切削参数优化方面进行了大量的研究工作[60-63]。考虑到实际工程中的车削参数通常具有不确定性，且对车削系统性能有一定影响，传统的优化设计方法并不能得到有利于生产的最优参数，因此可以采用可靠性优化设计对车削参数进行优化。目前，可靠性优化设计方法主要分为双层法、单层法及解耦法。双层法是将优化过程分为内外两层循环，外层为确定性优化，内层为可靠性分析。文献[64]采用一种改进的一次二阶矩方法提出了可靠度指标法，弥补了传统优化方法的缺陷，进而通过Monte Carlo模拟方法验证了该方法的优化精度。文献[65]采用基于设计点的一次可靠性理论，将单层循环的可靠度优化问题转化为一系列确定性子优化问题。文献[66]提出了序列优化与可靠性评定方法，引入了转移向量方法将概率约束转化为确定性约束，保证约束精度，并使确定性优化与可靠度分析一同循环计算，降低运算成本。文献[67]提出了一种基于Monte Carlo模拟方法的高效可靠性的设计优化，通过可靠性分析近似可靠性约束，解耦嵌套在传统模型中的优化和可靠性分析。

参考文献

[1] 王节祥，王雅敏，李春友，等. 中国数控机床产业国际竞争力比较研究：兼谈产业竞争力提升的价值链路径与平台路径[J]. 经济地理，2019，39(7)：106-118.

[2] PRATT J R，NAYFEH A H. Chatter control and stability analysis of a cantilever boring bar under regenerative cutting conditions [J]. Philosophical transactions of the royal society A：mathematical，physical and engineering sciences，2001，359(1781)：759-792.

[3] TOBIAS S A. Machine tool vibration research[J]. International journal of machine tool design and research，1961，1(1/2)：1-14.

[4] 崔伯第，郭建亮. 车削加工物理仿真技术及试验研究[M]. 哈尔滨：哈尔滨工业大学出版社，2014.

[5] 于骏一，吴博达. 机械加工振动的诊断、识别与控制[M]. 北京：清华大学出版社，1994.

[6] TURKES E，ORAK S，NESELI S，et al. A new process damping model for chatter vibration[J]. Measurement，2011，44(8)：1342-1348.

[7] 李晓舟，殷立仁. 利用磁力跟刀架减小细长轴车削振动[J]. 现代机械，1996(3)：47-48.

[8] LU W F，KLAMECKI B E. Prediction of chatter onset in turning with a modified chatter model[C]//Winter Annual Meeting of the American Society of Mechanical Engineers，1990：237-252.

[9] WANG Z C，CLEGHORN W L. Stability analysis of spinning stepped-shaft workpieces in a turning process[J]. Journal of sound and vibration，2002，250(2)：356-367.

[10] BAKER J R，ROUCH K E. Use of finite element structural models in analyzing machine tool chatter[J]. Finite elements in analysis and design，2002，38(11)：1029-1046.

[11] MAHDAVINEJAD R. Finite element analysis of machine and workpiece instability in turning[J]. International journal of machine tools and manufacture，2005，45(7/8)：753-760.

[12] NICOLESCU C M. On-line identification and control of dynamic characteristics of slender workpieces in turning[J]. Journal of materials processing technology，1996，58(4)：374-378.

[13] YEH L J，LAI G J. Study of the monitoring and suppression system for turning slender

workpieces[J]. Proceedings of the institution of mechanical engineers, part b: journal of engineering manufacture, 1995, 209(B3): 227-236.

[14] 柳庆,李斌,吴雅. 应用人工神经网路监测切削颤振[J]. 制造技术与机床,1995(12):17-19.

[15] HANNA N H, TOBIAS S A. A theory of nonlinear regenerative chatter[J]. Journal of manufacturing science and engineering, 1974, 96(1): 247-255.

[16] OZLU E, BUDAK E. Comparison of one-dimensional and multi-dimensional models in stability analysis of turning operations[J]. International journal of machine tools and manufacture, 2007, 47(12/13): 1875-1883.

[17] MINIS I E, MAGRAB E B, PANDELIDIS I O. Improved methods for the prediction of chatter in turning, part 3: a generalized linear theory[J]. Journal of engineering for industry, 1990, 112(1): 28-35.

[18] BRECHER C, KLOCKE F, WITT S, et al. Methodology for coupling a FEA-based process model with a flexible multi-body simulation of a machine tool[C]//Proceedings of the 10th International Workshop on Modelling of Machining Operations, Calabria, Italy, 2007: 453-468

[19] LIU Y, LI T X, LIU K, et al. Chatter reliability prediction of turning process system with uncertainties[J]. Mechanical systems and signal processing, 2016, 66/67: 232-247.

[20] MALAKOOTI B, WANG J, TANDLER E C. A sensor-based accelerated approach for multi-attribute machiability and tool life evaluation[J]. The international journal of production research, 1990, 28(12): 2373-2392.

[21] CAMPOCASSO S, COSTES J P, FROMENTIN G, et al. A generalised geometrical model of turning operations for cutting force modelling using edge discretisation[J]. Applied mathematical modelling, 2015, 39(21): 6612-6630.

[22] CLANCY B E, SHIN Y C. A comprehensive chatter prediction model for face turning operation including tool wear effect[J]. International journal of machine tools and manufacture, 2002, 42(9): 1035-1044.

[23] FOFANA M S, EE K C, JAWAHIR I S. Machining stability in turning operation when cutting with a progressively worn tool insert[J]. Wear, 2003, 255(7): 1395-1403.

[24] 王晓军. 车削加工系统稳定性极限预测的研究[D]. 长春:吉林大学,2005.

[25] 张义民. 机械可靠性漫谈[M]. 北京:科学出版社,2012.

[26] 张义民. 机械可靠性设计的内涵与递进[J]. 机械工程学报,2010,46(14):167-188.

[27] 孙志礼,陈良玉. 实用机械可靠性设计理论与方法[M]. 北京:科学出版社,2003.

[28] 赵国藩,金伟良,贡金鑫. 结构可靠度理论[M]. 北京:中国建筑工业出版社,2000.

[29] 张义民,孙志礼. 机械产品的可靠性大纲[J]. 机械工程学报,2014,50(14):14-20.

[30] 张义民,黄贤振. 机械产品研发的可靠性规范[J]. 中国机械工程,2010,21(23):2773-2785.

[31] FREUDENTHAL A M. The safety of structures[J]. ASCE transactions,1947,112(1):125-129.

[32] 吕震宙,宋述芳,李洪双,等. 结构机构可靠性及可靠性灵敏度分析[M]. 北京:科学出版社,2009.

[33] 张义民. 汽车零部件可靠性设计[M]. 北京:北京理工大学出版社,2000.

[34] ZHAO Y G, ONO T. New point estimates for probability moments[J]. Journal of engineering mechanics,2000,126(4):433-436.

[35] GENTLE J E. Random number generation and Monte Carlo methods[M]. New York: Springer Science and Business Media,2006.

[36] PAPAIOANNOU I, BREITUNG K, STRAUB D. Reliability sensitivity estimation with sequential importance sampling[J]. Structural safety,2018,75:24-34.

[37] 宋述芳,吕震宙,郑春青. 结构可靠性灵敏度分析的方向(重要)抽样法[J]. 固体力学学报,2008,29(3):264-271.

[38] WONG F S. Slope reliability and response surface method[J]. Journal of geotechnical engineering-ASCE,1985,111(1):32-53.

[39] 朱丽莎,张义民,卢昊,等. 基于神经网络的转子系统振动可靠性灵敏度分析[J]. 计算机集成制造系统,2012,18(1):149-155.

[40] BREITUNG K. Asymptotic approximations for the outcrossing rates of stationary vector processes[J]. Stochast process appl,1988,13:195-207.

[41] 张宇贻,秦权. 钢筋混凝土桥梁构件的时变可靠度分析[J]. 清华大学学报(自然科学版),2001,41(12):65-67.

[42] SUDRET B, DER KIUREGHIAN A. Stochastic finite element methods and reliability: a state-of-the-art report[M]. Berkeley, CA: Department of Civil and Environmental Engineering, University of California,2000.

[43] ANDRIEU - RENAUD C, SUDRET B, LEMAIRE M. The PHI2 method: a way to compute time-variant reliability[J]. Reliability engineering and system safety,2004,84(1):75-86.

[44] GONZÁLEZ-FERNÁNDEZ R A, LEITE DA SILVA A M. Reliability assessment of time-dependent systems via sequential cross - entropy Monte Carlo simulation [J]. IEEE transactions on power systems,2011,26(4):2381-2389.

[45] SINGH A, MOURELATOS Z, NIKOLAIDIS E. Time-dependent reliability of random

dynamic systems using time - series modeling and importance sampling [C]// Reliability and Robust Design in Automotive Engineering, 2011: 929-946.

[46] SALTELLI A. Sensitivity analysis for importance assessment[J]. Risk analysis, 2002, 22 (3): 579-590.

[47] HELTON J C, JOHNSON J D, SALLABERRY C J, et al. Survey of sampling-based methods for uncertainty and sensitivity analysis [J]. Reliability engineering and system safety, 2006, 91(10/11): 1175-1209.

[48] SALTELLI A, ANNONI P. How to avoid a perfunctory sensitivity analysis [J]. Environmental modelling and software, 2010, 25(12): 1508-1517.

[49] SALTELLI A, RATTO M, ANDRES T, et al. Global sensitivity analysis: the primer[M]. Hoboken: John Wiley and Sons, Inc., 2008.

[50] SOBOL I M. Sensitivity estimates for nonlinear mathematical models [J]. Mathematical modelling computational experiments, 1993, 1(4): 407-414.

[51] ALıŞ Ö F, RABITZ H. Efficient implementation of high dimensional model representations[J]. Journal of mathematical chemistry, 2001, 29(2): 127-142.

[52] SALTELLI A, TARANTOLA S. On the relative importance of input factors in mathematical models: safety assessment for nuclear waste disposal [J]. Journal of the American statistical association, 2002, 97(459): 702-709.

[53] WANG W X, GAO H S, WEI P F, et al. Extending first-passage method to reliability sensitivity analysis of motion mechanisms [J]. Proceedings of the institution of mechanical engineers, part o: journal of risk and reliability, 2017, 231(5): 573-586.

[54] 姜彬,郑敏利,李振加. 数控车削用量优化切削力约束条件的建立[J]. 机械工程师, 2002(8): 38-40.

[55] WEI P F, WANG Y Y, TANG C H. Time-variant global reliability sensitivity analysis of structures with both input random variables and stochastic processes [J]. Structural and multidisciplinary optimization, 2017, 55(5): 1883-1898.

[56] 黄贤振,许乙川,张义民,等. 车削加工颤振稳定性可靠度蒙特卡罗法仿真[J]. 振动、测试与诊断, 2016, 36(3): 484-487.

[57] 刘宇,王振宇,杨慧刚,等. 车削颤振时变可靠性预测[J]. 东北大学学报(自然科学版), 2017, 38(5): 684-689.

[58] SUN C, NIU Y J, LIU Z X, et al. Study on the surface topography considering grinding chatter based on dynamics and reliability [J]. The international journal of advanced manufacturing technology, 2017, 92(9/10/11/12): 3273-3286.

[59] 王正,谢里阳. 机械时变可靠性理论与方法[M]. 北京:科学出版社, 2012.

[60] LEE B Y, TARNG Y S. Cutting-parameter selection for maximizing production rate or minimizing production cost in multistage turning operations[J]. Journal of materials processing technology, 2000, 105(1): 61-66.
[61] KOPAČ J, BAHOR M, SOKOVIĆ M. Optimal machining parameters for achieving the desired surface roughness in fine turning of cold pre-formed steel workpieces[J]. International journal of machine tools and manufacture, 2002, 42(6): 707-716.
[62] CHOUDHURY S K, RAO I V K A. Optimization of cutting parameters for maximizing tool life[J]. International journal of machine tools and manufacture, 1999, 39(2): 343-353.
[63] MADSEN H O, HANSEN P F. A comparison of some algorithms for reliability based structural optimization and sensitivity analysis [C]//Reliability and Optimization of Structural Systems' 91. Springer, Berlin, Heidelberg, 1992: 443-451.
[64] KUSCHEL N, RACKWITZ R. Two basic problems in reliability-based structural optimization[J]. Mathematical methods of operations research, 1997, 46(3): 309-333.
[65] LIANG J H, MOURELATOS Z P, TU J. A single-loop method for reliability-based design optimization [C]//International Design Engineering Technical Conferences and Computers and Information in Engineering Conference, 2004, 46946: 419-430.
[66] CHING J Y, HSU W C. Transforming reliability limit-state constraints into deterministic limit-state constraints[J]. Structural safety, 2008, 30(1): 11-33.
[67] SPANOS P D, WU Y T. Probabilistic structural mechanics: advances in structural reliability methods: IUTAM Symposium, San Antonio, Texas, USA June 7-10, 1993[M]. New York: Springer Science and Business Media, 2013.

第2章　可靠性分析设计基本理论

数学理论构成了所有工程技术科学从起源到逐渐演化和完善的基石。本书涵盖了广泛的概率论、数理统计的知识。为了便于读者理解，本章将简要介绍本书涉及的基础概念。如果概率分析牵涉到结构动力学方面的内容，问题会变得更为复杂，那么通常需要考虑概率密度函数随时间的演化。虽然概率密度函数全面地描述了结构响应量的统计特性，但更实际的问题是预测结构响应超过给定阈值的概率，这一问题被称为可靠性问题。本章基于不确定性理论，简单介绍国内外应用较为广泛的可靠性计算分析方法和可靠性优化设计模型。

2.1　预备知识

2.1.1　随机变量及其分布函数

有许多方法可用于描述不确定性系统的概率特征，可以通过检验随机变量概率分布的基本特征对随机变量进行分析[1]。概率密度函数表示随机变量的每个观测值在其取值范围内的相对概率，概率密度函数可以用公式、图形或图表的方式来描述。由于计算概率密度函数并不总是非常容易，因而，有时也采用均值、方差等统计特征进行概率描述。为了便于后续章节论述，本节简要介绍基本统计量的基本定义及计算公式。

2.1.1.1　随机变量

随机变量X可以取（$-\infty$，$+\infty$）区间内的任意值x，随机变量常用大写字母表示，而随机变量的某个特定值，常用小写字母表示。随机变量分为离散型和连续型两种。若随机变量只允许取离散值x_1，x_2，x_3，…，x_n，则称为离散型随机变量；相反，若随机变量允许取规定范围内的任意实值，则称为连续型随机变量。

2.1.1.2　概率密度函数（PDF）及累积分布函数（CDF）

如果已知大量的观测值或数据记录，那么能绘制出相应的频次分布图或直方图。直方图是通过将观测数据范围分割成近似相同尺寸的区间，然后在每个区间内构造一个矩形的方式建立的，每个区间中矩形的面积与落在该区间中观测值的数量成正比。

对于连续型随机变量来说，尽管受到测试分辨率的限制，但在某一区间内仍然可以取无数值。可以看出，随着观测数据的增加，区间会逐渐变成无穷小，此时概率分布就近似变成一条连续的曲线。在连续型随机变量样本空间中，一种用于描述随机变量X概率分布的数学函数称为概率密度函数，用 $f_X(x)$ 表示。概率密度函数只能用于描述连续型随机变量，而离散型随机变量的概率分布用概率质量函数（PMF）来描述，其符号为 $p_X(x)$。另一种能同时用于描述离散型随机变量和连续型随机变量概率分布的形式是累积分布函数，用 $F_X(x)$ 表示。累积分布函数用于表示（$-\infty$，$+\infty$）区间内，随机变量的所有值，其值等于 $X \leqslant x$ 的概率。

对于连续型随机变量，累积分布函数 $F_X(x)$ 用概率密度函数在（$-\infty$，x）区间内积分的形式表示，即

$$F_X(x)=\int_{-\infty}^{x} f_X(s)\mathrm{d}s \tag{2.1}$$

另外，如果 $F_X(x)$ 是连续的，那么X在 $[a，b]$ 区间内的概率表示为

$$F_X(b)-F_X(a)=\int_a^b f_X(x)\mathrm{d}x\ （对任意实数a，b） \tag{2.2}$$

如果为连续型随机变量，并且存在分布函数的一阶导数，那么概率密度函数 $f_X(x)$ 可以用累积分布函数 $F_X(x)$ 的一阶导数来表示，即

$$f_X(x)=\frac{\mathrm{d}F_X(x)}{\mathrm{d}x} \tag{2.3}$$

2.1.1.3 联合概率密度函数及分布函数

联合概率表示两个或两个以上随机事件同时发生的概率。通常，如果存在n个随机变量，那么联合概率密度表示为n维随机向量。例如，二维随机事件的概率分布可以表示为

$$P(a<X<b，c<Y<d)=\int_c^d\int_a^b f_{XY}(x，y)\mathrm{d}x\mathrm{d}y \tag{2.4}$$

式中，$f_{XY}(x，y)$ 为随机变量 X 和 Y 的联合概率密度函数，并且有 $f_{XY}(x，y)\geqslant 0$，$\int_{-\infty}^{+\infty}\int_{-\infty}^{+\infty} f_{XY}(x，y)\mathrm{d}x\mathrm{d}y=1$。

如果X，Y为相互独立的随机变量，那么

$$f_{X|Y}(x|y)=f_X(x)，\quad f_{X|Y}(y|x)=f_Y(y) \tag{2.5}$$

此时，条件概率密度函数等于边缘概率密度函数，联合概率密度函数等于边缘概率密度函数的乘积，即

$$f_{XY}(x，y)=f_X(x)f_Y(y) \tag{2.6}$$

总之，当所有随机变量均相互独立时，随机向量的联合概率密度函数等于所有随机

变量边缘概率密度函数的乘积，即

$$f_X(X)=f_{X_1}(x_1)f_{X_2}(x_2)\cdots f_{X_{n-1}}(x_{n-1})f_{X_n}(x_n) \tag{2.7}$$

2.1.2 随机变量的数字特征

如果已知随机变量X的分布函数$F_X(x)$，它能够完全描述随机变量的统计特征。在很多实际工程问题中，受多方面因素的限制，很难获得随机变量的分布函数，但是较容易获得随机变量的某些特征常数，本节将对随机变量的几种主要数字特征进行讨论。

2.1.2.1 数学期望

设随机变量X的概率密度函数为$f_X(x)$，其数学期望定义为

$$\mu_X=E(X)=\int_{-\infty}^{+\infty}x f_X(x)\mathrm{d}x \tag{2.8}$$

式中，$E(\cdot)$为数学期望算子。

对于离散型随机变量，定义为

$$\mu_X=E(X)=\sum x_i p_i(x_i) \tag{2.9}$$

式中，x_i为所有随机变量的可能离散值；$p_i(x_i)$为随机变量取给定x_i值时的概率。

数学期望完全由随机变量的概率分布确定，其度量了随机变量分布的集中趋势。从定义上看，它是以概率为加权系数的加权算术平均值。

数学期望具有以下性质。

① 设a，b为常数，则有

$$E(ax+b)=aE(x)+b \tag{2.10}$$

② 设X，Y为两个随机变量，则有

$$E(X+Y)=E(X)+E(Y) \tag{2.11}$$

式（2.11）可以推广至n个随机变量之和的情况。

③ 设X，Y为相互独立的随机变量，则有

$$E(XY)=E(X)E(Y) \tag{2.12}$$

式（2.12）可以推广至n个随机变量之积的情况。

2.1.2.2 方差与标准差

设随机变量的概率密度函数为$f_X(x)$，其方差定义为

$$\mathrm{Var}(X)=\sigma^2=E\left((X-\mu)^2\right)=\int(x-\mu)^2 f_X(x)\mathrm{d}x \tag{2.13}$$

式中，μ为随机变量的均值。

如果一个随机变量没有均值，那么方差也不存在，如柯西分布。

对于离散型随机变量，则有

$$\mathrm{Var}(X)=\sigma^2=E\left((X-\mu)^2\right)=\sum p_i(x_i-\mu)^2 \tag{2.14}$$

式中，μ 为离散型随机变量的均值。

在实际使用中，也常常使用标准差，即 $\sigma=\sqrt{\mathrm{Var}(X)}$。方差和标准差刻画了随机变量概率密度函数的分散程度，或者说随机变量取值偏离均值的程度。方差的表达式可以进一步展开为

$$\mathrm{Var}(X)=\sigma^2=E\left((X-\mu)^2\right)=E(X^2)-\left(E(X)\right)^2 \tag{2.15}$$

采用式（2.15）计算方差，在某些情况下更方便。

方差具有以下性质：

① 设 a 为常数，则 $\mathrm{Var}(a)=0$。

② 设 X 为随机变量，a 为常数，则有

$$\mathrm{Var}(aX)=a^2\,\mathrm{Var}(X) \tag{2.16}$$

$$\mathrm{Var}(a+X)=\mathrm{Var}(X) \tag{2.17}$$

③ 设 X，Y 是两个随机变量，则有

$$\mathrm{Var}(X+Y)=\mathrm{Var}(X)+\mathrm{Var}(Y)+2E\left((X-E(X))(Y-E(Y))\right) \tag{2.18}$$

若进一步假设 X，Y 相互独立，则有

$$\mathrm{Var}(X+Y)=\mathrm{Var}(X)+\mathrm{Var}(Y) \tag{2.19}$$

式（2.19）可以推广至 n 个随机变量之和的情况。

此外，工程中还常用变异系数（coefficient of variation）度量概率分布的分散性，其定义为

$$Cov=\frac{\sigma}{\mu} \tag{2.20}$$

式中，σ 为随机变量的方差；μ 为随机变量的均值。

2.1.2.3 协方差与相关系数

如果两个随机变量（X 和 Y）相关，X 的似然就会受到 Y 值的影响。在这种情况下，可以用协方差 σ_{XY} 作为测度来描述两个随机变量的线性相关性，即

$$\begin{aligned}\sigma_{XY}&=\mathrm{Cov}(X,\ Y)=E\left((X-\mu_X)(Y-\mu_Y)\right)\\&=\int_{-\infty}^{+\infty}\int_{-\infty}^{+\infty}(x-\mu_X)(y-\mu_Y)f_{XY}(x,\ y)\mathrm{d}x\mathrm{d}y\end{aligned} \tag{2.21}$$

相关系数是相关性的无量纲测度，表示为

$$\rho_{XY}=\frac{\sigma_{XY}}{\sigma_X\sigma_Y} \tag{2.22}$$

如果 $Y=a_1X_1+a_2X_2$，其中 a_1，a_2 为常量，那么 Y 的方差表示为

$$\begin{aligned}\operatorname{Var}(Y)&=E\left(\left[a_1X_1+a_2X_2-\left(a_1\mu_{X_1}+a_2\mu_{X_2}\right)\right]^2\right)\\&=a_1^2\operatorname{Var}\left(X_1\right)+a_2^2\operatorname{Var}\left(X_2\right)+2a_1a_2\operatorname{Cov}\left(X_1,\ X_2\right)\end{aligned}\tag{2.23}$$

一般来说，如果$Y=\sum_{i=1}^{n}a_iX_i$，那么Y的方差表示为

$$\begin{aligned}\operatorname{Var}(Y)&=\sum_{i=1}^{n}a_i^2\operatorname{Var}\left(X_i\right)+\sum_{i=1}^{n}\sum_{j=1}^{n}a_ia_j\operatorname{Cov}\left(X_i,\ X_j\right)\\&=\sum_{i=1}^{n}a_i^2\sigma_{X_i}^2+\sum_{i=1}^{n}\sum_{j=1}^{n}a_ia_j\rho_{ij}\sigma_{X_i}\sigma_{X_j}\quad(i\neq j)\end{aligned}\tag{2.24}$$

此外，如果X的另一个线性函数可以表示为$Z=\sum_{i=1}^{n}b_iX_i$，那么得到Y和Z之间的协方差为

$$\begin{aligned}\operatorname{Cov}(Y,\ Z)&=\sum_{i=1}^{n}a_ib_i\operatorname{Var}\left(X_i\right)+\sum_{i=1}^{n}\sum_{j=1}^{n}a_ib_i\operatorname{Cov}\left(X_i,\ X_j\right)\\&=\sum_{i=1}^{n}a_ib_i\sigma_{X_i}^2+\sum_{i=1}^{n}\sum_{j=1}^{n}a_ia_j\rho_{ij}\sigma_{X_i}\sigma_{X_j}\quad(i\neq j)\end{aligned}\tag{2.25}$$

2.1.3 常用的概率分布

在评价结构的可靠性时，通常采用几种典型的标准概率分布来模拟设计参数或随机变量。分布函数的选择是获得结构系统概率特征的重要部分，如何选择合适的分布类型取决于以下因素：

① 问题的本质；

② 与分布有关的基本假设；

③ 根据估计数据得到的以x为横坐标、以$f_X(x)$或者$F_X(x)$为纵坐标的曲线形状；

④ 在后续计算中，所假设的概率分布是否简单，计算是否方便。

本节主要介绍几种经常采用的分布函数的基本特性。

2.1.3.1 二项式分布

伯努利分布满足以下条件。

① 随机试验只有两种可能结果，简记为成功与失败。

② 每次试验是独立的，即试验结果不受其他试验的影响。

③ 每次试验成功的概率是一个常值p，此时伯努利随机变量取值为1；若试验失败，其概率是常值$1-p$，此时伯努利随机变量取值为0。伯努利分布的概率质量函数为

$$f_X(x)=\begin{cases}p, & x=1\\1-p, & x=0\\0, & \text{其他}\end{cases}\tag{2.26}$$

其数学期望为

$$E(X)=\sum_{i=0}^{1}x_i f_X(x_i)=0+p=p \tag{2.27}$$

方差为

$$\mathrm{Var}(X)=\sum_{i=0}^{1}\left(x_i-E(X)\right)^2 f_X(x_i)=p(1-p) \tag{2.28}$$

将伯努利试验进行n次，随机变量X定义为n次试验中成功的次数，则随机变量X服从二项式分布，其概率质量函数为

$$f_X(x;\ n,\ p)=\begin{cases}\dbinom{n}{x}p^x(1-p)^{n-x}, & x=0,\ 1,\ 2,\ \cdots,\ n\\ 0, & 其他\end{cases} \tag{2.29}$$

式中，$\dbinom{n}{x}=\dfrac{n!}{x!(n-x)!}$，为二项式系数，二项式分布一般简记为$B(n,\ p)$。

二项式分布的累积分布函数为

$$F_X(x;\ n,\ p)=P(X\leqslant x)=\sum_{i=0}^{\lfloor x\rfloor}\binom{n}{x}p^i(1-p)^{n-i} \tag{2.30}$$

式中，$\lfloor x\rfloor$为不大于x的最大整数。二项式分布的均值和方差分别为

$$E(X)=np \tag{2.31}$$

$$\mathrm{Var}(X)=np(1-p) \tag{2.32}$$

2.1.3.2 泊松分布

泊松分布适合于描述单位时间内随机事件发生的次数，如汽车站台的候车旅客人数、机翼上有缺陷的铆钉数、结构板件的裂纹数等。泊松分布一般简记为$P(\lambda)$，其中λ为分布参数，λ表示单位时间内随机事件发生的频率。泊松分布的概率质量函数为

$$f_X(x;\ \lambda)=\frac{\mathrm{e}^{-\lambda}\lambda^x}{x!}\quad (x=0,\ 1,\ 2,\ \cdots) \tag{2.33}$$

累积分布函数为

$$F_X(x;\ \lambda)=\frac{\Gamma(\lfloor x+1\rfloor,\ \lambda)}{x!} \tag{2.34}$$

或

$$F_X(x;\ \lambda)=\mathrm{e}^{-\lambda}\sum_{i=0}^{\lfloor x\rfloor}\frac{x^i}{i!}$$

式中，$\Gamma(\cdot)$为不完全伽马（Gamma）函数。

泊松分布的均值和方差均为 λ。在二项式分布的伯努利试验中，如果试数 n 很大（$n \geqslant 50$），而成功概率 $p \to 0$，np 趋近于 $\lambda > 0$，此时事件出现次数的概率可以用泊松分布来逼近。

2.1.3.3 均匀分布

均匀分布定义在有限区间 $[a, b]$ 上，并假设该区间上所有点都是均匀的，其概率密度函数为

$$f_X(x;\ \lambda) = \begin{cases} \dfrac{1}{b-a}, & a \leqslant x \leqslant b \\ 0, & \text{其他} \end{cases} \tag{2.35}$$

均匀分布一般简记为 $U(a, b)$。其累积分布函数可以表示为

$$F_X(x) = \begin{cases} 0, & x < a \\ \dfrac{x-a}{b-a}, & a \leqslant x < b \\ 1, & x \geqslant b \end{cases} \tag{2.36}$$

均匀分布的均值和方差为

$$\begin{cases} E(X) = \dfrac{a+b}{2} \\ \mathrm{Var}(X) = \dfrac{(b-a)^2}{2} \end{cases} \tag{2.37}$$

如果随机变量 X 及定义区间 $[a, b]$ 均只能取整数，那么此分布称为离散型均匀分布，其概率质量函数为

$$f_X(x) = \begin{cases} \dfrac{1}{n}, & a \leqslant \lfloor x \rfloor \leqslant b \\ 0, & \text{其他} \end{cases} \tag{2.38}$$

式中，$n = b - a + 1$。

累积分布函数为

$$F_X(x) = \begin{cases} \dfrac{\lfloor x \rfloor - a + 1}{n}, & a \leqslant \lfloor x \rfloor < b \\ 1, & \text{其他} \end{cases} \tag{2.39}$$

离散均匀分布的均值和方差分别为

$$E(X) = \frac{a+b}{2} \tag{2.40}$$

$$\mathrm{Var}(X) = \frac{n^2-1}{12} \tag{2.41}$$

2.1.3.4 正态分布

正态分布的理论基础是中心极限定理，由于正态分布形式简单、使用方便，因此，

在许多工程和科学领域得到了广泛的应用。中心极限定理阐述了当样本量非常大时，多个任意分布随机变量的和趋于正态分布。

当随机变量的变异系数较小时，通常用正态分布来表示，如材料的弹性模量、泊松比或其他材料属性。正态分布的表达式为

$$f_X(x)=\frac{1}{\sigma_X\sqrt{2\pi}}\exp\left(-\frac{1}{2}\left(\frac{x-\mu_X}{\sigma_X}\right)^2\right)\quad(-\infty<x<+\infty) \tag{2.42}$$

式中，分布参量 μ_X，σ_X 分别表示随机变量 X 的均值和标准差，记为 $X\sim N(\mu_X,\ \sigma_X)$。均值 μ_X 和标准差 σ_X 分别表示正态分布的位置和比例参数，当 μ_X 和 σ_X 取不同值时，就能产生一组正态分布概率密度函数族。

$\Phi(\cdot)$ 为标准正态分布的累积分布函数，如果已知 $\Phi\left(\xi_p\right)=p$，根据累积概率 p 得到相应的标准正态分布随机变量 ξ_p 的表达式为

$$\xi_p=\Phi^{-1}(p) \tag{2.43}$$

当随机变量 ξ 取负值时，有

$$\Phi(-\xi)=1-\Phi(\xi) \tag{2.44}$$

由于标准正态分布的概率密度函数关于0点对称，所以同样可以得到

$$\xi_p=\Phi^{-1}(p)=-\Phi^{-1}(1-p) \tag{2.45}$$

2.1.3.5 对数正态分布

在实际工程问题中，随机变量为负值的情况从物理上来说有时是不可能出现的，所以对数正态分布在概率设计中非常重要。对数正态分布常用于描述疲劳破坏、故障率或其他包含大量数据的问题，典型例子包括疲劳破坏循环次数、材料强度、载荷变量等。

在可靠性分析中，可能出现这么一种情况，随机变量 X 等于其他几个随机变量 x_i 的乘积，即 $X=x_1x_2x_3\cdots x_n$，在这种情况下，对公式两边取自然对数，得

$$\ln X=\ln x_1+\ln x_2+\cdots+\ln x_n \tag{2.46}$$

如果式（2.46）等号右侧无任意一项绝对占优，那么 $\ln X$ 为正态分布。在公式 $Y=\ln X$ 中，随机变量 X 服从对数正态分布，Y 服从正态分布。

则 Y 的概率密度函数为

$$f_Y(Y)=\frac{1}{\sqrt{2\pi}\,\sigma_Y}\exp\left(-\frac{1}{2}\left(\frac{Y-\mu_Y}{\sigma_Y}\right)^2\right)\quad(-\infty<Y<+\infty) \tag{2.47}$$

由 $Y=\ln X$ 可以求得关于 X 的概率密度函数，即

$$f_X(X)=\frac{1}{\sqrt{2\pi}\,X\sigma_Y}\exp\left(-\frac{1}{2}\left(\frac{\ln X-\mu_Y}{\sigma_Y}\right)^2\right)\quad(0\leqslant X<+\infty) \tag{2.48}$$

式中，

$$\sigma_Y^2=\ln\left[\left(\frac{\sigma_X}{\mu_X}\right)^2+1\right] \tag{2.49}$$

$$\mu_Y=\ln\mu_X-\frac{1}{2}\sigma_Y^2 \tag{2.50}$$

于是，对数分布的累积分布函数为

$$F_X(X)=\frac{1}{\sigma_Y\sqrt{2\pi}}\int_0^{\pi}\frac{1}{X}\exp\left(-\frac{1}{2}\left(\frac{\ln X-\mu_Y}{2\sigma_Y^2}\right)^2\right)\mathrm{d}X \tag{2.51}$$

2.1.3.6　伽马分布

伽马分布是由积分形式表示的数学函数——伽马函数组成的。在伽马分布中定义了两个符合指数分布和卡方分布的随机变量族，这两个分布函数在工程和统计学领域得到广泛应用。

伽马分布的概率密度函数表示为

$$f_X(x)=\frac{1}{\beta^{\alpha}\Gamma(\alpha)}x^{\alpha-1}\mathrm{e}^{-\frac{x}{\beta}}\quad(0\leqslant x<+\infty) \tag{2.52}$$

式中，参数 α 和 β 满足 $\alpha>0$，$\beta>0$；伽马函数为 $\Gamma(\alpha)=\int_0^{+\infty}x^{\alpha-1}\mathrm{e}^{-x}\mathrm{d}x$ 。

令 X 为具有参数 α，β 的伽马分布随机变量，则 X 的均值和方差可以表示为

$$\begin{cases}E(X)=\mu=\alpha\beta\\ \mathrm{Var}(X)=\sigma^2=\alpha\beta^2\end{cases} \tag{2.53}$$

伽马分布的累积分布函数为

$$F_X(x)=\frac{1}{\beta^{\alpha}\Gamma(\alpha)}\int_0^{x}t^{\alpha-1}\mathrm{e}^{-\frac{x}{\beta}}\mathrm{d}t \tag{2.54}$$

2.1.3.7　极值分布

极值分布用于表示各种分布样本数据的最大值或最小值，主要有三种类型，分别称为极值Ⅰ型分布、极值Ⅱ型分布和极值Ⅲ型分布。极值Ⅰ型分布，又称为耿贝尔极值分布，用于描述一定数量正态分布数据样本的最大值或最小值的分布。

极值Ⅰ型分布的概率密度函数定义为

$$f_X(x)=\alpha\exp\left(-\exp\left(-\alpha(x-u)\right)\right)\exp\left(-\alpha(x-u)\right)\quad(-\infty<x<+\infty,\ \alpha>0) \tag{2.55}$$

式中，α 和 u 分别为尺度和位置参数。

极值Ⅰ型分布的累积分布函数为

$$F_X(x)=\exp\left(-\exp\left(-\alpha(x-u)\right)\right) \tag{2.56}$$

根据式（2.56）的函数形式，极值Ⅰ型分布也被称为双指数分布。类似于正态分布和对数正态分布之间的关系，极值Ⅱ型分布也被称为弗雷歇极值分布，可以根据参数 $u=\ln v$，$\alpha=k$，由极值Ⅰ型分布求得。极值Ⅱ型分布的概率密度函数为

$$f_X(x)=\frac{k}{v}\left(\frac{v}{x}\right)^{k+1}\exp\left(-\left(\frac{v}{x}\right)^{k}\right)\quad(0\leqslant x<+\infty,\ k\geqslant 2) \tag{2.57}$$

相应地，极值Ⅱ型分布的累积分布函数为

$$F_X(x)=\exp\left(-\left(\frac{v}{x}\right)^{k}\right) \tag{2.58}$$

2.1.3.8 威布尔分布

威布尔分布，又称为极值Ⅲ型分布，能充分反映材料缺陷和应力集中源对材料疲劳寿命的影响，因此，威布尔分布常用于描述脆性材料的疲劳、断裂及复合材料的强度问题。

威布尔分布的概率密度函数为

$$f_X(x)=\frac{\alpha x^{\alpha-1}}{\beta^{\alpha}}\exp\left(-\left(\frac{x}{\beta}\right)^{\alpha}\right)\quad(x\geqslant 0,\ \alpha>0,\ \beta>0) \tag{2.59}$$

威布尔分布的累积分布函数为

$$F_X(x)=1-\exp\left(-\left(\frac{x}{\beta}\right)^{\alpha}\right)\quad(x>0) \tag{2.60}$$

每个位置的分布特征都由一个特定的形状和尺度参数来描述，威布尔分布是一个包含两个参数的分布函数族，这两个参数（α 和 β）分别称为威布尔分布的形状和尺度参数。用威布尔分布参数表示的各阶矩为

$$E(X^n)=\beta^n\Gamma\left(\frac{n}{\alpha}+1\right) \tag{2.61}$$

式中，$\Gamma(\cdot)$ 为伽马函数。

威布尔分布的均值及协方差为

$$\mu_X=\beta\Gamma\left(\frac{1}{\alpha}+1\right) \tag{2.62}$$

$$\mathrm{Cov}_x=\left(\frac{\Gamma\left(\frac{2}{\alpha}+1\right)}{\Gamma^2\left(\frac{1}{\alpha}+1\right)}-1\right)^{0.5} \tag{2.63}$$

均值及协方差是关于参数 α 和 β 的复杂函数。

2.1.3.9 指数分布

指数分布可以看作威布尔分布中的形状系数 $\alpha=1$ 的一个特例。指数分布的概率密度函数为

$$f_X(x)=\lambda\exp(-\lambda x)\quad(0\leqslant x<+\infty) \tag{2.64}$$

指数分布的累积分布函数为

$$F_X(x)=1-\exp(-\lambda x)\quad(0\leqslant x<+\infty) \tag{2.65}$$

用指数分布函数的参数 λ 表示的各阶矩为

$$\mu_X=\frac{1}{\lambda},\ \sigma_X^2=\frac{1}{\lambda^2} \tag{2.66}$$

2.2 可靠性分析

可靠性分析也可以在结构全概率分析之后进行，这是因为可靠性分析可以看作对概率密度函数进行积分运算。然而，目前大多数已有的结构可靠性分析方法均是直接估算结构可靠度，而不是先得到结构响应的概率密度函数，再积分得到可靠度。这里，可靠度定义为结构产品在规定时间内和规定条件下，完成规定功能的概率。

2.2.1 可靠性分析数学模型

在实际计算中，经常计算的是失效概率（failure probability），它表征了结构产品在规定时间内和规定条件下，不能完成规定功能的概率。可靠度和失效概率存在以下关系：$P_\mathrm{f}+P_\mathrm{r}=1$。其中，$P_\mathrm{f}$ 为结构失效概率；P_r 为结构可靠度。

可靠性分析问题包括三个基本要素：① 基本变量（basic variables），也可以称为输入随机变量；② 失效概率；③ 时变失效概率（time-varying failure probability）。下面分别进行讨论。

2.2.1.1 基本变量

在可靠性分析中，基本变量是输入随机变量的集合。每个随机变量均描述了影响结构响应的一个参数，也正是随机变量的随机性导致了结构响应的随机性。这里的结构响应是指在外载荷作用下能够描述结构力学行为的量，如应力、位移、振动特征量、运动学特征量等。

习惯上，设基本变量为 $\boldsymbol{X}=[X_1,\ X_2,\ \cdots,\ X_n]^\mathrm{T}$，其中 $X_1,\ X_2,\ \cdots,\ X_n$ 描述了结构的几何尺寸、材料性能和外载荷等随机参数。基本变量的随机性由概率密度函数 $f_X(\boldsymbol{x};\ \boldsymbol{\theta})$ 给定，其中 $\boldsymbol{\theta}$ 为 n 维分布参数，n 为输入空间（input space）的维数。在进行结构可靠性分析之前，基本变量必须已知；否则，无法进行结构可靠性分析。

2.2.1.2 失效概率

响应量 r 是基本变量的函数，记为 $r=r(\boldsymbol{x})$。通常，功能函数定义为响应量与响应阈值 r^* 之差，即 $g(\boldsymbol{x})=r^*-r(\boldsymbol{x})$。基于功能函数的定义，可以进一步定义结构的安全域

（safe region）和失效域（failure region）。根据结构的功能要求，失效域 F 为集合 $\{\boldsymbol{x}|g(\boldsymbol{x})<b\}$ 所构成的区域，其中 b 为常数；而安全域 S 是失效域 F 的补集，即有 $S=\{\boldsymbol{x}|g(\boldsymbol{x})\geqslant b\}$。

由于功能函数是输入随机变量的函数，所以 $g(\boldsymbol{x})$ 本身也是随机变量，简记为 g。在全概率分析方法中，目标是先获取 g 的概率密度函数 $f_G(g)$，则结构的失效概率为

$$P_{\mathrm{f}}=\int_{-\infty}^{b}f_G(g)\mathrm{d}g \tag{2.67}$$

很明显，失效域与安全域之间存在一个分界面，即

$$g(\boldsymbol{x})=b \tag{2.68}$$

式（2.68）也称为极限状态方程（limit state equation）。

基于极限状态函数，结构的失效概率也可以表达为以下积分：

$$P_{\mathrm{f}}=P(F)=\int_{g(\boldsymbol{x})\leqslant b}f_X(\boldsymbol{x};\ \boldsymbol{\theta})\mathrm{d}x \tag{2.69}$$

本书将基于极限状态方程的结构可靠度方法称为极限状态法。

式（2.67）和式（2.68）都可以看作结构可靠性分析问题的数学模型。从数学表达式角度来看，结构可靠性分析问题主要是多维积分运算问题。其中，常数 $b=0$ 时，表征某种结构失效类型。

2.2.1.3 时变失效概率

在可靠性分析中，系统的极限状态函数（功能函数）及输入变量都有可能与时间相关，此时，系统的极限状态函数（功能函数）可以表示为 $g(\boldsymbol{X},\ \boldsymbol{Y}(t),\ t)$，其中 $\boldsymbol{X}$ 表示与时间无关的输入变量，$\boldsymbol{Y}(t)$ 表示与时间相关的输入变量，t 表示时间变量。时变失效概率定义为系统在给定时间段 $[t_0,\ t_s]$ 内失效的概率，它可以表示为

$$P_{\mathrm{f}}(t_0,\ t_s)=P\big(g(\boldsymbol{x},\ \boldsymbol{y}(t),\ t)\leqslant 0,\ \exists t\in[t_0,\ t_s]\big) \tag{2.70}$$

此时，时变失效域可以表示为 $F=\{\boldsymbol{x},\ \boldsymbol{y}(t):g(\boldsymbol{x},\ \boldsymbol{y}(t),\ t)\leqslant 0,\ \exists t\in[t_0,\ t_s]\}$，时变安全域可以表示为 $S=\{\boldsymbol{x},\ \boldsymbol{y}(t):\ g(\boldsymbol{x},\ \boldsymbol{y}(t),\ t)>0,\ \forall t\in[t_0,\ t_s]\}$。

2.2.2 可靠性分析基本方法

在结构分析问题中，不可避免地存在各种各样的不确定性（uncertainties），本书的讨论范围限定在采用随机变量模型描述所有的不确定性量。必须指出，在概率论和数理统计框架内，可靠性方法是以求解失效概率为主要目的的。在极限状态法分类下，一次可靠度方法（first order reliability method，FORM）和二次可靠度方法（second order reliability method，SORM）是著名的结构可靠性分析方法。数字模拟法的基本思想是利

用随机抽样原理产生随机变量的样本，进而获取结构响应量样本，由样本的统计规律推断母体的统计规律。以上两种都属于直接方法，即直接使用结构响应的数值模型进行可靠性分析。间接方法的基本思想：通过合理选择具有代表性的试验点，采用多项式、神经网络、支持向量机、Kriging等函数近似技术（或称为代理模型）逼近原始隐式极限状态方程。基于逼近极限状态方程，再采用直接方法求解失效概率。本节将对几种经典结构可靠性分析方法进行更详细的介绍。

2.2.2.1 一次可靠度方法

一次可靠度方法是最经典的结构可靠性分析方法，在整个结构可靠性理论发展过程中占有非常重要的地位[2-6]。改进一次可靠度方法（advanced FORM）在失效概率最大贡献点——最可能点（most probable point，MPP）处线性展开，MPP也称为设计点。

设结构的功能函数为

$$g=g\left(x_1, x_2, \cdots, x_n\right) \tag{2.71}$$

改进一次可靠度方法由Hasofer-Lind提出，其思想是将展开点从均值点移到设计点处。由于设计点对失效概率贡献最大，所以在计算精度上有一定提高。但是设计点的位置不能事先预知，它需要利用优化算法求得。首先考虑与式（2.71）相同的结构功能函数在设计点 $\boldsymbol{x}^*=\left(x_1^*, x_2^*, \cdots, x_n^*\right)$ 处取Taylor展开式线性项，有

$$g\left(x_1, x_2, \cdots, x_n\right) \approx g\left(x_1^*, x_2^*, \cdots, x_n^*\right)+\sum_{i=1}^n\left(\frac{\partial g}{\partial x_i}\right)_{x^*}\left(x_i-x_i^*\right) \tag{2.72}$$

由于设计点 $\boldsymbol{x}^*$ 落在极限状态方程 $g\left(x_1, x_2, \cdots, x_n\right)=0$ 上，即有

$$g\left(x_1^*, x_2^*, \cdots, x_n^*\right)=0 \tag{2.73}$$

将式（2.73）代入式（2.72），得

$$\sum_{i=1}^n\left(\frac{\partial g}{\partial x_i}\right)_{x^*} x_i-\sum_{i=1}^n\left(\frac{\partial g}{\partial x_i}\right)_{x^*} x_i^*=0 \tag{2.74}$$

令 $a_i=\left(\frac{\partial g}{\partial x_i}\right)_{x^*}$ 和 $c=-\sum_{i=1}^n\left(\frac{\partial g}{\partial x_i}\right)_{x^*} x_i^*$，则式（2.74）重写为

$$\sum_{i=1}^n a_i x_i+c=0 \text { 或 } \boldsymbol{a}^{\mathrm{T}} \boldsymbol{x}+c=0 \tag{2.75}$$

如果 $n=2$，那么式（2.75）是一条直线；如果 $n=3$，那么式（2.75）是一个平面；对于任意n，式（2.75）是n维超平面。

对$\boldsymbol{x}$进行标准正态变换，即令

$$\boldsymbol{u}=\frac{\boldsymbol{x}-\boldsymbol{\mu}_X}{\boldsymbol{\sigma}_X} \tag{2.76}$$

将式（2.76）的逆变换 $\boldsymbol{x}=\boldsymbol{\mu}_X+\boldsymbol{u}\boldsymbol{\sigma}_X$ 代入式（2.75），得

$$\boldsymbol{a}^{\mathrm{T}}\left(\boldsymbol{\mu}_X+\boldsymbol{u}\boldsymbol{\sigma}_X\right)+c=0$$

$$\boldsymbol{a}^{\mathrm{T}}\boldsymbol{\sigma}_X\boldsymbol{u}+\boldsymbol{a}^{\mathrm{T}}\boldsymbol{\mu}_X+c=0 \tag{2.77}$$

令 $\boldsymbol{a}_1^{\mathrm{T}}=\boldsymbol{a}^{\mathrm{T}}\boldsymbol{\sigma}_X$ 和 $c_1=\boldsymbol{a}^{\mathrm{T}}\boldsymbol{\mu}_X+c$，则式（2.77）具有与式（2.75）相似的形式，即

$$\boldsymbol{a}_1^{\mathrm{T}}\boldsymbol{u}+c_1=0 \tag{2.78}$$

而且可以得到

$$\beta=\frac{c_1}{\sqrt{\boldsymbol{a}_1^{\mathrm{T}}\boldsymbol{a}_1}} \tag{2.79}$$

失效概率为

$$P_{\mathrm{f}}=\Phi(-\beta) \tag{2.80}$$

$g(\boldsymbol{u})=0$ 是真实的极限状态方程，而 $\tilde{g}(\boldsymbol{u})=0$ 为逼近的线性极限状态方程，可以看出，在标准正态分布 $\boldsymbol{u}$ 空间内，从坐标原点到超平面的法向量为 $\dfrac{-\boldsymbol{a}_1}{\sqrt{\boldsymbol{a}_1^{\mathrm{T}}\boldsymbol{a}_1}}$，而原点到超平面的距离为 $\dfrac{-\boldsymbol{a}_1\boldsymbol{x}}{\sqrt{\boldsymbol{a}_1^{\mathrm{T}}\boldsymbol{a}_1}}=\dfrac{c}{\sqrt{\boldsymbol{a}_1^{\mathrm{T}}\boldsymbol{a}_1}}=\beta$。因此，可靠度指标 β 数值上为标准正态空间内原点到超平面的距离，这是可靠度指标 β 的几何解释。基于这一几何解释，结构可靠度问题可以转化为以下优化问题：

$$\begin{gathered}\min\left(\boldsymbol{u}^{\mathrm{T}}\boldsymbol{u}\right)^{\frac{1}{2}}\\ \text{s.t. } g(\boldsymbol{u})=0\end{gathered} \tag{2.81}$$

在结构可靠性分析中，经常采用迭代技术求解式（2.81）的优化问题，当然也可以采用通用优化算法对式（2.81）进行求解。可靠度指标可由优化问题式（2.81）的解 $\boldsymbol{u}^*$（设计点）表示为

$$\beta=\boldsymbol{w}^{\mathrm{T}}\boldsymbol{u}^* \tag{2.82}$$

式中，$\boldsymbol{w}$ 为设计点处的法向量，$\boldsymbol{w}=\dfrac{\nabla g\left(\boldsymbol{u}^*\right)}{\left\|\nabla g\left(\boldsymbol{u}^*\right)\right\|}=\dfrac{\boldsymbol{a}_1}{\sqrt{\boldsymbol{a}_1^{\mathrm{T}}\boldsymbol{a}_1}}$。

在对改进一次可靠度方法的讨论过程中，一直假设基本输入变量服从正态分布，对非正态分布 $\boldsymbol{X}$，需要利用概率转换方法将基本变量 $\boldsymbol{X}$ 转换为标准正态变量 $\boldsymbol{U}$，相应的功能函数也由 $g(\boldsymbol{x})$ 转化为 $g(\boldsymbol{u})$，依然在标准正态空间内求解可靠度指标 β。比较常用的转换方法是Rackwitz-Fiessler提出的等价正态化算法。设 X 为非正态随机变量，其累积分布函数和密度函数分别为 $F_X(x)$ 和 $f_X(x)$。为找到非正态变量 Z 的等价正态变量 $X'\sim N\left(\mu_{X'},\ \sigma_{X'}^2\right)$，需要满足两个等价条件：①在设计点 x^* 处满足

$$F_X(x^*)=F_{X'}(x^*) \tag{2.83}$$

即原变量分布函数值与等价正态变量分布函数值在 x^* 点相等；②在设计点 x^* 处满足

$$f_X(x^*)=f_{X'}(x^*) \tag{2.84}$$

即原变量密度函数值与等价正态变量密度函数值在 x^* 点相等。由式（2.83）和式（2.84）可以解得等价正态变量的均值和标准差的估计值。

2.2.2.2 二次可靠度方法

通过考虑设计点处极限状态方程的曲率，二次可靠度方法在一定程度上考虑了极限状态方程的非线性，进一步提高了FORM的计算精度[7-9]。在SORM中，极限状态方程的Taylor展开式截取至二阶，即利用二次超曲面函数逼近真实的极限状态方程。在标准正态空间内，极限状态方程 $g(\boldsymbol{u})$ 在设计点 $\boldsymbol{u}^*$ 处的Taylor展开式为

$$g(\boldsymbol{u})\approx\tilde{g}(\boldsymbol{u})=g(\boldsymbol{u}^*)+\nabla^{\mathrm{T}}g(\boldsymbol{u}^*)(\boldsymbol{u}-\boldsymbol{u}^*)+\frac{1}{2}(\boldsymbol{u}-\boldsymbol{u}^*)^{\mathrm{T}}\boldsymbol{H}(\boldsymbol{u}-\boldsymbol{u}^*)=0 \tag{2.85}$$

式中，$\boldsymbol{H}$ 为黑塞矩阵（Hessian matrix），其元素 H_{ij} 为

$$H_{ij}=\left.\frac{\partial^2 g}{\partial u_i \partial u_j}\right|_{u^*} \tag{2.86}$$

将式（2.85）等号左右两端同时除以 $\left\|g(\boldsymbol{u}^*)\right\|$，得

$$\beta+\boldsymbol{w}^{\mathrm{T}}\boldsymbol{u}+\frac{1}{2}(\boldsymbol{u}-\boldsymbol{u}^*)^{\mathrm{T}}\boldsymbol{B}(\boldsymbol{u}-\boldsymbol{u}^*)=0 \tag{2.87}$$

式中，可靠度指标由FORM求出，矩阵 $\boldsymbol{B}$ 的元素为

$$B_{ij}=\left.\frac{1}{\left\|g(\boldsymbol{u}^*)\right\|}H_{ij}\right|_{u^*} \tag{2.88}$$

为考虑极限状态曲面的曲率，将问题从 u 标准正态空间转换到一个特殊的 z 空间。在 z 空间内，设计点 $\boldsymbol{z}^*$ 落在坐标轴上，即 z_r 轴。构造以下 n 个向量：

$$\begin{gathered}\boldsymbol{r}_1=[1,\ 0,\ \cdots,\ 0],\ \boldsymbol{r}_2=[0,\ 1,\ \cdots,\ 0],\ \cdots,\\ \boldsymbol{r}_{n-1}=[0,\ \cdots,\ 1,\ 0],\ \boldsymbol{r}_n=w=-\frac{\nabla^{\mathrm{T}}g(\boldsymbol{u}^*)}{\left\|\nabla g(\boldsymbol{u}^*)\right\|}\end{gathered} \tag{2.89}$$

将式（2.89）中的向量构造一个正交矩阵，即

$$\boldsymbol{R}=\begin{bmatrix}\bar{\boldsymbol{r}}_1\\ \bar{\boldsymbol{r}}_2\\ \vdots\\ \bar{\boldsymbol{r}}_n\end{bmatrix} \tag{2.90}$$

使得在 z 空间内，第 n 个坐标方向与 $\boldsymbol{u}^*$ 方向平行，$\bar{\boldsymbol{r}}_i$ 是 $\boldsymbol{r}_i$ 的正交向量。通过变换

$$z = \boldsymbol{R}u \tag{2.91}$$

将随机向量从$\boldsymbol{u}$空间转换至$\boldsymbol{z}$空间，代入式（2.87）得

$$\beta - z_n + \frac{1}{2}(z - z^*)^{\mathrm{T}} \boldsymbol{RBR}^{\mathrm{T}}(z - z^*) = 0 \tag{2.92}$$

由$\boldsymbol{u}^*$平行于$\nabla g(\boldsymbol{u}^*)$及正交矩阵性质可知

$$\begin{cases} \bar{r}_i \boldsymbol{u}^* = 0, & i \neq n \\ \bar{r}_i \boldsymbol{u}^* = \beta, & i = n \end{cases} \tag{2.93}$$

进一步可得

$$\boldsymbol{R}u^* = [0，0，\cdots，\beta]^{\mathrm{T}} \tag{2.94}$$

令$\boldsymbol{A} = \boldsymbol{RBR}^{\mathrm{T}}$，将式（2.93）和式（2.94）代入式（2.92），可得方程

$$-(\beta - z_n) + \frac{1}{2}\begin{pmatrix} \boldsymbol{z}_{n-1} \\ z_n - \beta \end{pmatrix} \boldsymbol{A} \begin{pmatrix} \boldsymbol{z}_{n-1} \\ z_n - \beta \end{pmatrix} = 0 \tag{2.95}$$

式中，$\boldsymbol{z}_{n-1} = [z_1，z_2，\cdots，z_{n-1}]^{\mathrm{T}}$。

求解式（2.95），并保留前二阶可得

$$z_n = \beta + \frac{1}{2} \boldsymbol{z}_n^{\mathrm{T}} \boldsymbol{A}_{n-1} \boldsymbol{z}_{n-1} \tag{2.96}$$

式中，$\boldsymbol{A}_{n-1}$为矩阵$\boldsymbol{A}$的前$n-1$行和列构成的新矩阵。通过解矩阵特征值，即问题$\boldsymbol{A}_{d-1}u = cu$，可以得到式（2.96）的新逼近形式为

$$z_n = \beta + \frac{1}{2}\sum_{n-1}^{i=1} c_i z_i^2 \tag{2.97}$$

式中，c_i为$\boldsymbol{A}_{d-1}$的矩阵特征值，也是极限状态方程$g(z) = 0$在设计点z^*处前$n-1$阶主曲率。

至此，失效域F可由$\tilde{F} = \{\tilde{g}(z) < 0\}$逼近，失效概率$P_{\mathrm{f}}$可由多种近似方法进行估计，常用的方法有Breiungs方法和Tvedt方法。

（1）Breiungs方法。

当$\beta \to +\infty$，存在失效概率逼近公式：

$$P_{\mathrm{f}} = P(\tilde{F}) = \int_F \Phi(z)\mathrm{d}z = \Phi(-\beta)\prod_{i=2}^{n-1}(1 + c_i\beta)^{-\frac{1}{2}} \tag{2.98}$$

式（2.98）要求主曲率$c_i > \dfrac{1}{\beta}$ $(i = 1，2，\cdots，n-1)$。

（2）Tvedt方法。

在Breiungs方法引入高阶项，Tvedt建议逼近公式为

$$\begin{cases} C_1 = \Phi(-\beta)\prod_{i=2}^{n-1}(1+c_i\beta)^{-\frac{1}{2}} \\ C_2 = \left(\beta\Phi(-\beta)-\varphi(-\beta)\right)\left(\prod_{i=2}^{n-1}(1+c_i\beta)^{-\frac{1}{2}} - \prod_{i=2}^{n-1}\left(1+c_i(\beta+1)\right)^{-\frac{1}{2}}\right) \\ C_3 = (\beta+1)\left(\beta\Phi(-\beta)-\varphi(\beta)\right)\prod_{i=2}^{n-1}(1+c_i\beta)^{-\frac{1}{2}} - \mathrm{Re}\left(\prod_{i=2}^{n-1}\left(1+c_i(\beta+1)\right)^{-\frac{1}{2}}\right) \\ P_{\mathrm{f}} = C_1 + C_2 + C_3 \end{cases} \tag{2.99}$$

由于考虑了极限状态方程的部分非线性，SORM的计算精度要好于FORM的计算精度，但是SORM需要计算黑塞矩阵，其计算量要高于FORM的计算量，即使采用简单的有限差分策略，也需要在一次迭代中计算 $\dfrac{n(n-1)}{2+n}$ 次功能函数，而FORM只需计算 $n+1$ 次。研究结果表明，SORM计算结果稳定性较差，即

$$-0.1\left[(2+0.6\beta)\sqrt{n-1}+3\right] \leqslant |K| \leqslant 0.4\left(\sqrt{n-1}+3\beta\right) \tag{2.100}$$

式中，主曲率 K 由式（2.101）给出，即

$$K = \sum_{j=1}^{n} B_{ij} - \boldsymbol{w}^{\mathrm{T}}\boldsymbol{B}\boldsymbol{w} \tag{2.101}$$

此外，由于SORM是建立在FORM的基础上的，所以FORM的维数限制同样适用于SORM，两者只适合维数 $n<20$ 的低维问题。

2.2.2.3 Monte Carlo模拟方法

Monte Carlo模拟（Monte Carlo simulation，MCS）方法[10-11]的理论依据为两条大数定律：样本均值依概率收敛于母体均值，以及事件发生的频率依概率收敛于事件发生的概率。采用Monte Carlo模拟方法进行可靠性及可靠性局部灵敏度分析时，首先要将求解的问题转化成某个概率模型的期望值，然后对概率模型进行随机数字模拟实验，以样本均值估计母体均值，或者以事件发生的频率近似事件发生的概率，进而对可靠性进行求解。

设结构的功能函数为

$$Y = g(\boldsymbol{X}) = g\left(X_1,\ X_2,\ \cdots,\ X_n\right) \tag{2.102}$$

极限状态方程 $g(\boldsymbol{x})=0$ 将输入变量空间分为失效域 $F=\left\{\boldsymbol{x}:\ g(\boldsymbol{x})\leqslant 0\right\}$ 和安全域 $S=\left\{\boldsymbol{x}:\ g(\boldsymbol{x})>0\right\}$ 两部分，结构的失效概率 P_{f} 可表示为

$$P_{\mathrm{f}} = \int_F f_{\boldsymbol{X}}(\boldsymbol{x})\mathrm{d}\boldsymbol{x} \tag{2.103}$$

式中，$f_{\boldsymbol{X}}(\boldsymbol{x})$ 是输入随机变量 $\boldsymbol{X}=\left[X_1,\ X_2,\ \cdots,\ X_n\right]^{\mathrm{T}}$ 的联合概率密度函数。当输入变量相互独立时，有 $f_{\boldsymbol{X}}(\boldsymbol{x})=\prod_{i=1}^{n} f_{X_i}\left(x_i\right)$，其中 $f_{X_i}\left(x_i\right)(i=1,\ 2,\ \cdots,\ n)$ 是输入变量 X_i 的概率密

度函数。

式（2.103）表明，失效概率的精确表达式为输入变量的联合概率密度函数在失效域内的积分，其可以改写为失效域指示函数 $I_F(\boldsymbol{x})$ 的数学期望形式，即

$$P_{\mathrm{f}}=\int_F f_X(\boldsymbol{x})\mathrm{d}\boldsymbol{x}=\int_{R^n} I_F(\boldsymbol{x})f_X(\boldsymbol{x})\mathrm{d}\boldsymbol{x}=E\left(I_F(\boldsymbol{x})\right) \tag{2.104}$$

式中，失效域指示函数的取值为 $I_F(\boldsymbol{x})=1$（若 $\boldsymbol{x}\in F$），否则 $I_F(\boldsymbol{x})=0$；$E(\cdot)$ 表示期望算子。

式（2.104）表明，结构的失效概率为失效域指示函数的数学期望。依据大数定律，失效域指示函数的数学期望可以由失效域指示函数的样本均值来近似估计。Monte Carlo模拟方法根据输入变量的联合概率密度函数 $f_X(\boldsymbol{x})$ 抽取 N 个输入变量的样本 $\left[\boldsymbol{x}_1,\ \boldsymbol{x}_2,\ \cdots,\ \boldsymbol{x}_N\right]^{\mathrm{T}}$，则失效概率的估计值 $\hat{P}_{\mathrm{f}}$ 为失效域指示函数的样本均值，也就是落入失效域内的样本个数 N_F 与总样本个数 N 的比值，即

$$\hat{P}_{\mathrm{f}}=\frac{1}{N}\sum_{j=1}^{N}I_F\left(\boldsymbol{x}_j\right)=\frac{N_F}{N} \tag{2.105}$$

式（2.105）表明失效概率估计值 $\hat{P}_{\mathrm{f}}$ 为输入变量样本 $\left[\boldsymbol{x}_1,\ \boldsymbol{x}_2,\ \cdots,\ \boldsymbol{x}_N\right]^{\mathrm{T}}$ 的函数，由于样本是随机变量，因此 $\hat{P}_{\mathrm{f}}$ 也是一个随机变量。为了研究失效概率估计值 $\hat{P}_{\mathrm{f}}$ 的收敛性，下面将求解失效概率估计值的均值、方差和变异系数。

对式（2.105）两边求数学期望，可得失效概率估计值 $\hat{P}_{\mathrm{f}}$ 的期望 $E\left(\hat{P}_{\mathrm{f}}\right)$ 为

$$E\left(\hat{P}_{\mathrm{f}}\right)=E\left(\frac{1}{N}\sum_{j=1}^{N}I_F\left(\boldsymbol{x}_j\right)\right) \tag{2.106}$$

由于样本 $\boldsymbol{x}_j$ 与母体独立同分布，因此可得

$$E\left(\hat{P}_{\mathrm{f}}\right)=\frac{1}{N}\sum_{j=1}^{N}E\left(I_F\left(\boldsymbol{x}_j\right)\right)=E\left(I_F\left(\boldsymbol{x}_j\right)\right)=E\left(I_F(\boldsymbol{x})\right)=P_{\mathrm{f}} \tag{2.107}$$

式（2.107）表明，采用Monte Carlo模拟方法求得的失效概率估计值 $\hat{P}_{\mathrm{f}}$ 是失效概率的无偏估计。利用样本均值代替总体均值，可得失效概率估计值 $\hat{P}_{\mathrm{f}}$ 的期望 $E\left(\hat{P}_{\mathrm{f}}\right)$ 的估计值为

$$E\left(\hat{P}_{\mathrm{f}}\right)=E\left(I_F(\boldsymbol{x})\right)\approx\frac{1}{N}\sum_{j=1}^{N}I_F\left(\boldsymbol{x}_j\right)=\hat{P}_{\mathrm{f}} \tag{2.108}$$

对式（2.105）两边求方差，可得

$$\mathrm{Var}\left(\hat{P}_{\mathrm{f}}\right)=\mathrm{Var}\left(\frac{1}{N}\sum_{j=1}^{N}I_F\left(\boldsymbol{x}_j\right)\right)=\frac{1}{N^2}\sum_{j=1}^{N}\mathrm{Var}\left(I_F\left(\boldsymbol{x}_j\right)\right) \tag{2.109}$$

由于样本 $\boldsymbol{x}_j$ 与母体独立同分布，因此可得

$$\mathrm{Var}\left(\hat{P}_{\mathrm{f}}\right)=\frac{1}{N}\mathrm{Var}\left(I_F\left(\boldsymbol{x}_j\right)\right)=\frac{1}{N}\mathrm{Var}\left(I_F(\boldsymbol{x})\right) \tag{2.110}$$

利用样本方差代替总体方差，可得

$$\begin{aligned}\mathrm{Var}\left(I_F(\boldsymbol{x})\right)&\approx\frac{1}{N-1}\left[\sum_{j=1}^{N}I_F^2\left(\boldsymbol{x}_j\right)-N\left(\frac{1}{N}\sum_{j=1}^{N}I_F\left(\boldsymbol{x}_j\right)\right)^2\right]\\&=\frac{N}{N-1}\left[\frac{1}{N}\sum_{j=1}^{N}I_F^2\left(\boldsymbol{x}_j\right)-\left(\frac{1}{N}\sum_{j=1}^{N}I_F\left(\boldsymbol{x}_j\right)\right)^2\right]\\&=\frac{N}{N-1}\left(\frac{1}{N}\sum_{j=1}^{N}I_F\left(\boldsymbol{x}_j\right)-\hat{P}_{\mathrm{f}}^2\right)=\frac{N\left(\hat{P}_{\mathrm{f}}-\hat{P}_{\mathrm{f}}^2\right)}{N-1}\end{aligned}\tag{2.111}$$

将式（2.111）代入式（2.110），可得失效概率估计值 $\hat{P}_{\mathrm{f}}$ 的方差 $\mathrm{Var}\left(\hat{P}_{\mathrm{f}}\right)$ 的估计值为

$$\mathrm{Var}\left(\hat{P}_{\mathrm{f}}\right)\approx\frac{\hat{P}_{\mathrm{f}}-\hat{P}_{\mathrm{f}}^2}{N-1}\tag{2.112}$$

失效概率估计值 $\hat{P}_{\mathrm{f}}$ 的变异系数 $\mathrm{Cov}\left(\hat{P}_{\mathrm{f}}\right)$ 及变异系数的估计值为

$$\mathrm{Cov}\left(\hat{P}_{\mathrm{f}}\right)=\frac{\sqrt{\mathrm{Var}\left(\hat{P}_{\mathrm{f}}\right)}}{E\left(\hat{P}_{\mathrm{f}}\right)}\approx\sqrt{\frac{1-\hat{P}_{\mathrm{f}}}{(N-1)\hat{P}_{\mathrm{f}}}}\tag{2.113}$$

2.2.2.4 重要抽样法

重要抽样法的基本思路：采用重要抽样密度函数代替原来的抽样密度函数，使得样本落入失效域的概率增加，以此来获得高的抽样效率和快的收敛速度[12-13]。重要抽样密度函数选取的基本原则：使对失效概率贡献大的样本以较大的概率出现，这样可以减小估计值的方差。

重要抽样法通过引入重要抽样密度函数 $h_X(\boldsymbol{x})$，将求解失效概率的积分式转换为以 $h_X(\boldsymbol{x})$ 为密度函数的数学期望的形式，即

$$P_{\mathrm{f}}=\int_{R^n}I_F(\boldsymbol{x})f_X(\boldsymbol{x})\mathrm{d}\boldsymbol{x}=\int_{R^n}I_F(\boldsymbol{x})\frac{f_X(\boldsymbol{x})}{h_X(\boldsymbol{x})}h_X(\boldsymbol{x})\mathrm{d}\boldsymbol{x}=E\left(I_F(\boldsymbol{x})\frac{f_X(\boldsymbol{x})}{h_X(\boldsymbol{x})}\right)\tag{2.114}$$

式中，$f_X(\boldsymbol{x})$ 为输入变量 $\boldsymbol{X}=\{X_1, X_2, \cdots, X_n\}^{\mathrm{T}}$ 的联合概率密度函数。

根据重要抽样密度函数 $h_X(\boldsymbol{x})$ 抽取输入变量 $\boldsymbol{X}$ 的 N 个样本 $\{\boldsymbol{x}_1, \boldsymbol{x}_2, \cdots, \boldsymbol{x}_N\}^{\mathrm{T}}$，则失效概率的估计值 $\hat{P}_{\mathrm{f}}$ 为

$$\hat{P}_{\mathrm{f}}=\frac{1}{N}\sum_{j=1}^{N}\left(I_F\left(\boldsymbol{x}_j\right)\frac{f_X\left(\boldsymbol{x}_j\right)}{h_X\left(\boldsymbol{x}_j\right)}\right)\tag{2.115}$$

对式（2.115）等号两边求数学期望，由于样本 $\boldsymbol{x}_j(j=1, 2, \cdots, N)$ 和母体独立同分布，且样本均值可以用来近似母体均值，可得失效概率估计值 $\hat{P}_{\mathrm{f}}$ 的期望 $E\left(\hat{P}_{\mathrm{f}}\right)$ 及期

望的估计值为

$$
\begin{aligned}
E\left(\hat{P}_{\mathrm{f}}\right) &= E\left(\frac{1}{N}\sum_{j=1}^{N} I_F\left(\boldsymbol{x}_j\right)\frac{f_X\left(\boldsymbol{x}_j\right)}{h_X\left(\boldsymbol{x}_j\right)}\right) = E\left(I_F(x)\frac{f_X(\boldsymbol{x})}{h_X(\boldsymbol{x})}\right) = P_{\mathrm{f}} \\
&\approx \frac{1}{N}\sum_{j=1}^{N}\left(I_F\left(\boldsymbol{x}_j\right)\frac{f_X\left(\boldsymbol{x}_j\right)}{h_X\left(\boldsymbol{x}_j\right)}\right) = \hat{P}_{\mathrm{f}}
\end{aligned}
\tag{2.116}
$$

式（2.116）表明，重要抽样法求得的失效概率估计值为失效概率的无偏估计，且 $E\left(\hat{P}_{\mathrm{f}}\right)$ 在模拟过程中可以用于估计。

对式（2.115）等号两边求方差，由于样本 $\boldsymbol{x}_j(j=1,2,\cdots,N)$ 和母体独立同分布，且样本方差可以用来近似母体方差，可得失效概率估计值 $\hat{P}_{\mathrm{f}}$ 的方差 $\mathrm{Var}\left(\hat{P}_{\mathrm{f}}\right)$ 及方差的估计值为

$$
\begin{aligned}
\mathrm{Var}\left(\hat{P}_{\mathrm{f}}\right) &= \mathrm{Var}\left(\frac{1}{N}\sum_{j=1}^{N} I_F\left(\boldsymbol{x}_j\right)\frac{f_X\left(\boldsymbol{x}_j\right)}{h_X\left(\boldsymbol{x}_j\right)}\right) = \frac{1}{N^2}\sum_{j=1}^{N}\mathrm{Var}\left(I_F\left(\boldsymbol{x}_j\right)\frac{f_X\left(\boldsymbol{x}_j\right)}{h_X\left(\boldsymbol{x}_j\right)}\right) \\
&= \frac{1}{N}\mathrm{Var}\left(I_F\left(\boldsymbol{x}_j\right)\frac{f_X\left(\boldsymbol{x}_j\right)}{h_X\left(\boldsymbol{x}_j\right)}\right) = \frac{1}{N}\mathrm{Var}\left(I_F(\boldsymbol{x})\frac{f_X(\boldsymbol{x})}{h_X(\boldsymbol{x})}\right) \\
&\approx \frac{1}{N-1}\left[\frac{1}{N}\sum_{j=1}^{N}\left(I_F\left(\boldsymbol{x}_j\right)\frac{f_X\left(\boldsymbol{x}_j\right)}{h_X\left(\boldsymbol{x}_j\right)}\right)^2 - \left(\frac{1}{N}\sum_{j=1}^{N} I_F\left(\boldsymbol{x}_j\right)\frac{f_X\left(\boldsymbol{x}_j\right)}{h_X\left(\boldsymbol{x}_j\right)}\right)^2\right] \\
&= \frac{1}{N-1}\left(\frac{1}{N}\sum_{j=1}^{N} I_F\left(\boldsymbol{x}_j\right)\frac{f_X^2\left(\boldsymbol{x}_j\right)}{h_X^2\left(\boldsymbol{x}_j\right)} - \hat{P}_{\mathrm{f}}^2\right)
\end{aligned}
\tag{2.117}
$$

求得失效概率估计值的期望和方差后，可求得失效概率估计值的变异系数 $\mathrm{Cov}\left(\hat{P}_{\mathrm{f}}\right)$ 为

$$
\mathrm{Cov}\left(\hat{P}_{\mathrm{f}}\right) = \frac{\sqrt{\mathrm{Var}\left(\tilde{P}_{\mathrm{f}}\right)}}{E\left(\hat{P}_{\mathrm{f}}\right)}
\tag{2.118}
$$

若取重要抽样密度函数为

$$
h_X^{\mathrm{opt}}(\boldsymbol{x}) = \frac{I_F(\boldsymbol{x}) f_X(\boldsymbol{x})}{P_{\mathrm{f}}}
\tag{2.119}
$$

将式（2.119）所示的 $h_X^{\mathrm{opt}}(\boldsymbol{x})$ 代入式（2.117），可得重要抽样失效概率估计值的方差 $\mathrm{Var}\left(\hat{P}_{\mathrm{f}}\right)=0$，因此 $h_X^{\mathrm{opt}}(\boldsymbol{x})$ 是最优重要抽样密度函数。

显然，最优重要抽样密度函数 $h_X^{\mathrm{opt}}(\boldsymbol{x})$ 与待求解的失效概率 P_{f} 有关，因此，在实际应用中，最优重要抽样密度函数是不可能预先得到的。由于设计点是失效域中对失效概率贡献最大的点，因此，一般选择密度中心在设计点的密度函数作为重要抽样密度函数，从而使得按照重要抽样密度函数抽取的样本点有较大的概率落在对失效概率贡献较大的区域，进而使得基于重要抽样密度函数的数字模拟法的失效概率结果较快地收敛于

真值。

2.2.2.5　子集模拟法

子集模拟法是一种针对高维小失效概率问题进行可靠性和可靠性局部灵敏度分析的方法[14-15]。它的基本思想如下：通过引入合理的中间失效事件，将小失效概率表达为一系列较大的条件失效概率的乘积，而较大的条件失效概率可利用马尔可夫链模拟的条件样本点来高效估计，因而该方法大大提高了可靠性分析的效率。

子集模拟法通过引入合理的中间失效事件，将小失效概率表达为一系列较大的条件失效概率的乘积，而这些条件事件模拟过程，可利用马尔可夫链蒙特卡罗（Markov chain Monte Carlo，MCMC）方法产生条件样本点，是一种针对高维小失效概率问题进行可靠性分析的可行方法。

$F=\{g(\boldsymbol{X})\leqslant b\}$ 表示目标失效事件，b 为结构响应临界值。序列中间事件满足嵌套关系，即 $F_1\supset F_2\supset\cdots\supset F_m=F$，则目标失效概率可以表示为

$$P_F=P(F)=P(F_m)=P(F_m|F_{m-1})P(F_{m-1})=\cdots=P(F_1)\prod_{i=2}^{m}P(F_i|F_{i-1}) \tag{2.120}$$

合理选取中间事件为 $F_i=\{g(\boldsymbol{X})\leqslant b_i,\ i=1,\ 2,\ \cdots,\ m\}(b=b_m<\cdots<b_2<b_1)$，$m$ 为中间事件总数，使条件概率 $P(F_i|F_{i-1})$ 足够大，可以保证高效地模拟 P_F。

第一层 $P(F_1)$ 由直接 Monte Carlo 模拟获得，即 $P(F_1)=P_1=\frac{1}{N}\sum_{k=1}^{N}I_{F_1}(\boldsymbol{x}_k)$。其中，$\{\boldsymbol{x}_k,\ k=1,\ 2,\ \cdots,\ N\}$ 是由随机向量的联合概率密度函数 $q(\boldsymbol{x})=\prod_{j=1}^{n}q_j(x_j)$ 模拟生成的独立同分布样本，$\boldsymbol{x}=[x_1,\ x_2,\ \cdots,\ x_n]$ 为 n 维随机向量；N 为每层样本数；I_{F_1} 为指示函数，$\boldsymbol{x}_k\in F_1$，则 $I_{F_1}=1$，否则 $I_{F_1}=0$。

在实际操作过程中，通常首先需要令所有条件概率 $P(F_i|F_{i-1})$ 为常数 p_0，研究结果表明 $p_0\in[0.1,\ 0.3]$，进而自适应选取各个中间事件的临界值。从升序排列 $\{g(\boldsymbol{x}_k^{(i-1)}),\ k=1,\ 2,\ \cdots,\ N\}$ 中选取第 p_0N+1 个响应值作为 $b_i(i=1,\ 2,\ \cdots,\ m-1)$，$\boldsymbol{x}_k^{(i-1)}(i=2,\ 3,\ \cdots,\ m-1)$ 是在第 $i-1$ 层模拟出的马尔可夫链样本，$\boldsymbol{x}_k^{(0)}$ 是在第1层直接利用Monte Carlo模拟产生的样本。

采用基于改进Metropolis-Hastings算法的MCMC模拟，从当前样本中模拟出下一马尔可夫链状态样本。马尔可夫链的平稳分布为

$$q(\boldsymbol{x}|F_i)=\frac{q(\boldsymbol{x})I_{F_i}(\boldsymbol{x})}{P(F_i)}=\frac{\left(\prod_{j=1}^{n}q_j(x_j)\right)I_{F_i}(\boldsymbol{x})}{P(F_i)} \tag{2.121}$$

（1）选取建议分布概率密度函数 p_j^*。

对每个分量，选取建议分布概率密度函数 $p_j^*(\xi|x)$，使其满足对称性 $p_j^*(\xi|x)=p_j^*(x|\xi)$，并且形式简单。比如，正态分布和均匀分布，分布的宽度可以取样本 $\{\boldsymbol{x}_j\}$ 标准差的倍数。建议分布控制马尔可夫链过程中一个状态向另一个状态的转移。

（2）生成下一个状态。

对第 $j=1$，…，n 个分量，由原状态 $x_k(j)$ 从建议分布模拟出样本第j个分量的备选状态 ξ_j，计算比值 $r=\dfrac{q_j(\xi_j)}{q_j(x_k(j))}$，并有

$$x_{k+1}(j)=\begin{cases}\xi_j, & \min\{1,\ r_j\}>\text{random}(0,\ 1)\\ x_k(j), & \min\{1,\ r_j\}\leqslant\text{random}(0,\ 1)\end{cases} \tag{2.122}$$

对每个分量重复上述过程，形成一个备选状态 $\tilde{\boldsymbol{x}}$，直到当马尔可夫链足够长，模拟出的样本都服从目标条件分布 $q(\boldsymbol{x}|F_i)$，即 $\boldsymbol{x}\in F_i$。

（3）判断是否接受备选状态 $\tilde{\boldsymbol{x}}$。

如果 $\tilde{\boldsymbol{x}}\in F_i$，接受该状态作为下一状态，即 $\boldsymbol{x}_{k+1}=\tilde{\boldsymbol{x}}$；否则，拒绝该状态并将上一状态作为下一状态，即 $\boldsymbol{x}_{k+1}=\boldsymbol{x}_k$。

2.2.2.6 自主学习Kriging代理模型可靠性方法

工程领域常用的代理模型有多项式响应面模型、人工神经网络模型和Kriging代理模型等。多项式响应面模型对高维问题和强非线性问题的拟合精度较差。人工神经网络模型需要进行的试验次数过多。Kriging代理模型作为一种估计方差最小的无偏估计模型，具有全局近似与局部随机误差相结合的特点，它的有效性不依赖随机误差的存在，对非线性程度较高和局部响应突变问题具有良好的拟合效果。因此，可以采用Kriging代理模型进行函数全局和局部的近似[16-17]。

Kriging代理模型可以近似表达为一个随机分布函数和一个多项式之和，即

$$g_K(\boldsymbol{X})=\sum_{i=1}^{p}f_i(\boldsymbol{X})\beta_i+z(\boldsymbol{X}) \tag{2.123}$$

式中，$g_K(\boldsymbol{X})$ 为未知的Kriging代理模型；$\boldsymbol{f}(\boldsymbol{X})=[f_1(\boldsymbol{X}),\ f_2(\boldsymbol{X}),\ \cdots,\ f_p(\boldsymbol{X})]^{\mathrm{T}}$ 是随机向量 $\boldsymbol{X}$ 的基函数，提供了设计空间内的全局近似模型；$\boldsymbol{\beta}=[\beta_1,\ \beta_2,\ \cdots,\ \beta_p]^{\mathrm{T}}$ 为回归函数待定系数，其值可通过已知的响应值估计得到；p 表示基函数的个数；$z(\boldsymbol{X})$ 为一随机过程，是在全局模拟的基础上创建的期望为0且方差为 σ^2 的局部偏差，其协方差矩阵的分量可表示为

$$\mathrm{Cov}\left(z\left(\boldsymbol{x}^{(i)}\right),\ z\left(\boldsymbol{x}^{(j)}\right)\right)=\sigma^2\left(R\left(\boldsymbol{x}^{(i)},\ \boldsymbol{x}^{(j)}\right)\right) \tag{2.124}$$

式中，$R\left(\boldsymbol{x}^{(i)},\ \boldsymbol{x}^{(j)}\right)$表示任意两个样本点的相关函数，其为相关矩阵$\boldsymbol{R}$的分量，$i$，$j=1$，2，…，$m$（$m$为训练样本集中数据个数）。$R\left(\boldsymbol{x}^{(i)},\ \boldsymbol{x}^{(j)}\right)$有多种函数形式可选择，高斯型相关函数的表达式为

$$R\left(\boldsymbol{x}^{(i)},\ \boldsymbol{x}^{(j)}\right)=\exp\left(-\sum_{k=1}^{m}\theta_k\left|x_k^{(i)}-x_k^{(j)}\right|^2\right) \tag{2.125}$$

式中，$\theta_k(k=1,\ 2,\ \cdots,\ m)$为未知的相关参数。

根据Kriging理论，未知点$\boldsymbol{x}$处的响应估计值为

$$g_K(\boldsymbol{x})=\boldsymbol{f}^{\mathrm{T}}(x)\hat{\boldsymbol{\beta}}+\boldsymbol{r}^{\mathrm{T}}(x)\boldsymbol{R}^{-1}\left(\boldsymbol{g}-\boldsymbol{F}\hat{\boldsymbol{\beta}}\right) \tag{2.126}$$

式中，$\hat{\boldsymbol{\beta}}$为$\boldsymbol{\beta}$的估计值；$\boldsymbol{g}$为训练样本数据的响应值构成的列向量；$\boldsymbol{F}$为由m个样本点处的回归模型组成的$m\times p$阶矩阵；$\boldsymbol{r}(\boldsymbol{x})$为训练样本点和预测点之间的相关函数向量，可以表示为

$$\boldsymbol{r}^{\mathrm{T}}(\boldsymbol{x})=\left[R\left(\boldsymbol{x},\ \boldsymbol{x}^{(1)}\right),\ R\left(\boldsymbol{x},\ \boldsymbol{x}^{(2)}\right),\ \cdots,\ R\left(\boldsymbol{x},\ \boldsymbol{x}^{(m)}\right)\right] \tag{2.127}$$

$\hat{\boldsymbol{\beta}}$和方差估计值$\hat{\sigma}^2$分别为

$$\hat{\boldsymbol{\beta}}=\left(\boldsymbol{F}^{\mathrm{T}}\boldsymbol{R}^{-1}\boldsymbol{F}\right)^{-1}\boldsymbol{F}^{\mathrm{T}}\boldsymbol{R}^{-1}\boldsymbol{g} \tag{2.128}$$

$$\hat{\sigma}^2=\frac{\left(\boldsymbol{g}-\boldsymbol{F}\hat{\boldsymbol{\beta}}\right)^{\mathrm{T}}\boldsymbol{R}^{-1}\left(\boldsymbol{g}-\boldsymbol{F}\hat{\boldsymbol{\beta}}\right)}{m} \tag{2.129}$$

相关参数$\boldsymbol{\theta}=\left[\theta_1,\ \theta_2,\ \cdots,\ \theta_m\right]^{\mathrm{T}}$可以通过求极大似然估计的最大值得到，即

$$\max F(\boldsymbol{\theta})=-\frac{m\ln\hat{\sigma}^2+\ln|\boldsymbol{R}|}{2},\quad \theta_k\geqslant 0(k=1,\ 2,\ \cdots,\ m) \tag{2.130}$$

通过求解式（2.130）得到的$\boldsymbol{\theta}$值构成的Kriging代理模型为拟合精度最优的代理模型。

因此，对于任意一个未知的$\boldsymbol{x}$，$g_K(\boldsymbol{x})$服从一个高斯分布，即$g_K(\boldsymbol{x})\sim N\left(\mu_{g_K}(\boldsymbol{x}),\ \sigma_{g_K}^2(\boldsymbol{x})\right)$。其中，均值及方差的计算公式为

$$\mu_{g_K}(\boldsymbol{x})=\boldsymbol{f}^{\mathrm{T}}(\boldsymbol{x})\hat{\boldsymbol{\beta}}+\boldsymbol{r}^{\mathrm{T}}(\boldsymbol{x})\boldsymbol{R}^{-1}\left(\boldsymbol{g}-\boldsymbol{F}\hat{\boldsymbol{\beta}}\right) \tag{2.131}$$

$$\sigma_{g_K}^2(\boldsymbol{x})=\sigma^2\left[1-\boldsymbol{r}^{\mathrm{T}}(\boldsymbol{x})\boldsymbol{R}^{-1}\boldsymbol{r}(\boldsymbol{x})+\left(\boldsymbol{F}^{\mathrm{T}}\boldsymbol{R}^{-1}\boldsymbol{r}(\boldsymbol{x})-\boldsymbol{f}(\boldsymbol{x})\right)^{\mathrm{T}}\left(\boldsymbol{F}^{\mathrm{T}}\boldsymbol{R}^{-1}\boldsymbol{F}\right)^{-1}\left(\boldsymbol{F}^{\mathrm{T}}\boldsymbol{R}^{-1}\boldsymbol{r}(\boldsymbol{x})-\boldsymbol{f}(\boldsymbol{x})\right)\right] \tag{2.132}$$

$\mu_{g_K}(\boldsymbol{x})$和$\sigma_{g_K}^2(\boldsymbol{x})$的计算可以通过MATLAB中的工具箱DACE [16] 来实现。Kriging代理模型为准确的插值方法，在训练点$\boldsymbol{x}_i(i=1,\ 2,\ \cdots,\ m)$处，$\mu_{g_K}(\boldsymbol{x}_i)=g(\boldsymbol{x}_i)$且$\sigma_{g_K}(\boldsymbol{x}_i)=0$。$\sigma_{g_K}^2(\boldsymbol{x})$表示$g_K(\boldsymbol{X})$与$g(\boldsymbol{X})$之间均方误差的最小值，初始样本点中功能函数值的误差为0，其他输入变量样本对应的功能函数预测值的方差一般不是0。当$\sigma_{g_K}^2(\boldsymbol{x})$

比较大时，意味着在$\boldsymbol{x}$处的估计是不正确的。因此$\sigma_{g_K}^2(\boldsymbol{x})$的预测值可以用来衡量代理模型在$\boldsymbol{x}$位置处估计的准确程度，进而为更新Kriging代理模型提供了一个很好的指标。

根据Monte Carlo模拟方法求解失效概率的过程可知，功能函数的正负在失效概率计算过程中至关重要。规定功能函数大于零时，结构处于安全状态；反之，结构处于失效状态。因此，利用代理模型准确代理功能函数为0的面$g(\boldsymbol{x})=0$，对于准确计算失效概率至关重要。自适应建立Kriging代理模型的思路：首先根据少量训练样本点建立粗糙的Kriging代理模型；其次通过自适应学习函数从备选样本集中挑选符合要求的样本点加入当前训练样本集内，以更新Kriging代理模型，直到满足收敛条件；最后利用更新结束的Kriging代理模型进行可靠性及可靠性局部灵敏度分析。加入Kriging训练集更新Kriging代理模型的样本点需要满足：① 在随机输入变量分布密度较大的区域；② 距离功能函数为0的面近且符号误判的风险较大。所谓符号误判风险较大的样本点具备以下特征：靠近极限状态面(即$|\mu_{g_K}|$)较小，或当前Kriging代理模型对其预测的方差（即$\sigma_{g_K}^2$）较大，或者以上两点同时具备。目前，应用较为广泛的自适应学习函数有EFF学习函数、H学习函数及U学习函数[17]。

2.3 可靠性优化设计

根据设计变量的不同类型，结构优化一般可分为尺寸、形状及拓扑优化。在常规结构优化中，结构所处的载荷环境、结构参数及失效模型、设计要求、目标函数、约束条件和设计变量等均被考虑为确定性的，这在一定程度上简化了结构的设计和计算过程，降低了计算代价。但由于没有考虑到不确定性的影响，当输入变量具有一定波动时，优化结果就有可能不再满足约束条件。为了弥补确定性优化设计的不足，可靠性优化设计相继产生。可靠性优化设计与确定性优化设计相比，增加了包含结构可靠度要求的约束或者目标函数。其不确定性因素主要体现在以下四个方面。

① 材料属性的不确定性。制造环境、技术条件、材料的多相特征等因素，使得工程中材料的弹性模量、泊松比、质量密度等属性具有不确定性。

② 几何尺寸的不确定性。制造安装误差使得几何尺寸（如梁的截面积、惯性矩、板的厚度等）具有不确定性。

③ 载荷的不确定性。测量条件、外部环境等因素使作用在结构上的载荷具有不确定性。

④ 结构边界条件的不确定性。结构的复杂性使结构元件之间的连接等边界条件具有不确定性。

传统的确定性优化设计问题的数学模型可以表示为

$$
\begin{aligned}
&\min_{d} C(\boldsymbol{d})\\
&\text{s.t.}\begin{cases} L_i(\boldsymbol{d})\leqslant 0,\ i=1,\ 2,\ \cdots,\ r\\ \boldsymbol{d}^{\mathrm{L}}\leqslant \boldsymbol{d}\leqslant \boldsymbol{d}^{\mathrm{U}},\ \boldsymbol{d}\in R^{n_d}\end{cases}
\end{aligned}
\tag{2.133}
$$

式中，$C(\boldsymbol{d})$ 为优化的目标函数，一般为费用、质量等；$L_i(\boldsymbol{d})$ 为第 i 个约束函数；r 为约束函数的个数；$\boldsymbol{d}$ 为设计变量；$\boldsymbol{d}^{\mathrm{U}}$ 和 $\boldsymbol{d}^{\mathrm{L}}$ 分别为设计变量取值范围的上界和下界。

在基于不确定性的优化设计中，涉及不确定性的量有两类：① 影响目标性能的随机输入变量，在优化模型中以 $\boldsymbol{X}$ 表达；② 设计变量，在优化模型中以 $\boldsymbol{d}$ 表达，它既可以是确定性变量，也可以是随机输入变量的统计数字特征，如随机输入变量的均值等。

典型的可靠性优化设计的模型将可靠性要求结合到优化问题的约束内，即在满足一定的结构系统可靠性要求下，通过调整结构参数使结构的质量或费用最小。其具体的数学模型为

$$
\begin{aligned}
&\min_{d} C(\boldsymbol{d})\\
&\text{s.t.}\begin{cases} P\big(g_i(\boldsymbol{X},\ \boldsymbol{d})\leqslant 0\big)\leqslant P_{\mathrm{f}_i}^{*},\ i=1,\ 2,\ \cdots,\ m\\ h_j(\boldsymbol{d})\leqslant 0,\ j=1,\ 2,\ \cdots,\ M\\ \boldsymbol{d}^{\mathrm{L}}\leqslant \boldsymbol{d}\leqslant \boldsymbol{d}^{\mathrm{U}},\ \boldsymbol{d}\in R^{n_d}\end{cases}
\end{aligned}
\tag{2.134}
$$

式中，$P(\cdot)$ 是概率算子；$\boldsymbol{X}$ 是随机输入变量；$g_i(\boldsymbol{X},\ \boldsymbol{d})$ 是第 i 个功能函数；$P_{\mathrm{f}_i}^{*}$ 是第 i 个失效概率约束；$h_j(\cdot)$ 是第 j 个确定性约束函数；m 是概率约束的个数；M 是确定性约束的个数；n_d 是设计变量 $\boldsymbol{d}$ 的个数。一般情况下，在可靠性优化设计中，认为 $g_i(\boldsymbol{X},\ \boldsymbol{d})\leqslant 0$ 的区域为失效域，而在稳健性优化设计中可以进行等价变换，即通过 $l_i(\boldsymbol{X},\ \boldsymbol{d})=-g_i(\boldsymbol{X},\ \boldsymbol{d})$ 将 $g_i(\boldsymbol{X},\ \boldsymbol{d})\leqslant 0$ 的区域转化为 $l_i(\boldsymbol{X},\ \boldsymbol{d})\geqslant 0$ 的区域。通常情况下，稳健性优化设计中失效域的定义为 $l_i(\boldsymbol{X},\ \boldsymbol{d})\geqslant 0$，因此，式（2.134）也可以为

$$
\begin{aligned}
&\min_{d} C(\boldsymbol{d})\\
&\text{s.t.}\begin{cases} P\big(l_i(\boldsymbol{X},\ \boldsymbol{d})\geqslant 0\big)\leqslant P_{\mathrm{f}_i}^{*},\ i=1,\ 2,\ \cdots,\ m\\ h_j(\boldsymbol{d})\leqslant 0,\ j=1,\ 2,\ \cdots,\ M\\ \boldsymbol{d}^{\mathrm{L}}\leqslant \boldsymbol{d}\leqslant \boldsymbol{d}^{\mathrm{U}},\ \boldsymbol{d}\in R^{n_d}\end{cases}
\end{aligned}
\tag{2.135}
$$

在可靠性优化设计中，也可以将结构的可靠度要求结合到优化问题的目标函数内，即在满足一定的结构质量或费用约束条件下，通过调整结构参数使结构的可靠度最大。本书主要介绍第一种模型，即将失效概率作为优化问题的约束条件。

按照可靠性优化设计的结构系统，既能定量给出产品在使用中的可靠性，又能得到产品的功能、参数匹配、结构尺寸与质量、成本等方面参数的最优解。目前，可靠性优化的方法主要有双层法、单层法及解耦法。

双层法是将可靠性分析嵌套在优化过程中，属于嵌套优化过程，内层求解可靠性，

外层通过优化求得在可靠性约束下的最低（最轻）费用（质量）。

单层法的目标是将可靠性优化设计中的嵌套优化过程转换成单层优化过程，其主要利用等价的最优条件来避免双层法中的内层可靠性分析过程。第一类单层法将概率可靠性分析直接整合到优化设计过程中形成单一的优化问题；第二类单层法将概率分析和设计优化按照次序排列成一个循环。

解耦法是将内层嵌套的可靠性分析与外层的优化设计进行分离，将可靠性优化问题中包含的概率约束进行显式近似，从而将不确定性优化问题转化成一般的确定性优化问题，进而可以采用常规的确定性优化算法进行求解。最直接的解耦方法是在进行优化前预先求得失效概率函数，将预先求得的失效概率函数代入可靠性优化模型中，直接将不确定性优化等价转化为一个确定性优化问题，且在等价转化的确定性优化分析中无须再进行可靠性分析。

2.3.1 可靠性优化设计的双层法

可靠性优化设计的双层法的思想：内层进行可靠性分析，外层进行最优设计变量的求解[18-19]。常用的双层法有可靠度指标法。

在可靠性分析中，若采用基于数字模拟的样本法将会产生较大的计算量，而采用优化算法求解可靠度指标的计算量小于样本法的计算量。基于此，可以将式（2.134）中的失效概率约束转化为可靠度指标约束。

若功能函数为 $g_i(\boldsymbol{X},\ \boldsymbol{d})$，则基于可靠度指标法的可靠性优化模型为

$$\begin{aligned}&\min_{\boldsymbol{d}} C(\boldsymbol{d})\\&\text{s.t.}\begin{cases}\beta_{ig}(\boldsymbol{X},\ \boldsymbol{d})\geqslant\beta_i^*,\ i=1,\ 2,\ \cdots,\ m\\h_j(\boldsymbol{d})\leqslant 0,\ j=1,\ 2,\ \cdots,\ M\\\boldsymbol{d}^{\mathrm{L}}\leqslant\boldsymbol{d}\leqslant\boldsymbol{d}^{\mathrm{U}},\ \boldsymbol{d}\in R^{n_d}\end{cases}\end{aligned}\tag{2.136}$$

式中，$\beta_{ig}(\boldsymbol{X},\ \boldsymbol{d})$ 为根据功能函数 $g_i(\boldsymbol{X},\ \boldsymbol{d})$ 求得的可靠度指标函数；β_i^* 为第 i 个功能函数的可靠度指标约束值。通过转换可以将随机变量 $\boldsymbol{X}$ 转换为独立标准正态变量 $\boldsymbol{U}$，即 $\boldsymbol{U}=T(\boldsymbol{X})$。可靠度指标可以通过如下优化模型求得

$$\begin{aligned}&\min_{\boldsymbol{u}}\|\boldsymbol{u}\|\\&\text{s.t.}\ \bar{g}_i(\boldsymbol{u})=g_i\left(T^{-1}(\boldsymbol{u})\right)\leqslant 0\end{aligned}\tag{2.137}$$

式（2.137）的解 $\boldsymbol{u}_i^*$ 即最可能失效点（亦称为设计点），因此，可靠度指标可以通过式（2.138）计算：

$$\beta_{ig}=\left\|\boldsymbol{u}_i^*\right\|\tag{2.138}$$

根据 $P_{f_i}=\Phi(-\beta_{ig})$ 亦可得失效概率，其中 $\Phi(\cdot)$ 是标准正态的累积分布函数。

另外，考虑到可靠性优化设计中约束条件与稳健性优化设计中约束条件格式的关系，令功能函数 $l_i(\boldsymbol{X},\ \boldsymbol{d})=-g_i(\boldsymbol{X},\ \boldsymbol{d})$，则等价的失效域为 $l_i(\boldsymbol{X},\ \boldsymbol{d})\geqslant 0$，且 $\beta_{il}(\boldsymbol{d})=-\beta_{ig}(\boldsymbol{d})$，此时，式（2.136）的模型可等价表示为

$$\begin{aligned}&\min_{\boldsymbol{d}} C(\boldsymbol{d})\\&\text{s.t.}\begin{cases}\beta_{il}(\boldsymbol{d})\leqslant -\beta_i^*,\ i=1,\ 2,\ \cdots,\ m\\h_j(\boldsymbol{d})\leqslant 0,\ j=1,\ 2,\ \cdots,\ M\\\boldsymbol{d}^{\mathrm{L}}\leqslant\boldsymbol{d}\leqslant\boldsymbol{d}^{\mathrm{U}},\ \boldsymbol{d}\in R^{n_d}\end{cases}\end{aligned}\tag{2.139}$$

式中，$\beta_{il}(\boldsymbol{d})$ 为根据功能函数 $l_i(\boldsymbol{X},\ \boldsymbol{d})$ 求得的可靠度指标；β_i^* 为第 i 个可靠度指标约束。通过转换可以将随机变量 $\boldsymbol{X}$ 转换到独立标准正态变量 $\boldsymbol{U}$。可靠度指标可以通过以下优化模型求得：

$$\begin{aligned}&\min_{u}\|\boldsymbol{u}\|\\&\text{s.t.}\ \bar{l}_i(\boldsymbol{u})=l_i\left(T^{-1}(\boldsymbol{u})\right)=-g_i\left(T^{-1}(\boldsymbol{u})\right)\geqslant 0\end{aligned}\tag{2.140}$$

式（2.140）的解 $\boldsymbol{u}_i^*$ 是最可能失效点，因此可靠度指标可以通过式（2.141）计算：

$$\beta_{il}=-\left\|\boldsymbol{u}_i^*\right\|\tag{2.141}$$

其中，$P\left(l_i(\boldsymbol{X},\ \boldsymbol{d})\geqslant 0\right)=\Phi\left(\beta_{il}\right)$。

2.3.2 可靠性优化设计的单层法

单层法的目的是避免每一次外层寻优过程中内层费时的可靠性分析，这可以通过以最优条件［Karush-Kuhn-Tucher（KKT）条件］方法将双层嵌套优化过程整合为一个优化过程来实现[20-23]。可靠性优化设计的单层法的具体优化模型为

$$\begin{aligned}&\min_{\boldsymbol{d}} C(\boldsymbol{d})\\&\text{s.t.}\begin{cases}g_i\left(\boldsymbol{d}^{(k)},\ \boldsymbol{x}_i^{(k)}\right)\geqslant 0,\ i=1,\ 2,\ \cdots,\ m\\h_j\left(\boldsymbol{d}^{(k)}\right)\leqslant 0,\ j=1,\ 2,\ \cdots,\ M\end{cases}\end{aligned}\tag{2.142}$$

其中

$$\begin{cases}\boldsymbol{x}_i^{(k)}=\boldsymbol{\mu}_X^{(k)}+\boldsymbol{\lambda}_i^{(k)}\boldsymbol{\sigma}_X^{(k)}\beta_i^*\\\boldsymbol{\lambda}_i^{(k)}=\dfrac{-\boldsymbol{\sigma}_X^{(k)}\nabla_X g_i\left(\boldsymbol{d}^{(k)},\ \boldsymbol{x}_i^{(k-1)}\right)}{\left\|\boldsymbol{\sigma}_X^{(k)}\nabla_X g_i\left(\boldsymbol{d}^{(k)},\ \boldsymbol{x}_i^{(k-1)}\right)\right\|}\end{cases}$$

式中，$\begin{cases} \boldsymbol{x}_i^{(k)} = \boldsymbol{\mu}_X^{(k)} + \boldsymbol{\lambda}_i^{(k)} \boldsymbol{\sigma}_X^{(k)} \beta_i^* \\ \boldsymbol{\lambda}_i^{(k)} = \dfrac{-\boldsymbol{\sigma}_X^{(k)} \nabla_X g_i\left(\boldsymbol{d}^{(k)},\ \boldsymbol{x}_i^{(k-1)}\right)}{\left\| -\boldsymbol{\sigma}_X^{(k)} \nabla_X g_i\left(\boldsymbol{d}^{(k)},\ \boldsymbol{x}_i^{(k-1)}\right) \right\|} \end{cases}$ 为当功能函数的可靠度指标满足预先设定的可靠度指标约束时，根据2.2.2节所介绍的一次可靠度方法计算出来的最可能失效点（设计点）$\boldsymbol{x}_i^{(k)}$。设计点 $\boldsymbol{x}_i^{(k)}$ 处的功能函数值必须在可行域内，因此需满足约束条件 $g_i\left(\boldsymbol{d}^{(k)},\ \boldsymbol{x}_i^{(k)}\right) \geqslant 0$。$\boldsymbol{\mu}_X^{(k)}$ 为循环到第 k 次时随机变量的均值向量。$\boldsymbol{\sigma}_X^{(k)}$ 为循环到第 k 次时随机变量的标准差向量。∇ 为梯度算子。$\|\cdot\|$ 为模算子。

2.3.3 可靠性优化设计的解耦法

可靠性优化设计的解耦法的目的是解除优化求解和可靠性分析的嵌套耦合，将不确定性优化过程转化为一系列的确定性优化过程，且可靠性分析在确定性优化过程之前完成[24-27]。其优化模型为

$$\begin{aligned} & \text{Find } \boldsymbol{d} \\ & \min C(\boldsymbol{d}) \\ & \text{s.t.} \begin{cases} \beta_i(\boldsymbol{d}) \geqslant \beta_i^*,\ i=1,\ 2,\ \cdots,\ m \\ h_j(\boldsymbol{d}) \leqslant 0,\ j=1,\ 2,\ \cdots,\ M \end{cases} \end{aligned} \tag{2.143}$$

该解耦法的本质是建立可靠度指标函数 $\beta_i(\boldsymbol{d})$ 的近似表达式，对可靠度指标函数 $\beta_i(\boldsymbol{d})$ 在 $\boldsymbol{d}^{(k-1)}$ 处进行Taylor展开并保留常数项及线性项，即

$$\beta^{(k)}(\boldsymbol{d}) \approx \beta\left(\boldsymbol{d}^{(k-1)}\right) + \left(\nabla_d \beta\left(\boldsymbol{d}^{(k-1)}\right)\right)^{\mathrm{T}} \left(\boldsymbol{d} - \boldsymbol{d}^{(k-1)}\right) \tag{2.144}$$

式中，$\boldsymbol{d}^{(k-1)}$ 为第 $k-1$ 次迭代得到的优化设计解；$\beta\left(\boldsymbol{d}^{(k-1)}\right)$ 及 $\nabla_d \beta\left(\boldsymbol{d}^{(k-1)}\right)$ 需在第 k 次确定性优化设计前求得。为高效求得可靠度指标及可靠度指标对设计变量的梯度，可以采用2.2.2节中介绍的一次可靠度方法，具体计算过程如下所述。

根据设计点、可靠度指标及功能函数梯度方向之间的关系可得

$$\boldsymbol{u}^* = -\|\boldsymbol{u}^*\| \frac{\nabla_U g(\boldsymbol{d},\ \boldsymbol{u}^*)}{\|\nabla_U g(\boldsymbol{d},\ \boldsymbol{u}^*)\|} = -\beta \frac{\nabla_U g(\boldsymbol{d},\ \boldsymbol{u}^*)}{\|\nabla_U g(\boldsymbol{d},\ \boldsymbol{u}^*)\|} \tag{2.145}$$

且设计点应在功能函数等于0的面上，即

$$g(\boldsymbol{d},\ \boldsymbol{u}^*) = 0 \tag{2.146}$$

为快速求解式（2.146），在第 $k-1$ 次迭代的设计参数 $\boldsymbol{d}^{(k-1)}$ 条件下，将功能函数在展开点 $\boldsymbol{u}^{(k-1)}$ 处进行Taylor展开并保留常数项及线性项，即下列方程成立：

$$g\left(\boldsymbol{d}^{(k-1)},\ \boldsymbol{u}^{(k-1)}\right) + \left(\nabla_U g\left(\boldsymbol{d}^{(k-1)},\ \boldsymbol{u}^{(k-1)}\right)\right)^{\mathrm{T}} \left(\boldsymbol{U} - \boldsymbol{u}^{(k-1)}\right) = 0 \tag{2.147}$$

为便于求解式（2.145）中的可靠度指标，将式（2.147）做如下变换：

$$\begin{aligned}&g\left(\boldsymbol{d}^{(k-1)}, \boldsymbol{u}^{(k-1)}\right)+\left(\nabla_U g\left(\boldsymbol{d}^{(k-1)}, \boldsymbol{u}^{(k-1)}\right)\right)^{\mathrm{T}}\boldsymbol{U}-\left(\nabla_U g\left(\boldsymbol{d}^{(k-1)}, \boldsymbol{u}^{(k-1)}\right)\right)^{\mathrm{T}}\boldsymbol{u}^{(k-1)}=0\\&\Rightarrow\left(\nabla_U g\left(\boldsymbol{d}^{(k-1)}, \boldsymbol{u}^{(k-1)}\right)\right)^{\mathrm{T}}\boldsymbol{U}=\left(\nabla_U g\left(\boldsymbol{d}^{(k-1)}, \boldsymbol{u}^{(k-1)}\right)\right)^{\mathrm{T}}\boldsymbol{u}^{(k-1)}-g\left(\boldsymbol{d}^{(k-1)}, \boldsymbol{u}^{(k-1)}\right)\end{aligned} \tag{2.148}$$

将式（2.145）代入式（2.148），得

$$\begin{aligned}&-\hat{\beta}\left(\boldsymbol{d}^{(k-1)}\right)\frac{\left(\nabla_U g\left(\boldsymbol{d}^{(k-1)}, \boldsymbol{u}^{(k-1)}\right)\right)^{\mathrm{T}}\nabla_U g\left(\boldsymbol{d}^{(k-1)}, \boldsymbol{u}^{(k-1)}\right)}{\nabla_U g\left(\boldsymbol{d}^{(k-1)}, \boldsymbol{u}^{(k-1)}\right)}\\&=\left(\nabla_U g\left(\boldsymbol{d}^{(k-1)}, \boldsymbol{u}^{(k-1)}\right)\right)^{\mathrm{T}}\boldsymbol{u}^{(k-1)}-g\left(\boldsymbol{d}^{(k-1)}, \boldsymbol{u}^{(k-1)}\right)\\&\Rightarrow\hat{\beta}\left(\boldsymbol{d}^{(k-1)}\right)=\frac{g\left(\boldsymbol{d}^{(k-1)}, \boldsymbol{u}^{(k-1)}\right)-\left(\nabla_U g\left(\boldsymbol{d}^{(k-1)}, \boldsymbol{u}^{(k-1)}\right)\right)^{\mathrm{T}}\boldsymbol{u}^{(k-1)}}{\nabla_U g\left(\boldsymbol{d}^{(k-1)}, \boldsymbol{u}^{(k-1)}\right)}\end{aligned} \tag{2.149}$$

则可得设计参数 $\boldsymbol{d}^{(k-1)}$ 条件下的近似可靠度指标 $\hat{\beta}\left(\boldsymbol{d}^{(k-1)}\right)$ 为

$$\hat{\beta}\left(\boldsymbol{d}^{(k-1)}\right)=\alpha^{(k-1)}\left(g\left(\boldsymbol{d}^{(k-1)}, \boldsymbol{u}^{(k-1)}\right)-\left(\boldsymbol{u}^{(k-1)}\right)^{\mathrm{T}}\nabla_U g\left(\boldsymbol{d}^{(k-1)}, \boldsymbol{u}^{(k-1)}\right)\right) \tag{2.150}$$

式中，$\boldsymbol{u}^{(k-1)}$ 是标准正态空间中采用一次二阶矩方法得到的设计点，$\alpha^{(k-1)}$ 定义为

$$\alpha^{(k-1)}=\frac{1}{\nabla_U g\left(\boldsymbol{d}^{(k-1)}, \boldsymbol{u}^{(k-1)}\right)} \tag{2.151}$$

下一步迭代的设计点 $\boldsymbol{u}^{(k)}$ 将可通过当前近似得到的可靠度指标及上一步的设计点信息根据式（2.145）进行更新，即

$$\boldsymbol{u}^{(k)}=-\hat{\beta}\left(\boldsymbol{d}^{(k-1)}\right)\alpha^{(k-1)}\nabla_U g\left(\boldsymbol{d}^{(k-1)}, \boldsymbol{u}^{(k-1)}\right) \tag{2.152}$$

而可靠度指标近似式 $\hat{\beta}_i\left(\boldsymbol{d}^{(k-1)}\right)$ 的梯度可通过式（2.153）求得：

$$\nabla_d\hat{\beta}_i\left(\boldsymbol{d}^{(k-1)}\right)=\frac{\nabla_d g_i\left(\boldsymbol{d}^{(k-1)}, \boldsymbol{u}^{(k-1)}\right)}{\left\|\nabla_U g_i\left(\boldsymbol{d}^{(k-1)}, \boldsymbol{u}^{(k-1)}\right)\right\|} \tag{2.153}$$

因此，式（2.144）可通过式（2.154）近似得到：

$$\hat{\beta}^{(k)}(\boldsymbol{d})\approx\hat{\beta}\left(\boldsymbol{d}^{(k-1)}\right)+\left(\nabla_d\hat{\beta}\left(\boldsymbol{d}^{(k-1)}\right)\right)^{\mathrm{T}}\left(\boldsymbol{d}-\boldsymbol{d}^{(k-1)}\right) \tag{2.154}$$

上述解耦法的过程实质上是简化了内层可靠性分析的过程，并未完全解耦。完全解耦法的思想：在进行优化前求得失效概率函数 $P_{\mathrm{f}}(\boldsymbol{d})$ 的解析式或插值模型，在求得失效概率函数后，可靠性优化过程可以彻底地转换为确定性优化过程。完全解耦法的可靠性优化设计模型为

$$\begin{aligned}&\min_{d} C(\boldsymbol{d})\\&\text{s.t.}\begin{cases}\hat{P}_{\mathrm{f}_i}(\boldsymbol{d})\leqslant P_{\mathrm{f}_i}^{*}, & i=1, 2, \cdots, m\\\boldsymbol{d}^{\mathrm{L}}\leqslant\boldsymbol{d}\leqslant\boldsymbol{d}^{\mathrm{U}}, & \boldsymbol{d}\in R^{n_d}\end{cases}\end{aligned} \tag{2.155}$$

式中，$\hat{P}_{\mathrm{f}_i}(\boldsymbol{d})$ 为进行优化设计前预先求得的失效概率函数的估计式。

2.4 本章小结

本章首先简要介绍了涉及的概率论、数理统计及随机过程方面的基本知识；然后阐述了可靠性理论的基本概念与方法，如一次可靠度方法、二次可靠度方法、Monte Carlo模拟方法、重要抽样法、子集模拟法、Kriging代理模型等；最后介绍了常用的可靠性优化设计数学模型和可靠性优化算法。

参考文献

[1] 吕震宙，宋述芳，李璐祎，等.结构/机构可靠性设计基础[M]. 西安：西北工业大学出版社，2019.

[2] ZHANG Y M，HE X D，LIU Q L，et al.Reliability-based optimization of front-axle with non-normal distribution parameters[J]. Nongye gongcheng xuebao/transactions of the Chinese society of agricultural engineering，2003，19(5)：60-66.

[3] CHIRALAKSANAKUL A，MAHADEVAN S.First-order approximation methods in reliability-based design optimization[J]. Journal of mechanical design，2005，127(5)：851-857.

[4] SHAYANFAR M A，BARKHORDARI M A，ROUDAK M A.An efficient reliability algorithm for locating design point using the combination of importance sampling concepts and response surface method[J]. Communications in nonlinear science and numerical simulation，2017，47：223-237.

[5] KESHTEGAR B，CHAKRABORTY S.A hybrid self-adaptive conjugate first order reliability method for robust structural reliability analysis[J]. Applied mathematical modelling，2018，53：319-332.

[6] 贺向东，张义民，刘巧伶，等.非正态分布参数扭杆的可靠性优化设计[J]. 中国机械工程，2004，15(10)：5-7.

[7] BREITUNG K.Asymptotic approximations for multinormal integrals[J]. Journal of engineering mechanics，1984，110(3)：357-366.

[8] TVEDT L.Distribution of quadratic forms in normal space：application to structural reliability[J]. Journal of engineering mechanics，1990，116(6)：1183-1197.

[9] HUANG X Z，LI Y X，ZHANG Y M，et al.A new direct second-order reliability analysis method[J]. Applied mathematical modelling，2018，55：68-80.

[10] METROPOLIS N，ULAM S.The Monte Carlo method[J]. Journal of the American

statistical association, 1949, 44(247): 335-341.

[11] TAKESHI M.A Monte Carlo simulation method for system reliability analysis [J]. Nuclear safety and simulation, 2013, 4(1): 44-52.

[12] TROFFAES M C M.Imprecise Monte Carlo simulation and iterative importance sampling for the estimation of lower previsions [J]. International journal of approximate reasoning, 2018, 101: 31-48.

[13] MARTINO L, ELVIRA V, CAMPS-VALLS G.Group importance sampling for particle filtering and MCMC [J]. Digital signal processing, 2018, 82: 133-151.

[14] AU S K, BECK J L.Estimation of small failure probabilities in high dimensions by subset simulation [J]. Probabilistic engineering mechanics, 2001, 16(4): 263-277.

[15] ZUEV K M, BECK J L, AU S K, et al.Bayesian post-processor and other enhancements of subset simulation for estimating failure probabilities in high dimensions [J]. Computers and structures, 2012, 92/93: 283-296.

[16] MATHERON G.Principles of geostatistics [J]. Economic geology, 1963, 58(8): 1246-1266.

[17] ECHARD B, GAYTON N, LEMAIRE M. AK-MCS: an active learning reliability method combining Kriging and Monte Carlo simulation [J]. Structural safety, 2011, 33(2): 145-154.

[18] KUSCHEL N, RACKWITZ R.Two basic problems in reliability-based structural optimization [J]. Mathematical methods of operations research, 1997, 46(3): 309-333.

[19] KUSCHEL N, RACKWITZ R.Optimal design under time-variant reliability constraints [J]. Structural safety, 2000, 22(2): 113-127.

[20] KIRJNER-NETO C, POLAK E, DER KIUREGHIAN A.An outer approximations approach to reliability-based optimal design of structures [J]. Journal of optimization theory and applications, 1998, 98(1): 1-16.

[21] KHARMANDA G, MOHAMED A, LEMAIRE M.Efficient reliability-based design optimization using a hybrid space with application to finite element analysis [J]. Structural and multidisciplinary optimization, 2002, 24(3): 233-245.

[22] CHEN X, HASSELMAN T, NEILL D, et al.Reliability based structural design optimization for practical applications [C]//38th Structures, Structural Dynamics, and Materials Conference, 1997: 1403.

[23] LIANG J H, MOURELATOS Z P, TU J.A single-loop method for reliability-based design optimization [C]//International Design Engineering Technical Conferences and Computers and Information in Engineering Conference, 2004, 46946: 419-430.

[24] DU X P, CHEN W.Sequential optimization and reliability assessment method for efficient probabilistic design[J]. Journal of mechanical design, 2004, 126(2): 225-233.

[25] CHENG G D, XU L, JIANG L.A sequential approximate programming strategy for reliability-based structural optimization[J]. Computers and structures, 2006, 84(21): 1353-1367.

[26] YI P, CHENG G D, JIANG L.A sequential approximate programming strategy for performance-measure-based probabilistic structural design optimization[J]. Structural safety, 2008, 30(2): 91-109.

[27] CHING J, HSU W C.Transforming reliability limit-state constraints into deterministic limit-state constraints[J]. Structural safety, 2008, 30(1): 11-33.

第3章 车削颤振稳定性分析与动态特性分析

在车削加工过程中，车床、刀具和工件之间会出现相对运动，引起自激振动，即颤振。颤振现象在切削过程中普遍存在，尤其在刀具与工件之间常见且强烈。颤振可以引起加工工件表面粗糙度低、车刀磨损，同时严重限制材料去除率，增加生产时间成本，导致车削加工生产效率降低，造成材料和能源浪费。为更好地预测颤振，避免在车削过程中发生颤振，建立车削刀具系统和加工系统的颤振稳定性模型并分析其动态特性必不可少。本章在车削系统再生型颤振稳定性分析机制的基础上，建立了车削刀具系统和加工系统的稳定性模型；同时通过车削试验，分析了系统的动态响应和动态特性；依据系统振动微分方程，预测了车削加工颤振稳定性，并对比了试验的测试结果。

3.1 车削刀具系统再生型颤振动力学模型

在金属机械加工中，车削加工是最通用的切削加工方法之一，车削加工的工件占机械加工工件总量的35%～40%[1-2]。通过安装在车床或加工中心上做直线或曲线运动的刀具，与做旋转运动的工件之间的相对运动，来完成工件的车削加工。这种相对运动导致了车削过程中的机械振动，而车削颤振是在加工系统无外力作用的情况下，仅由自身特性激励引起的自激振动。颤振特性复杂，难以分析和抑制，导致车削加工过程不稳定，危害最大。其中，再生型颤振为实际车削加工中最常见、最主要的激振机制。

再生型颤振是由切削厚度变化引起的动态切削力频率接近固有频率而产生的。由于车削过程中刀具或工件的微小振动，工件切削形成的加工表面存在波纹状的振纹，而当工件被再次切削时，所产生的振纹与上一次振纹之间存在相位差，两次加工振纹的相位不同引起切削厚度的变化，进而激发颤振。如图3.1所示，$x(t)$ 是当前切削产生的振动波纹，$x(t-T)$ 是上一次切削产生的振动波纹。上一次切削产生的波纹$x(t-T)$ 与当前切削产生的波纹$x(t)$ 之间的相位差q是车削过程中控制颤振发生的关键因素。如果两波相位差为0，那么刀具相对工件的起伏将不会增长，系统中没有剩余的能量，切削过程将保持稳定。然而，当两波相位差不为0时，由于提供给刀具的能量大于消耗的能量，从而造成刀具相对工件的起伏增长，最后导致不稳定的切削过程。基于车削再生型颤振的产生机制，建立车削刀具系统和车削加工系统的动力学模型。

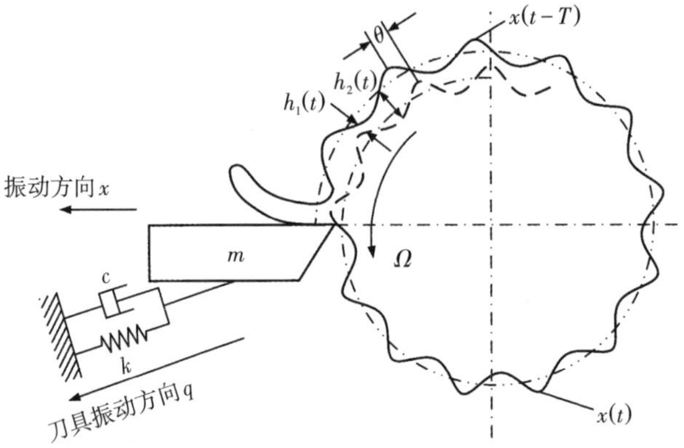

图3.1　车削加工再生型颤振原理图

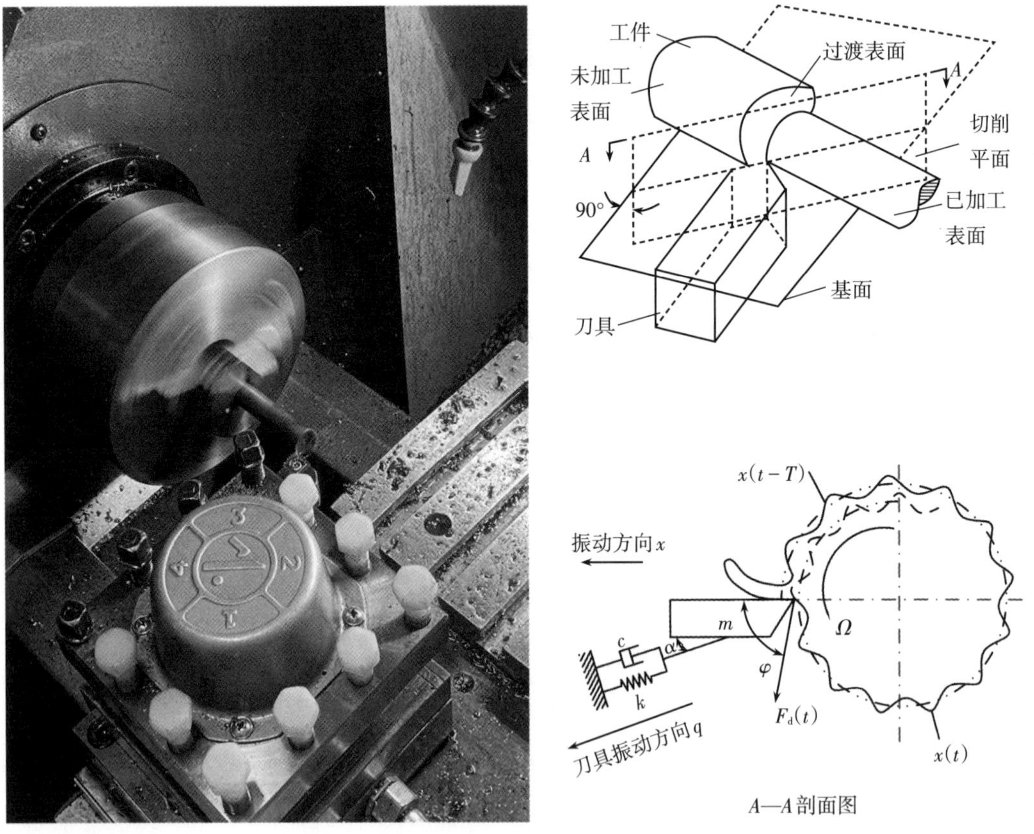

（a）实体模型　　　　（b）动力学模型

图3.2　车削刀具系统实体模型与动力学模型

当车削工件长度较短或横截面较大时，具有较强刚性，车削振动系统可简化为单自由度系统[3]。车削刀具系统实体模型与动力学模型如图3.2所示，其中m为系统的等效质量，N·s^2/mm；c为系统等效阻尼，N·s/mm；k为系统等效刚度，N/mm；Ω为切削工件时的主轴转速，r/min；φ为刀具振动方向与切削力变化量$\Delta F_d(t)$之间的夹角，即切削力夹角；α为系统振动方向与刀具振动方向的夹角。由于切削厚度动态变化决定切削力的变化，而切削力的变化引起颤振，影响系统的稳定性[4]，因此根据牛顿第二定律，车削刀具系统振动方向的颤振微分方程可表示为

$$m\ddot{x}(t)+c\dot{x}(t)+kx(t)=\Delta F_d(t)\cos(\varphi-\alpha)\cos\alpha \tag{3.1}$$

设车削加工重叠系数为η，切削厚度表示为

$$h(t)=h_0+\eta x(t-T)-x(t) \tag{3.2}$$

式中，h_0为设定的切削厚度，mm；$x(t)$为当前切削振动位移，mm；$x(t-T)$为上一次切削振动位移，mm；T为主轴旋转周期，s，表示为$T=\dfrac{60}{\Omega}$。根据切削力的经验公式[5-6]，$F_d(t)=k_c a_p h(t)$，切削力的变化量$\Delta F_d(t)$可表示为

$$\Delta F_d(t)=k_c a_p\left(\eta x(t-T)-x(t)\right) \tag{3.3}$$

式中，a_p为切削深度，mm；k_c为切削刚度系数，N/mm^2。

切削刚度系数k_c由切向切削刚度系数k_t和径向切削刚度系数k_r组成，其表达式为

$$k_c=\sqrt{k_t^2+k_r^2} \tag{3.4}$$

设车削刀具振动微分方程的解为$x(t)=A\sin(\omega+\varphi_0)$。其中，$A$为振动幅值，mm；$\omega$为系统振动频率，rad/s；$\varphi_0$为相角。则$x(t-T)=\cos(\omega T)x(t)-\dfrac{\sin(\omega T)\dot{x}(t)}{\omega}$。因此，当振动系统的初始条件均为0时，对车削刀具系统的动力学方程式（3.1）进行Laplace变换，可得

$$ms^2x(s)+csx(s)+kx(s)=k_c a_p\cos(\varphi-\alpha)\cos\alpha\left[\eta\left(\cos(\omega T)-\frac{\sin(\omega T)s}{\omega}\right)-1\right]x(s) \tag{3.5}$$

式中，$s=\sigma+\mathrm{i}\omega$，为特征方程的根。

在刀具振动系统中，固有频率为$\omega_n^2=\dfrac{k}{m}$，阻尼比为$\zeta=\dfrac{c}{2m\omega_n}$，设传递函数$G(s)$为

$$G(s)=\frac{1}{ms^2+cs+k}=\frac{\omega_n^2}{k\left(s^2+2\omega_n\zeta s+\omega_n^2\right)} \tag{3.6}$$

则式（3.5）表示为

$$x(s)=G(s)k_c a_p\cos(\varphi-\alpha)\cos\alpha\left[\eta\left(\cos(\omega T)-\frac{\sin(\omega T)s}{\omega}\right)-1\right]x(s) \tag{3.7}$$

根据Nyquist稳定判据[7]，系统稳定性可由特征方程根s的实部σ的大小判断：①$\sigma>0$，系统发生颤振；②$\sigma<0$，系统稳定；③$\sigma=0$，系统处于临界状态。当$\sigma=0$时，将

$s=\mathrm{i}\omega$代入式（3.6），则传递函数转换为

$$G(\omega)=\frac{\omega_{\mathrm{n}}^{2}}{k\left(\omega_{\mathrm{n}}^{2}-\omega^{2}+2\omega_{\mathrm{n}}\omega\zeta\mathrm{i}\right)}$$

$$=\frac{\omega_{\mathrm{n}}^{2}(\omega_{\mathrm{n}}^{2}-\omega^{2})}{k\left[\left(\omega_{\mathrm{n}}^{2}-\omega^{2}\right)^{2}+\left(2\omega_{\mathrm{n}}\omega\zeta\right)^{2}\right]}+\frac{-2\omega_{\mathrm{n}}^{3}\omega\zeta}{k\left[\left(\omega_{\mathrm{n}}^{2}-\omega^{2}\right)^{2}+\left(2\omega_{\mathrm{n}}\omega\zeta\right)^{2}\right]}\mathrm{i} \tag{3.8}$$

为简化运算，设$G(\omega)=R_G+I_G\mathrm{i}$，代入式（3.7）整理得

$$k_{\mathrm{c}}a_{\mathrm{p}}\cos(\varphi-\alpha)\cos\alpha\left[R_G\left(\eta\cos(\omega T)-1\right)+I_G\eta\sin(\omega T)\right]=1 \tag{3.9}$$

$$k_{\mathrm{c}}a_{\mathrm{p}}\cos(\varphi-\alpha)\cos\alpha\left[I_G\left(\eta\cos(\omega T)-1\right)-R_G\eta\sin(\omega T)\right]=0 \tag{3.10}$$

进而，由式（3.9）和式（3.10）可得

$$\frac{I_G}{R_G}=\frac{2\omega_{\mathrm{n}}\omega\zeta}{\omega_{\mathrm{n}}^{2}-\omega^{2}}=\frac{\eta\sin(\omega T)}{1-\eta\cos(\omega T)} \tag{3.11}$$

车削旋转一次产生的振纹由多个完整波纹和一个不完整波纹组成[8]，即$\omega T=2\pi n+\varepsilon$，其中$\varepsilon$为当前振动位移$x(t)$与上一次振动位移$x(t-T)$之间的相角，根据Nyquist图可知，$\varepsilon=2\pi-2\arctan\dfrac{R_G}{I_G}$。设$\theta$与$\varepsilon$的关系为$\varepsilon=\pi+2\theta$，则$\theta=\arctan\dfrac{I_G}{R_G}$，式（3.11）转换为

$$\sin(\omega T+\theta)=\frac{\sin(\omega T)R_G+\cos(\omega T)I_G}{\sqrt{I_G^2+R_G^2}}=\frac{I_G}{\eta\sqrt{I_G^2+R_G^2}} \tag{3.12}$$

根据$T=\dfrac{60}{\Omega}$，主轴转速可表示为

$$\Omega=\frac{60}{T}$$

$$=\frac{60\omega}{2\pi n+\arcsin\dfrac{I_G}{\eta\sqrt{I_G^2+R_G^2}}-\arctan\dfrac{I_G}{R_G}}$$

$$=\frac{60\omega}{2\pi n+\arcsin\dfrac{2\omega_{\mathrm{n}}\omega\zeta}{\eta\sqrt{(2\omega_{\mathrm{n}}\omega\zeta)^2+(\omega_{\mathrm{n}}^2-\omega^2)^2}}-\arctan\dfrac{2\omega_{\mathrm{n}}\omega\zeta}{\omega_{\mathrm{n}}^2-\omega^2}} \tag{3.13}$$

式中，$n=0$，1，2，3，…为一次切削过程中产生的整波数。

同时，与主轴转速相对应的极限切削深度a_{plim}则由式（3.9）和式（3.10）求解：

$$a_{\text{plim}} = \frac{\eta\cos\omega T - 1}{k_c R_G \cos(\varphi-\alpha)\cos\alpha\left(1-2\eta\cos\omega T+\eta^2\right)}$$
$$= \frac{k(\eta\cos\omega T - 1)\left[\left(\omega_n^2-\omega^2\right)^2+\left(2\omega_n\omega\zeta\right)^2\right]}{k_c\cos(\varphi-\alpha)\cos\alpha\left(1-2\eta\cos\omega T+\eta^2\right)\left(\omega_n^2-\omega^2\right)\omega_n^2} \tag{3.14}$$

式中，$\omega T = 2\pi n + \arcsin\dfrac{2\omega_n\omega\zeta}{\eta\sqrt{\left(2\omega_n\omega\zeta\right)^2+\left(\omega_n^2-\omega^2\right)^2}} - \arctan\dfrac{2\omega_n\omega\zeta}{\omega_n^2-\omega^2}$。

3.2 车削刀具系统动态特性试验及参数分布

为了描述车削颤振的动态特性，对车削系统进行模态参数识别，得到车削刀具系统及加工工件的固有特性和静刚度，并根据不同情况下的切削力测定切削刚度系数。本节的试验在数控车床上进行，如图3.3所示。为了消除测量误差，应进行多次试验，并得到各参数的分布及均值和标准差等特征值。

图3.3 数控车床试验平台

3.2.1 车削刀具系统频响函数

车削刀具系统的模态试验采用SINOCERA LC-01A力锤对刀尖点进行激励，同时将B&K 4524B加速度传感器通过磁力座安装在刀具刀柄后端面以测得响应时域信号，激励信号和响应信号经电桥盒转换后输入YE3817C动态应变仪，由放大后的电压信号传入DH5956动态信号测试系统进行A/D转换为离散的数字信号，然后通过计算机配套分析软件输出采集数据。本节使用刀具为CoroTurn 107，试验环境及仪器设备如图3.4所示。

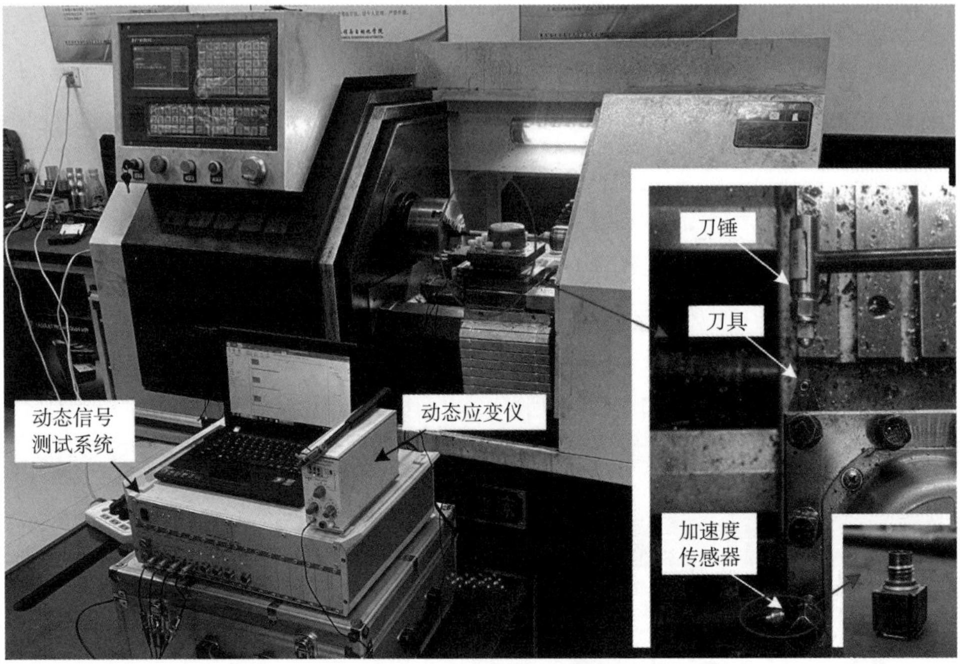

图3.4　车削刀具系统的模态试验环境及仪器设备

设简谐激励的复数形式为$f(t)=F\mathrm{e}^{\mathrm{i}\omega t}$，同时稳态响应为$x(t)=X\mathrm{e}^{\mathrm{i}\omega t}$，相应的$\dot{x}(t)=\mathrm{i}\omega X\mathrm{e}^{\mathrm{i}\omega t}$，$\ddot{x}(t)=-\omega^2X\mathrm{e}^{\mathrm{i}\omega t}$。因此，振动微分方程的复数表达式为

$$-\omega^2X\mathrm{e}^{\mathrm{i}\omega t}m+c\omega X\mathrm{e}^{\mathrm{i}\omega t}\mathrm{i}+kX\mathrm{e}^{\mathrm{i}\omega t}=F\mathrm{e}^{\mathrm{i}\omega t} \tag{3.15}$$

式中，X为稳态位移响应幅值；F为激励幅值；ω为频率。

系统的位移频响函数（frequency response function，FRF）为稳态位移响应与激励幅值之比，即

$$H(\omega)=\frac{X}{F}=\frac{1}{k-m\omega^2+\mathrm{i}\omega c} \tag{3.16}$$

而位移频响函数与速度频响函数$H_V(\omega)$、加速度频响函数$H_A(\omega)$之间的关系如下：

$$H_V(\omega)=\frac{V}{F}=\frac{\mathrm{i}\omega X}{F}=\mathrm{i}\omega H(\omega) \tag{3.17}$$

$$H_A(\omega)=\frac{A}{F}=\frac{\mathrm{i}\omega V}{F}=\mathrm{i}\omega H_V(\omega)=-\omega^2H(\omega) \tag{3.18}$$

一般情况下，模态特性分析常采用位移频响函数，将试验得到的加速度响应信号通过式（3.18）转换为位移响应信号。对激励和位移响应信号分别进行加窗处理，并进行快速傅里叶变换（fast Fourier transform，FFT），将其变换成频域信号，即频响函数。频响函数的幅值、虚部和实部如图3.5所示。采用分量分析法[9]对频响函数进行参数识

别，确定固有频率、阻尼比等模态参数。

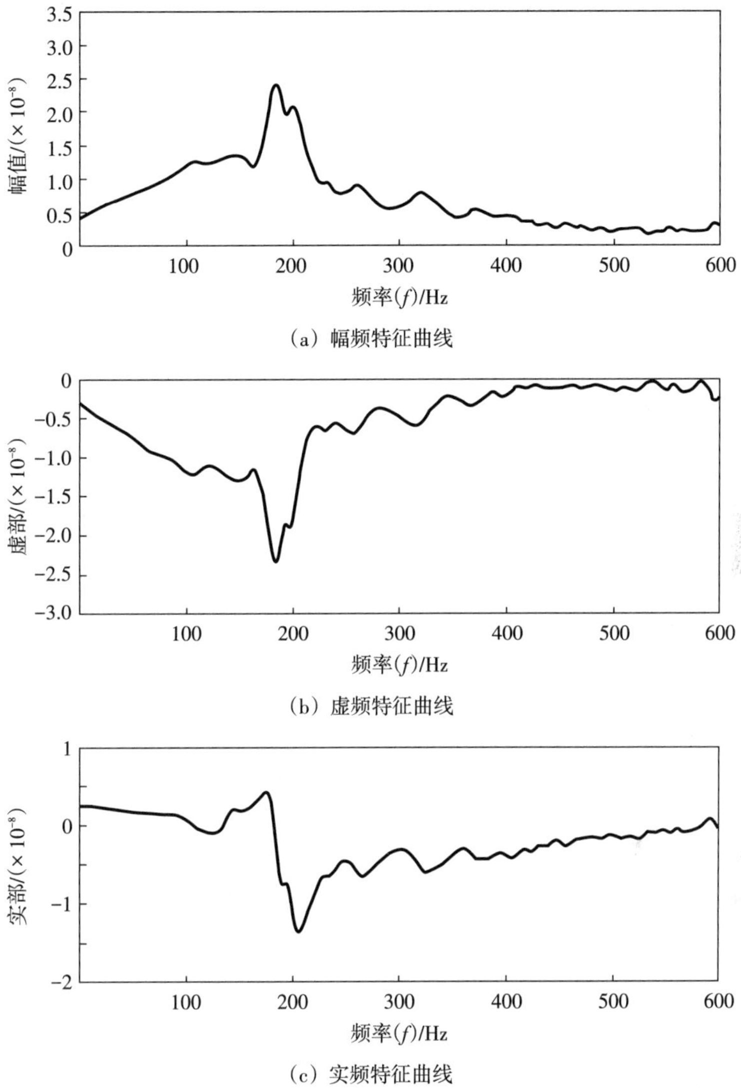

图3.5 刀尖点振动方向的频响函数

3.2.1.1 固有频率 f_n

由于位移频响函数有不同表现形式，实部或虚部进行模态参数识别会出现频率提取不准确的情况，而采用幅值谱识别模态参数不存在这样的问题。因此，模态参数识别采用频响函数的幅频特征曲线，如图3.6所示。刀具系统的固有频率 f_n 为幅频特征曲线的峰值点所对应的频率。

3.2.1.2 阻尼比 ζ

根据半功率带宽确定阻尼比 ζ，在幅频特征曲线峰值的 $\frac{\sqrt{2}}{2}$ 处作一水平线，它与幅频特征曲线有两个交点A，B，其对应的频率差为半功率带宽$\Delta f_r = f_B - f_A$，如图3.6所示。在实际工程振动分析中，通常将阻尼简化为黏性阻尼[10]，因此对于车削刀具系统，阻尼比表示为

$$\zeta = \frac{\Delta f_{\mathrm{r}}}{2f_{\mathrm{n}}} = \frac{f_B - f_A}{2f_{\mathrm{n}}} \tag{3.19}$$

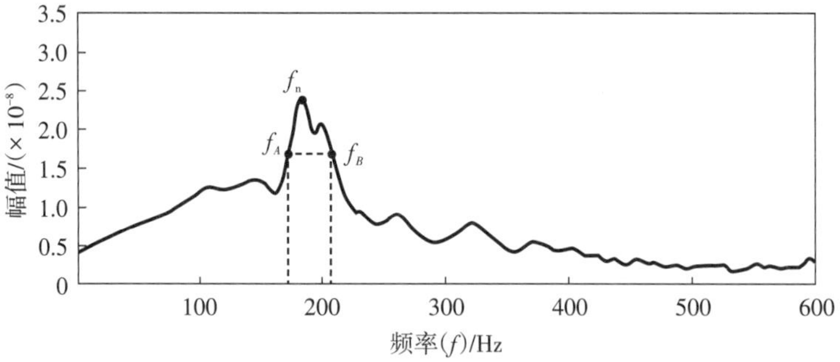

图3.6　车削刀具系统模态参数识别

3.2.2　车削刀具系统静刚度试验

车削刀具系统静刚度试验采用千斤顶对刀具系统施加力的作用的方式，由CL-YD-3210压电式三相力传感器采集系统主振x方向的力信号，同时由德国米铱optoNCDT ILD2300-50激光位移传感器采集刀具处主振x方向的位移信号。车削刀具系统静刚度试验环境及仪器设备如图3.7所示。

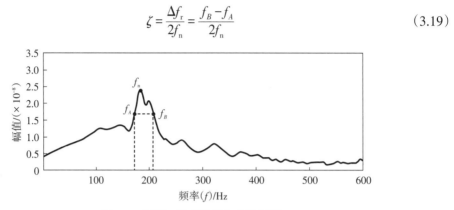

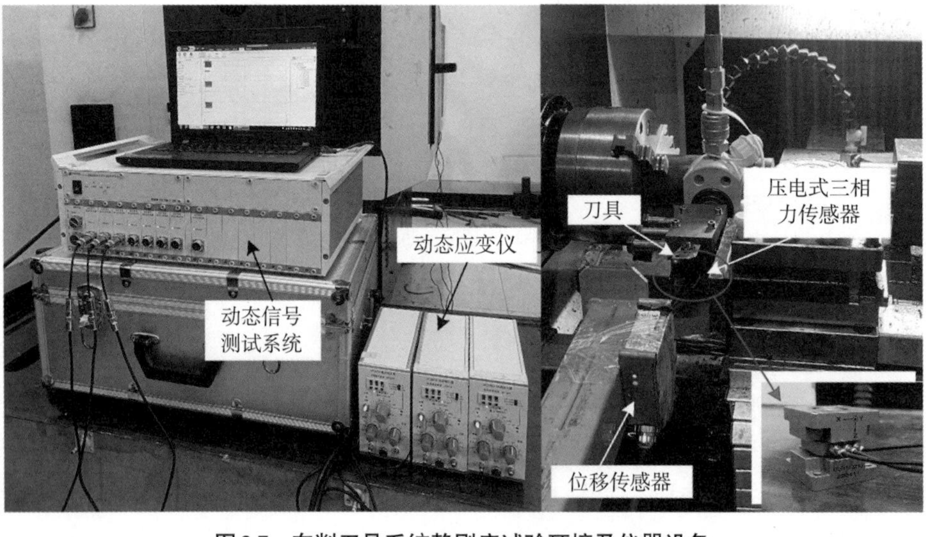

图3.7　车削刀具系统静刚度试验环境及仪器设备

刚度是材料或结构在受力时抵抗弹性变形的能力，用力与位移的正比例系数表示，即$F = kx$。在静刚度试验中，对刀具系统施加0～800 N的压力，位移基本呈线性变化，图3.8为由采集数据拟合得到的力-位移曲线，刚度k为曲线斜率。

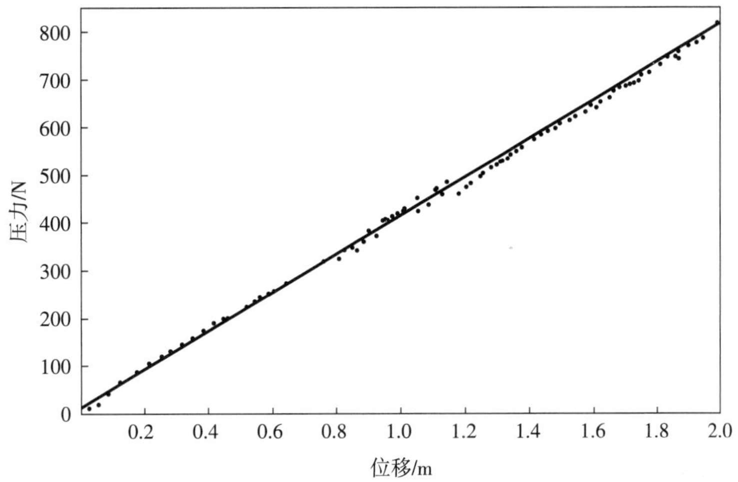

图3.8 刀具系统受力变形曲线

为了测得较准确的车削刀具系统模态参数，需要进行多次模态试验与静刚度试验，对每次采集的数据进行分析并计算均值及方差，图3.8是由表3.1中的一个样本数据分析所得的力-位移拟合曲线。

表3.1 20组车削刀具系统模态参数样本

组数	固有频率(f_n)/Hz	半功率点A处频率(f_A)/Hz	半功率点B处频率(f_B)/Hz	阻尼比(ζ)	刚度(k)/(N·m^{-1})
1	184.93	172.36	208.83	0.0986	4.051×10^6
2	184.93	172.98	208.50	0.0960	4.001×10^6
3	184.91	171.75	208.33	0.0989	4.053×10^6
4	184.45	172.69	207.91	0.0955	4.067×10^6
5	184.93	172.71	208.03	0.0955	4.038×10^6
6	184.45	173.65	208.24	0.0938	4.003×10^6
7	184.95	173.96	208.15	0.0924	4.074×10^6
8	197.95	174.54	208.19	0.0850	4.024×10^6
9	184.95	172.23	209.12	0.0997	3.970×10^6
10	197.45	173.48	208.39	0.0884	4.078×10^6
11	184.45	173.01	209.47	0.0988	4.020×10^6
12	184.45	172.20	208.96	0.0996	3.927×10^6
13	183.95	171.73	207.91	0.0983	3.953×10^6
14	183.45	172.26	208.50	0.0988	4.035×10^6
15	183.95	172.71	208.04	0.0960	4.088×10^6
16	184.45	172.98	208.78	0.0970	4.041×10^6
17	184.95	173.47	207.97	0.0933	4.092×10^6
18	184.45	173.50	207.98	0.0935	4.083×10^6
19	183.95	172.97	207.85	0.0948	4.049×10^6
20	183.45	172.36	208.22	0.0977	4.056×10^6

由此得到车削刀具系统模态参数的分布情况及特征值，如表3.2所列。

表3.2　车削刀具系统模态参数的分布及特征值

参数	均值	标准差	分布形式
固有频率(f_n)/Hz	185.77	4.12	正态分布
阻尼比(ζ)	0.0956	0.00381	正态分布
刚度(k)/(N·m^{-1})	4.035×10^6	4.540×10^4	正态分布

3.2.3　切削力试验

车削颤振动力学模型中的切削刚度系数 k_c 由切削力试验中采集的切向切削力 F_t 和径向切削力 F_r 测定。根据式（3.3）中所示的切削力表示形式，$A=a_ph$ 为未变形的切屑横截面积，而切削力 F_d 与 A 成正比例关系，则 k_c 为 F_d 与 A 拟合曲线的斜率。因此，切削刚度系数 k_c 为

$$k_c=\frac{\mathrm{d}F_d}{a_p\mathrm{d}h}=\frac{\mathrm{d}F_d}{\mathrm{d}A} \tag{3.20}$$

同时，根据图3.2（b）中切削力的几何关系，切削力夹角φ也可由切向切削力 F_t 和径向切削力 F_r 之间的关系表示，即

$$\varphi=\arctan\frac{F_t}{F_r} \tag{3.21}$$

F_t 和 F_r 通过CL-YD-3210压电式三相力传感器采集，仪器安装位置如图3.9所示。

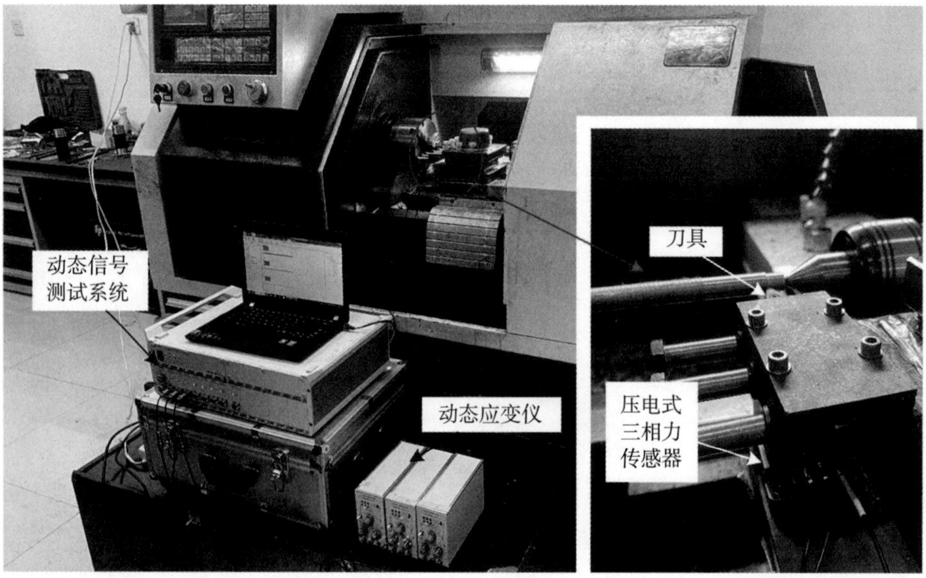

图3.9　切削力试验装置

当主轴转速$\Omega=1500$ r/min时，分别在切削深度 a_p 取0.2～0.6 mm、切削厚度 h 取

0.025 ~ 0.150 mm的情况下进行多组切削试验，测出切向切削力F_t和径向切削力F_r，各组试验结果如表3.3所列。根据切削力与切屑横截面积的变化进行拟合，图3.10（a）（b）分别显示了切向和径向各组数据的拟合曲线。

表3.3 切削力试验结果

组数	参数	数值					
1	切屑横截面积(A) / mm^2	0.010	0.020	0.030	0.040	0.050	0.060
	切向切削力(F_t) / N	34.190	58.210	88.100	116.100	145.210	174.100
	径向切削力(F_r) / N	0.935	6.050	14.510	24.520	33.110	44.790
	切削力夹角(φ) / (°)	88.430	84.070	80.650	78.080	77.160	75.570
2	切屑横截面积(A) / mm^2	0.010	0.020	0.030	0.0420	0.050	0.060
	切向切削力(F_t) / N	35.210	60.230	90.110	120.110	150.220	180.110
	径向切削力(F_r) / N	1.080	6.560	15.260	25.270	34.460	46.600
	切削力夹角(φ) / (°)	88.240	83.790	80.390	78.120	77.080	75.490
3	切屑横截面积(A) / mm^2	0.010	0.020	0.030	0.040	0.050	0.060
	切向切削力(F_t) / N	36.230	62.250	92.130	124.120	155.240	186.120
	径向切削力(F_r) / N	1.230	7.060	16.010	26.020	35.810	48.400
	切削力夹角(φ) / (°)	88.050	83.530	80.140	78.160	77.010	75.420
4	切屑横截面积(A) / mm^2	0.010	0.020	0.030	0.040	0.050	0.060
	切向切削力(F_t) / N	37.250	64.280	94.140	128.130	160.260	192.130
	径向切削力(F_r) / N	1.380	7.570	16.760	26.770	37.160	50.200
	切削力夹角(φ) / (°)	87.870	83.290	79.910	78.200	76.950	75.360
5	切屑横截面积(A) / mm^2	0.015	0.030	0.045	0.060	0.075	0.090
	切向切削力(F_t) / N	60.590	96.330	131.410	185.020	230.960	276.960
	径向切削力(F_r) / N	8.670	16.640	22.160	35.900	59.160	76.280
	切削力夹角(φ) / (°)	81.860	80.200	80.430	79.020	75.630	74.600
6	切屑横截面积(A) / mm^2	0.015	0.030	0.045	0.060	0.075	0.090
	切向切削力(F_t) / N	62.120	99.380	135.920	190.030	241.120	287.960
	径向切削力(F_r) / N	9.190	17.160	23.180	37.460	61.190	80.040
	切削力夹角(φ) / (°)	81.590	80.200	80.320	78.850	75.760	74.470
7	切屑横截面积(A) / mm^2	0.015	0.030	0.045	0.060	0.075	0.090
	切向切削力(F_t) / N	63.660	102.440	140.430	195.040	251.270	298.970
	径向切削力(F_r) / N	9.710	17.690	24.210	39.020	63.210	83.790
	切削力夹角(φ) / (°)	81.320	80.200	80.220	78.690	75.880	74.340
8	切屑横截面积(A) / mm^2	0.015	0.030	0.045	0.060	0.075	0.090
	切向切削力(F_t) / N	60.590	96.340	131.430	185.020	230.960	276.970
	径向切削力(F_r) / N	8.670	16.640	22.160	35.900	59.160	76.280
	切削力夹角(φ) / (°)	81.860	80.200	80.430	79.020	75.630	74.600

表3.3（续）

组数	参数	数值					
9	切屑横截面积(A) / mm²	0.015	0.030	0.045	0.060	0.075	0.090
	切向切削力(F_t) / N	62.120	99.380	135.930	190.030	241.120	287.950
	径向切削力(F_r) / N	9.190	17.170	23.180	37.460	61.190	80.030
	切削力夹角(φ) / (°)	81.580	80.200	80.320	78.850	75.760	74.470
10	切屑横截面积(A) / mm²	0.015	0.030	0.045	0.060	0.075	0.090
	切向切削力(F_t) / N	63.660	102.450	140.490	195.020	251.220	298.980
	径向切削力(F_r) / N	9.710	17.690	24.210	39.020	63.220	83.800
	切削力夹角(φ) / (°)	81.320	80.200	80.220	78.690	75.870	74.340
11	切屑横截面积(A) / mm²	0.015	0.030	0.045	0.060	0.075	0.090
	切向切削力(F_t) / N	65.190	105.490	144.950	200.050	261.430	309.970
	径向切削力(F_r) / N	10.240	18.210	25.230	40.570	65.240	87.550
	切削力夹角(φ) / (°)	81.070	80.200	80.130	78.530	75.990	74.230
12	切屑横截面积(A) / mm²	0.015	0.030	0.045	0.060	0.075	0.090
	切向切削力(F_t) / N	66.720	108.540	149.460	205.050	271.590	320.980
	径向切削力(F_r) / N	10.760	18.740	26.260	42.130	67.260	91.300
	切削力夹角(φ) / (°)	80.840	80.200	80.040	78.390	76.090	74.120
13	切屑横截面积(A) / mm²	0.015	0.030	0.045	0.060	0.075	0.090
	切向切削力(F_t) / N	68.250	111.590	153.970	210.060	281.750	331.980
	径向切削力(F_r) / N	7.620	15.590	20.110	32.780	55.110	68.770
	切削力夹角(φ) / (°)	83.630	82.050	82.560	81.130	78.930	78.300
14	切屑横截面积(A) / mm²	0.015	0.030	0.045	0.060	0.075	0.090
	切向切削力(F_t) / N	69.780	114.650	158.480	215.070	291.910	342.990
	径向切削力(F_r) / N	8.140	16.120	21.130	34.340	57.140	72.530
	切削力夹角(φ) / (°)	83.350	82.000	82.400	80.930	78.930	78.060
15	切屑横截面积(A) / mm²	0.015	0.030	0.045	0.060	0.075	0.090
	切向切削力(F_t) / N	60.130	105.100	140.110	180.090	230.110	275.110
	径向切削力(F_r) / N	12.500	23.520	33.050	45.150	60.110	80.080
	切削力夹角(φ) / (°)	78.260	77.390	76.730	75.930	75.360	73.770
16	切屑横截面积(A) / mm²	0.015	0.030	0.045	0.060	0.075	0.090
	切向切削力(F_t) / N	62.140	107.610	144.120	184.100	235.120	282.620
	径向切削力(F_r) / N	12.950	24.170	33.850	46.160	61.120	82.090
	切削力夹角(φ) / (°)	78.230	77.340	76.780	75.920	75.430	73.800
17	切屑横截面积(A) / mm²	0.015	0.030	0.045	0.060	0.075	0.090
	切向切削力(F_t) / N	64.150	110.120	148.130	188.110	240.130	290.130
	径向切削力(F_r) / N	13.400	24.820	34.650	47.180	62.130	84.100
	切削力夹角(φ) / (°)	78.200	77.300	76.830	75.920	75.490	73.830

表3.3（续）

组数	参数	数值					
18	切屑横截面积(A) / mm²	0.015	0.030	0.045	0.060	0.075	0.090
	切向切削力(F_t) / N	66.160	112.630	152.140	192.120	245.140	297.640
	径向切削力(F_r) / N	13.850	25.470	35.460	48.190	63.140	86.110
	切削力夹角(φ) / (°)	78.170	77.260	76.880	75.920	75.560	73.860
19	切屑横截面积(A) / mm²	0.015	0.030	0.045	0.060	0.075	0.090
	切向切削力(F_t) / N	68.170	115.140	156.150	196.130	250.150	305.150
	径向切削力(F_r) / N	14.300	26.120	36.260	49.200	64.150	88.120
	切削力夹角(φ) / (°)	78.150	77.220	76.930	75.920	75.620	73.890
20	切屑横截面积(A) / mm²	0.015	0.030	0.045	0.060	0.075	0.090
	切向切削力(F_t) / N	70.180	117.650	160.160	200.140	255.160	312.660
	径向切削力(F_r) / N	14.750	26.770	37.060	50.220	65.160	90.130
	切削力夹角(φ) / (°)	78.130	77.180	76.970	75.910	75.680	73.920

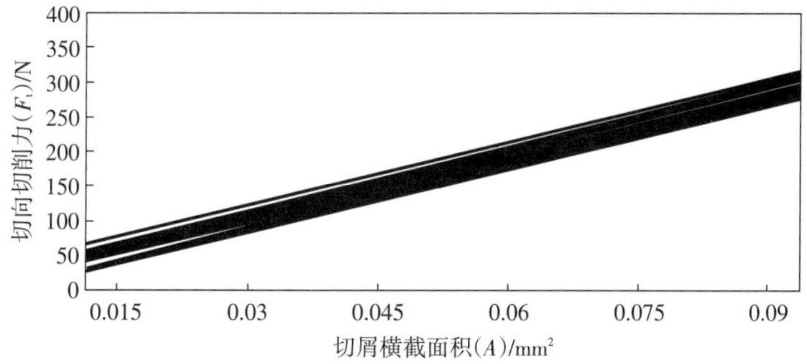

(a) 切向切削力F_t

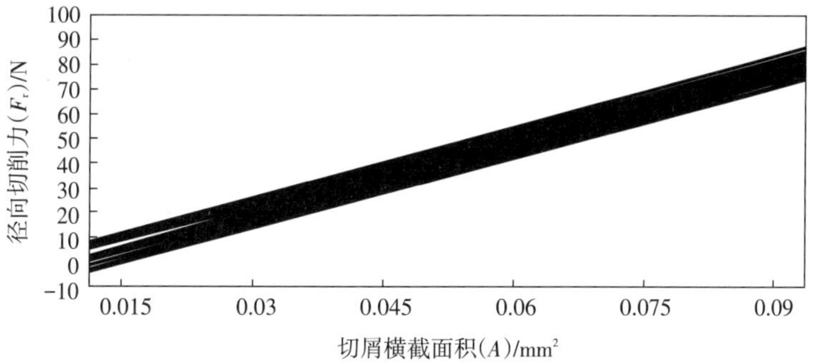

(b) 径向切削力F_r

图3.10 切削力与切屑横截面积拟合曲线

切向切削刚度系数k_t和径向切削刚度系数k_r为各拟合线性函数的斜率，分别求取k_t和k_r的均值和标准差，其分布情况及特征值由表3.4列出。

表3.4 切削刚度系数分布及特征值

参数	切向切削刚度系数(k_t) / ($N\cdot mm^{-2}$)	径向切削刚度系数(k_r) / ($N\cdot mm^{-2}$)
数值	2825	887
	2927.5	918
	3030	948.75
	3132.5	979.5
	2931.7	913.17
	3063.3	953.5
	3195	993.83
	2808.3	924.3
	2870	940.3
	2930	956.3
	2991.7	972.3
	3051.7	988.3
	3113.3	892.3
	3173.3	908.3
	2838.3	875.7
	2905	893
	2971.7	910.3
	3038.3	927.7
	3105	945
	3171.7	962.17
均值	3003.67	934.49
标准差	122.02	34.93
分布形式	正态分布	正态分布

根据式（3.4），由 k_t 和 k_r 均值计算得到的切削刚度系数为 $k_c = 3145.67\ N/mm^2$。同时，切削力夹角 φ 的分布情况及均值和标准差由表3.5列出。

表3.5 切削力夹角的分布及特征值

参数	均值	标准差	分布形式
切削力夹角(φ)/(°)	78.47	3.20	正态分布

3.3　车削刀具系统稳定性分析及模型试验验证

3.3.1　车削刀具系统稳定性分析

对车削稳定性进行分析及预测可以在保证加工质量的同时提高材料去除率，极大地节约加工成本。现有文献中存在各种分析预测颤振稳定性条件的技术，其中，建立车削稳定性模型、绘制稳定性叶瓣图（stable lobe diagram，SLD）是最常用的技术。主轴转速和极限切削深度的变化曲线清晰地区分了车削系统的稳定区域和不稳定区域，为实际工程提供了直观的参考数据。

根据3.2节中的车削刀具系统动态特性试验结果，以数控车床为工作平台及CoroTurn 107为刀具的车削刀具系统动力学参数如表3.6所列。由于再生型颤振的自振频率略高于车床结构的固有频率[11]，因此可确定系统的振动频率ω的取值范围。

表3.6　车削刀具系统动力学参数

参数	参数意义	数值
f_n/Hz	固有频率	185.77
ζ	阻尼比	0.0956
k/(N·m^{-1})	等效刚度	4.035×10^6
φ/(°)	切削力夹角	78.47
α/(°)	振动方向夹角	15
η	切削重叠系数	1
k_t/(N·mm^{-2})	切向切削刚度系数	3003.67
k_r/(N·mm^{-2})	径向切削刚度系数	934.49

将表3.6中的参数代入式（3.13）和式（3.14），不同转速Ω对应不同的极限切削深度$a_{p\lim}$，因此可绘制出车削刀具系统稳定性叶瓣图，如图3.11所示。不同的Ω从右往左依次对应图中不同的叶瓣，相邻2个叶瓣之间会出现交叉，在相同转速条件下取最小的极限切削深度。

如图3.11所示，叶瓣曲线将空间分为上、下两部分。曲线上方称为非稳定区，即在给定的主轴转速下，如果切削深度取值在曲线的上方，那么车削刀具系统会出现颤振现象。相对应地，曲线以下称为稳定区，此区域如果给定主轴转速，那么车削刀具系统稳定切削。叶瓣曲线上的点为临界状态。以车削刀具系统的最小极限切削深度为界，稳定区又可分为条件稳定区和无条件稳定区，水平线以下为无条件稳定区，在此区域，无论主轴转速如何变化，车削刀具系统总能够进行稳定切削。而水平线与叶瓣曲线的中间部分为条件稳定区，在此区域，车削刀具系统切削是否稳定受主轴转速的影响。当主轴转速较小时，条件稳定区域较小；而当主轴转速增大时，条件稳定区域逐渐增大。这说明在车削加工过程中，高速切削比低速切削更稳定。

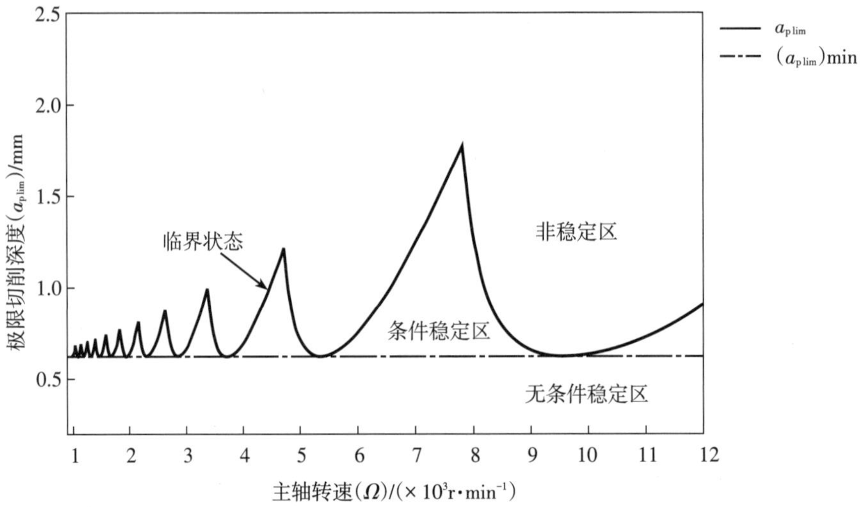

图3.11　车削刀具系统稳定性叶瓣图

3.3.2　车削刀具系统模型试验验证

以数控车床为车削试验平台，该平台工件装夹设置如图3.2（a）所示。以主轴转速为$\Omega = 1500$ r/min、切削厚度为$h = 0.075$ mm车削短工件，分别加工切削深度a_p为0.6 mm和1.0 mm的表面，被加工表面的状态如图3.12所示。

图3.12　强刚性工件的车削颤振振纹

由图3.12可知，在$a_p = 0.6$ mm的情况下，加工后的表面质量较好，加工噪声正常，系统稳定；而当$a_p = 1.0$ mm时，加工表面有明显的振纹，并出现异常的加工噪声。这说明系统在0.6 mm的切削深度是稳定的，而在1.0 mm的切削深度发生颤振。试验结果与车削刀具系统稳定性叶瓣图（图3.11）一致，验证了车削刀具系统稳定性模型的正确性。

3.4 车削加工系统再生型颤振动力学模型

生产中会遇到工件刚度远低于车刀刚度（柔性工件）的情况，此时工件振动也会影响系统的稳定性。因此，本节同时考虑了车削柔性工件过程中刀具振动和工件振动对颤振的影响，对车削加工系统进行建模。

图3.13所示为采用卡盘–顶尖装夹方式车削时的再生型颤振系统动力学模型。由于车削加工中水平方向振动是产生切削振纹的主要原因，为简化分析过程，模型只考虑水平方向振动对加工稳定性的影响。

（a）实体模型

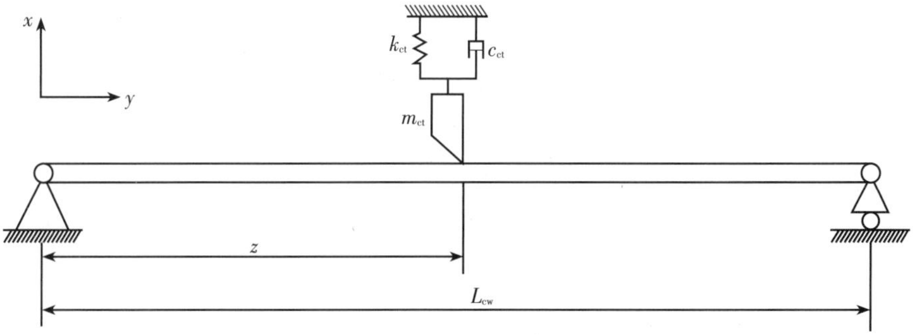

（b）动力学简图

图3.13 卡盘–顶尖装夹方式车削加工系统动力学模型

工件刚度呈不均匀分布，其中间部位的刚度远低于两端的刚度，因此，在加工过程中，工件的振动特性是随切削点位置而变化的，且它的质量和刚度都是连续分布的，即连续体。在进行工件动力学特性分析中，应用梁的振动理论，假定材料均匀，根据胡克定律，采用有限元方法离散质量和刚度等参数来建立模型，把连续系统离散为多自由度系统处理。

根据车削加工系统动力学模型及再生型颤振理论，分别建立车削加工系统在水平方向上的刀具振动微分方程和工件系统振动微分方程。其中，刀具振动微分方程与式（3.1）类似，表示为

$$m_{\mathrm{ct}}\ddot{x}_{\mathrm{ct}}(t)+c_{\mathrm{ct}}\dot{x}_{\mathrm{ct}}(t)+k_{\mathrm{ct}}x_{\mathrm{ct}}(t)=\Delta F_{\mathrm{cd}}(t)\cos(\varphi-\alpha)\cos\alpha \tag{3.22}$$

式中，m_{ct}为刀具的等效质量，N·s²/mm；k_{ct}为刀具的等效刚度，N/mm；c_{ct}为刀具的等效阻尼，N·s/mm；x_{ct}为刀具的振动位移，mm。

通过有限元理论，车削加工系统中的工件系统离散为多自由度系统，振动微分方程可建立为

$$\boldsymbol{m}_{\mathrm{cw}}\ddot{\boldsymbol{x}}_{\mathrm{cw}}(t)+\boldsymbol{c}_{\mathrm{cw}}\dot{\boldsymbol{x}}_{\mathrm{cw}}(t)+\boldsymbol{k}_{\mathrm{cw}}\boldsymbol{x}_{\mathrm{cw}}(t)=\boldsymbol{F}_{\mathrm{cw}} \tag{3.23}$$

式中，$\boldsymbol{m}_{\mathrm{cw}}$、$\boldsymbol{k}_{\mathrm{cw}}$和$\boldsymbol{c}_{\mathrm{cw}}$分别为工件的质量矩阵、刚度矩阵和阻尼矩阵，由各单元的质量矩阵、刚度矩阵和阻尼矩阵叠加而得；$\boldsymbol{x}_{\mathrm{cw}}$为工件各单元节点上的位移向量；$\boldsymbol{F}_{\mathrm{cw}}$为切削力变化量向量，采用有限元法建模，设切削点位于第n_{c}个节点上，动态切削力作用于切削点处，则切削力变化量向量为$\boldsymbol{F}_{\mathrm{cw}}=\left[F_1,\ \cdots,\ F_{n_{\mathrm{c}}-1},\ F_{n_{\mathrm{c}}},\ F_{n_{\mathrm{c}}+1},\ \cdots,\ F_n\right]^{\mathrm{T}}=[0,\ \cdots,\ 0,\ -\Delta F_{\mathrm{cd}}(t)\cos(\varphi-\alpha)\cos\alpha,\ 0,\ \cdots,\ 0]^{\mathrm{T}}$。

根据图3.13中所示振动位移的几何关系，车削加工系统中的车削厚度$h_{\mathrm{c}}(t)$可表示为

$$h_{\mathrm{c}}(t)=h_0+\left(\eta x_{\mathrm{ct}}(t-T)-x_{\mathrm{ct}}(t)\right)-\left(\eta x_{\mathrm{cw}}(t-T)-x_{\mathrm{cw}}(t)\right) \tag{3.24}$$

式中，h_0为设定的切削厚度，mm；$x_{\mathrm{ct}}(t)$为本转切削的刀具振动位移，mm；$x_{\mathrm{ct}}(t-T)$为前一转切削的刀具振动位移，mm；$x_{\mathrm{cw}}(t)$为本转切削中工件切削点处的振动位移，mm；$x_{\mathrm{cw}}(t-T)$为前一转切削中工件切削点处的振动位移，mm。

由切削厚度变化引起的切削力变化量$\Delta F_{\mathrm{cd}}(t)$可写为

$$\Delta F_{\mathrm{cd}}(t)=k_{\mathrm{c}}a_{\mathrm{p}}\left[\left(\eta x_{\mathrm{ct}}(t-T)-x_{\mathrm{ct}}(t)\right)-\left(\eta x_{\mathrm{cw}}(t-T)-x_{\mathrm{cw}}(t)\right)\right] \tag{3.25}$$

与刀具振动分析类似，在假定初始条件为0的情况下，对式（3.23）中的工件振动微分方程进行Laplace变换，转换为

$$\boldsymbol{m}_{\mathrm{cw}}s^2\boldsymbol{x}_{\mathrm{cw}}(s)+\boldsymbol{c}_{\mathrm{cw}}s\boldsymbol{x}_{\mathrm{cw}}(s)+\boldsymbol{k}_{\mathrm{cw}}\boldsymbol{x}_{\mathrm{cw}}(s)=\boldsymbol{F}_{\mathrm{cw}}(s) \tag{3.26}$$

式中，$s=\sigma+\mathrm{i}\omega$，为特征方程的根。

设工件振动传递函数矩阵$\boldsymbol{G}_{cw}(s)$为

$$\boldsymbol{G}_{cw}(s)=\left(\boldsymbol{m}_{cw}s^2+\boldsymbol{c}_{cw}s+\boldsymbol{k}_{cw}\right)^{-1} \tag{3.27}$$

式（3.26）转换为

$$\boldsymbol{x}_{cw}(s)=\boldsymbol{G}_{cw}(s)\boldsymbol{F}_{cw}(s) \tag{3.28}$$

式（3.27）和式（3.28）中，矩阵定义为

$$\boldsymbol{x}_{cw}(s)=\begin{bmatrix} x_{cw}^{(1)}(s) \\ x_{cw}^{(2)}(s) \\ \vdots \\ x_{cw}^{(n)}(s) \end{bmatrix},\quad \boldsymbol{m}_{cw}=\begin{bmatrix} m_{cw}^{(1,\ 1)} & m_{cw}^{(1,\ 2)} & \cdots & m_{cw}^{(1,\ n)} \\ m_{cw}^{(2,\ 1)} & m_{cw}^{(2,\ 2)} & \cdots & m_{cw}^{(2,\ n)} \\ \vdots & \vdots & & \vdots \\ m_{cw}^{(n,\ 1)} & m_{cw}^{(n,\ 2)} & \cdots & m_{cw}^{(n,\ n)} \end{bmatrix},\quad \boldsymbol{c}_{cw}=\begin{bmatrix} c_{cw}^{(1,\ 1)} & c_{cw}^{(1,\ 2)} & \cdots & c_{cw}^{(1,\ n)} \\ c_{cw}^{(2,\ 1)} & c_{cw}^{(2,\ 2)} & \cdots & c_{cw}^{(2,\ n)} \\ \vdots & \vdots & & \vdots \\ c_{cw}^{(n,\ 1)} & c_{cw}^{(n,\ 2)} & \cdots & c_{cw}^{(n,\ n)} \end{bmatrix},$$

$$\boldsymbol{k}_{cw}=\begin{bmatrix} k_{cw}^{(1,\ 1)} & k_{cw}^{(1,\ 2)} & \cdots & k_{cw}^{(1,\ n)} \\ k_{cw}^{(2,\ 1)} & k_{cw}^{(2,\ 2)} & \cdots & k_{cw}^{(2,\ n)} \\ \vdots & \vdots & & \vdots \\ k_{cw}^{(n,\ 1)} & k_{cw}^{(n,\ 2)} & \cdots & k_{cw}^{(n,\ n)} \end{bmatrix},\quad \boldsymbol{F}_{cw}(s)=\begin{bmatrix} F_{cw}^{(1)}(s) \\ F_{cw}^{(2)}(s) \\ \vdots \\ F_{cw}^{(n)}(s) \end{bmatrix}$$

实际工程中的大多数机械振动系统，通常阻尼都较小，因此黏性比例阻尼与一般黏性阻尼振动系统的响应几乎没有差别[12]。因此，本书中$\boldsymbol{c}_{cw}$为工件振动系统的黏性比例阻尼矩阵。利用正则矩阵进行坐标变换，由正交性条件将工件振动微分方程变换为完全解耦的方程组。

设由n个正则振型向量$\boldsymbol{u}_{cw}^{(i)}=\left[u_{cw}^{(i,\ 1)},\ u_{cw}^{(i,\ 2)},\ \cdots,\ u_{cw}^{(i,\ n)}\right]^{\mathrm{T}}(i=1,\ 2,\ \cdots,\ n)$组成的$n$阶矩阵$\boldsymbol{u}_{cw}=\left[\boldsymbol{u}_{cw}^{(1)},\ \boldsymbol{u}_{cw}^{(2)},\ \cdots,\ \boldsymbol{u}_{cw}^{(n)}\right]$为正则振型矩阵，则$\boldsymbol{m}_{cw}$、$\boldsymbol{k}_{cw}$和$\boldsymbol{c}_{cw}$均转化为正则坐标中的对角矩阵，即

$$\boldsymbol{m}_{r}=\boldsymbol{u}_{cw}^{\mathrm{T}}\boldsymbol{m}_{cw}\boldsymbol{u}_{cw}=\begin{bmatrix} 1 & 0 & \cdots & 0 \\ 0 & 1 & \cdots & 0 \\ \vdots & \vdots & & \vdots \\ 0 & 0 & \cdots & 1 \end{bmatrix},\quad \boldsymbol{k}_{r}=\boldsymbol{u}_{cw}^{\mathrm{T}}\boldsymbol{k}_{cw}\boldsymbol{u}_{cw}=\begin{bmatrix} \omega_{n_{cw}}^{(1)2} & 0 & \cdots & 0 \\ 0 & \omega_{n_{cw}}^{(2)2} & \cdots & 0 \\ \vdots & \vdots & & \vdots \\ 0 & 0 & \cdots & \omega_{n_{cw}}^{(n)2} \end{bmatrix},$$

$$\boldsymbol{c}_{r}=\boldsymbol{u}_{cw}^{\mathrm{T}}\boldsymbol{c}_{cw}\boldsymbol{u}_{cw}=\begin{bmatrix} 2\zeta_{cw}^{(1)}\omega_{n_{cw}}^{(1)} & 0 & \cdots & 0 \\ 0 & 2\zeta_{cw}^{(2)}\omega_{n_{cw}}^{(2)} & \cdots & 0 \\ \vdots & \vdots & & \vdots \\ 0 & 0 & \cdots & 2\zeta_{cw}^{(n)}\omega_{n_{cw}}^{(n)} \end{bmatrix}$$

其中，$\omega_{n_{cw}}^{(i)}\ (i=1,\ 2,\ \cdots,\ n)$为工件振动的各阶固有频率，rad/s；$\zeta_{cw}^{(i)}\ (i=1,\ 2,\ \cdots,\ n)$

为工件振动的各阶阻尼比。

设 $\boldsymbol{x}_{cw}(s)=\boldsymbol{u}_{cw}\boldsymbol{q}_{cw}(s)$，$\boldsymbol{q}_{cw}(s)$ 为系统的正则坐标，则动力学方程转换为

$$\boldsymbol{m}_r s^2\boldsymbol{q}_{cw}(s)+\boldsymbol{c}_r s\boldsymbol{q}_{cw}(s)+\boldsymbol{k}_r\boldsymbol{q}_{cw}(s)=\boldsymbol{u}_{cw}^{T}\boldsymbol{F}_{cw}(s) \tag{3.29}$$

则工件振动传递函数矩阵表示为

$$\boldsymbol{G}_{cw}(s)=\boldsymbol{u}_{cw}\boldsymbol{u}_{cw}^{T}\left(\boldsymbol{m}_r s^2+\boldsymbol{c}_r s+\boldsymbol{k}_r\right)^{-1}$$

$$=\sum_{i=1}^{n}\begin{bmatrix}\dfrac{u_{cw}^{(i,1)2}}{s^2+2\zeta_{cw}^{(i)}\omega_{n_{cw}}^{(i)}s+\omega_{n_{cw}}^{(i)2}} & \dfrac{u_{cw}^{(i,1)}u_{cw}^{(i,2)}}{s^2+2\zeta_{cw}^{(i)}\omega_{n_{cw}}^{(i)}s+\omega_{n_{cw}}^{(i)2}} & \cdots & \dfrac{u_{cw}^{(i,1)}u_{cw}^{(i,n)}}{s^2+2\zeta_{cw}^{(i)}\omega_{n_{cw}}^{(i)}s+\omega_{n_{cw}}^{(i)2}} \\ \dfrac{u_{cw}^{(i,2)}u_{cw}^{(i,1)}}{s^2+2\zeta_{cw}^{(i)}\omega_{n_{cw}}^{(i)}s+\omega_{n_{cw}}^{(i)2}} & \dfrac{u_{cw}^{(i,2)2}}{s^2+2\zeta_{cw}^{(i)}\omega_{n_{cw}}^{(i)}s+\omega_{n_{cw}}^{(i)2}} & \cdots & \dfrac{u_{cw}^{(i,2)}u_{cw}^{(i,n)}}{s^2+2\zeta_{cw}^{(i)}\omega_{n_{cw}}^{(i)}s+\omega_{n_{cw}}^{(i)2}} \\ \vdots & \vdots & & \vdots \\ \dfrac{u_{cw}^{(i,n)}u_{cw}^{(i,1)}}{s^2+2\zeta_{cw}^{(i)}\omega_{n_{cw}}^{(i)}s+\omega_{n_{cw}}^{(i)2}} & \dfrac{u_{cw}^{(i,n)}u_{cw}^{(i,2)}}{s^2+2\zeta_{cw}^{(i)}\omega_{n_{cw}}^{(i)}s+\omega_{n_{cw}}^{(i)2}} & \cdots & \dfrac{u_{cw}^{(i,n)2}}{s^2+2\zeta_{cw}^{(i)}\omega_{n_{cw}}^{(i)}s+\omega_{n_{cw}}^{(i)2}}\end{bmatrix} \tag{3.30}$$

因此，根据车削加工系统中工件所受的切削力向量，式（3.28）可表示为

$$\begin{bmatrix}x_{cw}^{(1)}(s)\\ x_{cw}^{(2)}(s)\\ \vdots \\ x_{cw}^{(n)}(s)\end{bmatrix}=\sum_{i=1}^{n}\frac{\boldsymbol{u}_{cw}^{(i)}\boldsymbol{u}_{cw}^{(i)T}}{s^2+2\zeta_{cw}^{(i)}\omega_{n_{cw}}^{(i)}s+\omega_{n_{cw}}^{(i)2}}\cdot\begin{bmatrix}F_{cw}^{(1)}(s)\\ F_{cw}^{(2)}(s)\\ \vdots \\ F_{cw}^{(n)}(s)\end{bmatrix}=\sum_{i=1}^{n}\frac{\boldsymbol{u}_{cw}^{(i)}\boldsymbol{u}_{cw}^{(i)T}}{s^2+2\zeta_{cw}^{(i)}\omega_{n_{cw}}^{(i)}s+\omega_{n_{cw}}^{(i)2}}\cdot\begin{bmatrix}0\\ 0\\ \vdots \\ F_{n_c}\\ \vdots \\ 0\end{bmatrix} \tag{3.31}$$

由于高阶模态对系统稳定性的影响非常小，因此本书只考虑前3阶模态对系统稳定性的影响，即传递函数 $\boldsymbol{G}_{cw}(s)$ 简化为

$$\boldsymbol{G}_{cw}(s)=\sum_{i=1}^{3}\frac{\boldsymbol{u}_{cw}^{(i)}\boldsymbol{u}_{cw}^{(i)T}}{s^2+2\zeta_{cw}^{(i)}\omega_{n_{cw}}^{(i)}s+\omega_{n_{cw}}^{(i)2}} \tag{3.32}$$

同时，对工件在切削点处所受的切削力做Laplace变换，得

$$\begin{aligned}F_{n_c}&=-\Delta F_{cd}(s)\cos(\varphi-\alpha)\cos\alpha\\ &=-k_c a_p\cos(\varphi-\alpha)\cos\alpha\left[\eta\left(\cos(\omega T)-\frac{\sin(\omega T)s}{\omega}\right)-1\right]\left(x_{ct^{(i)}}-x_{cw}^{(n_c)}{}_{(i)}\right)\end{aligned} \tag{3.33}$$

根据式（3.31），$x_{cw}^{(n_c)}(s)$ 表示为

$$x_{cw}^{(n_c)}(s)=-\sum_{i=1}^{3}\frac{u_{cw}^{(i,n_c)2}}{s^2+2\zeta_{cw}^{(i)}\omega_{n_{cw}}^{(i)}s+\omega_{n_{cw}}^{(i)2}}\cdot$$

$$k_c a_p\cos(\varphi-\alpha)\cos\alpha\left[\eta\left(\cos(\omega T)-\frac{\sin(\omega T)s}{\omega}\right)-1\right]\left(x_{ct}(s)-x_{cw}^{(n_c)}(s)\right) \tag{3.34}$$

由式（3.7）与式（3.34）得

$$x_{ct}(s)-x_{cw}^{(n_c)}(s)=\left[\frac{\omega_n^2}{k\left(s^2+2\omega_n\zeta s+\omega_n^2\right)}+\sum_{i=1}^{3}\frac{u_{cw}^{(i,\ n_c)2}}{s^2+2\zeta_{cw}^{(i)}\omega_{n_{cw}}^{(i)}s+\omega_{n_{cw}}^{(i)2}}\right]\cdot$$

$$k_c a_p\cos(\varphi-\alpha)\cos\alpha\left[\eta\left(\cos(\omega T)-\frac{\sin(\omega T)s}{\omega}\right)-1\right]\left(x_{ct}(s)-x_{cw}^{(n_c)}(s)\right) \tag{3.35}$$

同样，根据Nyquist稳定判据，当系统处于临界状态下，代入$s=\mathrm{i}\omega$，则车削加工系统的传递函数表示为

$$G_{ct}(\omega)-G_{cw}^{(i)}(\omega)=\frac{\omega_n^2}{k\left(s^2+2\omega_n\zeta s+\omega_n^2\right)}+\sum_{i=1}^{3}\frac{u_{cw}^{(i,\ n_c)2}}{s^2+2\zeta_{cw}^{(i)}\omega_{n_{cw}}^{(i)}s+\omega_{n_{cw}}^{(i)2}}$$

$$=\frac{\omega_n^2(\omega_n^2-\omega^2)}{k\left[\left(\omega_n^2-\omega^2\right)^2+\left(2\omega_n\omega\zeta\right)^2\right]}+\sum_{i=1}^{3}\frac{\omega_{n_{cw}}^{(i)2}(\omega_{n_{cw}}^{(i)2}-\omega^2)u_{cw}^{(i,\ n_c)2}}{(\omega_{n_{cw}}^{(i)2}-\omega^2)^2+(2\zeta_{cw}^{(i)}\omega_{n_{cw}}^{(i)}\omega)^2}+$$

$$\left\{\frac{-2\omega_n^3\omega\zeta}{k\left[\left(\omega_n^2-\omega^2\right)^2+\left(2\omega_n\omega\zeta\right)^2\right]}+\sum_{i=1}^{3}\frac{-2\omega_{n_{cw}}^{(i)}\omega\zeta_{cw}^{(i)}u_{cw}^{(i,\ n_c)2}}{\left(\omega_{n_{cw}}^{(i)2}-\omega^2\right)^2+\left(2\zeta_{cw}^{(i)}\omega_{n_{cw}}^{(i)}\omega\right)^2}\right\}\mathrm{i} \tag{3.36}$$

设

$$R_{G_c}=\frac{\omega_n^2(\omega_n^2-\omega^2)}{k\left[\left(\omega_n^2-\omega^2\right)^2+\left(2\omega_n\omega\zeta\right)^2\right]}+\sum_{i=1}^{3}\frac{\omega_{n_{cw}}^{(i)2}\left(\omega_{n_{cw}}^{(i)2}-\omega^2\right)u_{cw}^{(i,\ n_c)2}}{\left(\omega_{n_{cw}}^{(i)2}-\omega^2\right)^2+\left(2\zeta_{cw}^{(i)}\omega_{n_{cw}}^{(i)}\omega\right)^2}$$

$$I_{G_c}=\frac{-2\omega_n^3\omega\zeta}{k\left[\left(\omega_n^2-\omega^2\right)^2+\left(2\omega_n\omega\zeta\right)^2\right]}+\sum_{i=1}^{3}\frac{-2\omega_{n_{cw}}^{(i)}\omega\zeta_{cw}^{(i)}u_{cw}^{(i,\ n_c)2}}{\left(\omega_{n_{cw}}^{(i)2}-\omega^2\right)^2+\left(2\zeta_{cw}^{(i)}\omega_{n_{cw}}^{(i)}\omega\right)^2}$$

则车削加工系统的极限切削深度及其对应的主轴转速分别为

$$a_{p\lim}=\frac{\eta\cos\omega T-1}{k_c R_{G_c}\cos(\varphi-\alpha)\cos\alpha\left(1-2\eta\cos\omega T+\eta^2\right)} \tag{3.37}$$

$$\Omega=\frac{60}{T}=\frac{60\omega}{2\pi n+\arcsin\dfrac{I_{G_c}}{\eta\sqrt{I_{G_c}^{\ 2}+R_{G_c}^{\ 2}}}-\arctan\dfrac{I_{G_c}}{R_{G_c}}} \tag{3.38}$$

式中，$n=0$，1，2，3，…为一次切削过程中产生的整波数。

3.5 车削加工系统动态特性试验及参数分布

在车削加工系统中，工件以卡盘-顶尖的方式安装，建立有限元模型对工件夹具系

统进行动态特性分析。由于在正常工作范围内，工件的变形量基本不受主轴转速的影响[13]，因此忽略工件回转运动对振动的影响，采用考虑剪切变形影响的Timoshenko梁单元来模拟工件系统。由于切削振纹主要由水平x方向的振动产生，因此只考虑梁单元x方向上的变形，每个节点有2个自由度，即位移u_x和绕x轴方向的转角θ_x。工件系统梁单元模型的形状和坐标系如图3.14所示。

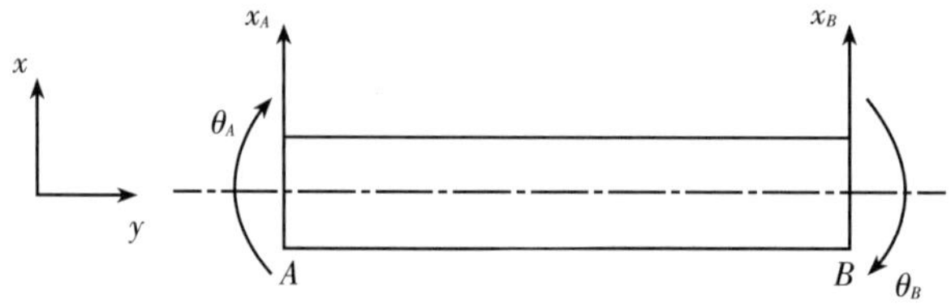

图3.14　工件系统梁单元模型

根据有限元理论[14]，梁单元的单元刚度矩阵为

$$\boldsymbol{k}_i=\frac{EI_i}{l_i^3(1+\varphi_i)}\begin{bmatrix}12 & 6l_i & -12 & 6l_i\\ 6l_i & (4+\varphi_i)l_i^2 & -6l_i & (2-\varphi_i)l_i^2\\ -12 & -6l_i & 12 & -6l_i\\ 6l_i & (2-\varphi_i)l_i^2 & -6l_i & (4+\varphi_i)l_i^2\end{bmatrix}\tag{3.39}$$

式中，E为工件材料的弹性模量，Pa；I_i为单元i的截面惯性矩，m^4；l_i为单元i的长度，m；φ_i为单元i的横截面剪切变形参数，$\varphi_i=\dfrac{12\mu EI_i}{GAl_i^2}$，其中$\mu$为剪应力不均匀系数，当工件横截面为圆形时，$\mu=\dfrac{10}{9}$。

对于梁这样的柔性单元，采用一致质量矩阵建模会得到比集中质量矩阵更精确的计算结果。因此，本书采用一致质量矩阵计算工件振动系统的模态参数，其单元质量矩阵$\boldsymbol{m}_i$为

$$\boldsymbol{m}_i=\frac{\rho A_i l_i}{420}\begin{bmatrix}156 & 22l_i & 54 & -13l_i\\ 22l_i & 4l_i^2 & 13l_i & -3l_i^2\\ 54 & 13l_i & 156 & -22l_i\\ -13l_i & -3l_i & -22l_i & 4l_i^2\end{bmatrix}\tag{3.40}$$

式中，ρ为工件材料的密度，$\mathrm{kg/m^3}$；A_i为单元i的横截面面积，m^2；l_i为单元i的长度，m。

工件采用材料为45#钢的实心圆棒料，弹性模量$E=213$ GPa，泊松比$v=0.3$，材料密度$\rho=7.86\times10^3\ \mathrm{kg/m^3}$，工件直径$d_{cw}=14$ mm，工件长度$L_{cw}=30$ cm，工件系统前3阶固有频率的有限元计算结果见表3.7。

表3.7 工件系统前3阶固有频率

1阶固有频率 $\left(f_{n_{cw}}^{(1)}\right)$/Hz	2阶固有频率 $\left(f_{n_{cw}}^{(2)}\right)$/Hz	3阶固有频率 $\left(f_{n_{cw}}^{(3)}\right)$/Hz
317.38	1262.24	2113.41

为检验有限元法计算结果的正确性，进行了工件系统的模态试验，将B&K 4524B加速度传感器通过磁力座安装在工件的测量点上，使用SINOCERA LC-01A力锤在测量点处进行敲击，从而采集激励信号和响应信号。传感器安装位置及力锤敲击方向如图3.15所示。

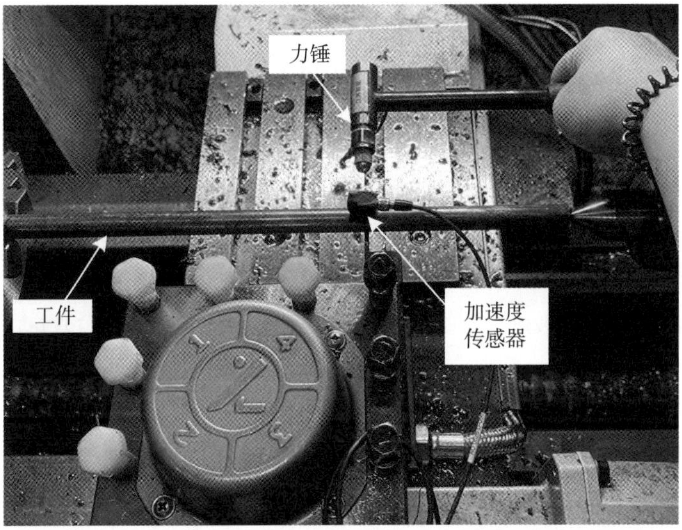

图3.15 车削加工系统模态试验装置安装位置及力锤敲击方向

由于工件系统离散为多自由度系统，存在多阶模态，而高阶模态对系统的影响非常小，因此本书只考虑前3阶模态对系统的影响。采用分量分析法分析多次模态试验的数据，得到多个频响函数，分别对每个频响函数前3阶模态进行参数识别，20组识别结果如表3.8所列，图3.16为其中一个样本的频响函数。

表3.8 工件系统模态参数

组数	1阶模态		2阶模态		3阶模态	
	固有频率 $\left(f_{n_{cw}}^{(1)}\right)$/Hz	阻尼比(ζ_1)	固有频率 $\left(f_{n_{cw}}^{(2)}\right)$/Hz	阻尼比(ζ_2)	固有频率 $\left(f_{n_{cw}}^{(3)}\right)$/Hz	阻尼比(ζ_3)
1	349.97	0.0441	1195.88	0.0266	2053.79	0.0252
2	351.96	0.0246	1191.88	0.0379	2054.62	0.0318
3	349.97	0.0252	1189.88	0.0383	2054.62	0.0315
4	353.96	0.0242	1191.88	0.0399	2054.63	0.0326

表3.8（续）

组数	1阶模态		2阶模态		3阶模态	
	固有频率 $\left(f_{n_{cw}}^{(1)}\right)$/Hz	阻尼比(ζ_1)	固有频率 $\left(f_{n_{cw}}^{(2)}\right)$/Hz	阻尼比(ζ_2)	固有频率 $\left(f_{n_{cw}}^{(3)}\right)$/Hz	阻尼比(ζ_3)
5	353.96	0.0224	1243.88	0.0442	2051.79	0.0397
6	355.96	0.0226	1253.87	0.0402	2099.79	0.0404
7	352.57	0.0225	1257.87	0.0326	2049.80	0.0361
8	352.57	0.0223	1253.88	0.0536	2054.62	0.0362
9	353.96	0.0223	1255.87	0.0429	2051.80	0.0380
10	352.57	0.0219	1259.87	0.0307	2045.80	0.0385
11	353.96	0.0202	1264.38	0.0367	2097.79	0.0185
12	351.96	0.0212	1265.87	0.0308	2105.79	0.0221
13	352.57	0.0207	1264.38	0.0304	2099.79	0.0264
14	351.96	0.0209	1265.88	0.0307	2107.79	0.0180
15	349.97	0.0219	1267.87	0.0323	2109.79	0.0137
16	352.57	0.0213	1264.39	0.0277	2107.79	0.0168
17	351.96	0.0213	1263.87	0.0286	2107.78	0.0167
18	349.97	0.0210	1257.87	0.0279	2119.79	0.0172
19	349.97	0.0218	1265.88	0.0320	2099.79	0.0187
20	351.96	0.0184	1265.87	0.0247	2099.80	0.0185

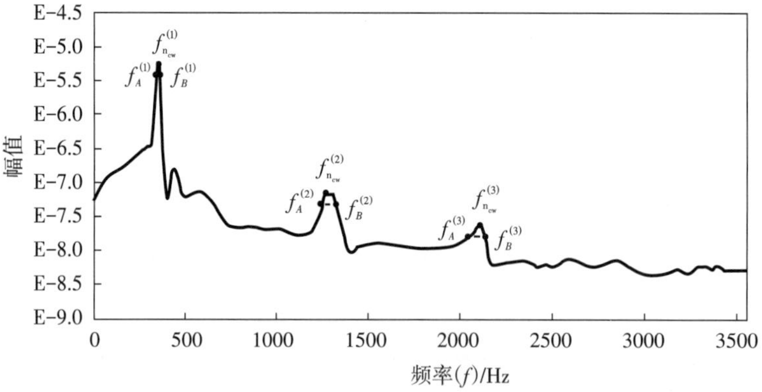

图3.16　工件系统的频响函数幅频特征曲线及模态参数识别

试验所得的系统前3阶固有频率均值分别352.22，1247.05，2081.36 Hz，将其作为参照值，与有限元计算结果进行对比，可以看出有限元法计算得到的固有频率值与试验数值具有非常好的一致性。因此，采用有限元法对车削加工系统进行动态特性分析能够为后续系统稳定性分析提供准确数据，则工件系统模态参数的分布情况及特征值如表3.9所列。

表3.9　工件系统模态参数的分布情况及特征值

参数		均值	标准差	分布形式
1阶模态	固有频率 $\left(f_{n_{cw}}^{(1)}\right)$/Hz	317.38	1.66	正态分布
	阻尼比(ζ_1)	0.0230	0.00519	正态分布
2阶模态	固有频率 $\left(f_{n_{cw}}^{(2)}\right)$/Hz	1262.24	28.64	正态分布
	阻尼比(ζ_2)	0.0224	0.00590	正态分布
3阶模态	固有频率 $\left(f_{n_{cw}}^{(3)}\right)$/Hz	2113.41	27.37	正态分布
	阻尼比(ζ_3)	0.0225	0.00588	正态分布

3.6　车削加工系统稳定性分析及模型试验验证

3.6.1　车削加工系统稳定性分析

工件采用材料为45#钢的实心圆棒料，弹性模量$E=213$ GPa，泊松比$v=0.3$，材料密度$\rho=7.86\times10^3$ kg/m^3，工件直径$d_{cw}=14$ mm，工件长度$L_{cw}=30$ cm，工件系统前3阶固有频率如表3.9所列，则车削加工系统的动力学参数见表3.10。

表3.10　车削加工系统动力学参数

参数	参数意义	数值
$f_{n_{ct}}$/Hz	刀具系统固有频率	185.77
ζ	刀具系统阻尼比	0.0956
k/(N·m^{-1})	刀具系统等效刚度	4.035×10^6
$f_{n_{cw}}^{(1)}$/Hz	工件系统1阶固有频率	317.38
ζ_1	工件系统1阶阻尼比	0.0230
$f_{n_{cw}}^{(2)}$/Hz	工件系统2阶固有频率	1262.24
ζ_2	工件系统2阶阻尼比	0.0224
$f_{n_{cw}}^{(3)}$/Hz	工件系统3阶固有频率	2113.41
ζ_3	工件系统3阶阻尼比	0.0225
φ/(°)	切削力夹角	78.47
α/(°)	振动方向夹角	15
k_t/(N·mm^{-2})	切向切削刚度系数	3003.67
k_r/(N·mm^{-2})	径向切削刚度系数	934.49
η	切削重叠系数	1

由于工件各处的刚度不同，造成车削加工系统的动态特性随切削位置变化，从而各

阶的极限切削深度 $a_{p\lim}$ 也随切削点位置而变化。为确保整个加工过程的稳定性，分析加工路径上最易发生颤振的切削点位置至关重要。若车削加工系统在最易发生颤振的切削点处能保持稳定，则在整个加工过程中都将保持稳定，因此应以该点处的稳定性叶瓣图作为基础进行加工参数优化选择。由于同一工件在不同转速下，各阶模态的最薄弱切削点均为同一位置，为确定稳定性最薄弱的切削点位置，设主轴转速为$\Omega=1500$ r/min，计算不同切削点的1阶模态极限切削深度最小值 $(a_{p\lim})_{\min}$，得到极限切削深度最小值随切削位置变化的曲线，如图3.17所示。

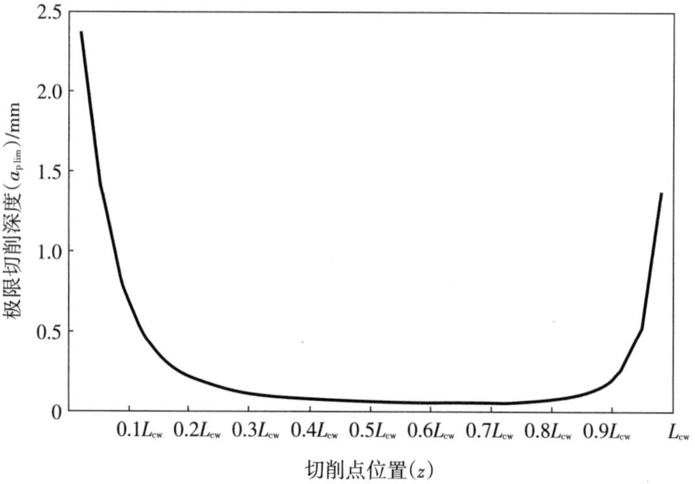

图3.17　极限切削深度最小值曲线

由图3.17可知，切削点$z=0.6L_{cw}$处的最小极限切削深度 $(a_{p\lim})_{\min}=0.0536$ mm 为最低点，则切削点$z=0.6L_{cw}$即稳定性最薄弱的切削点位置。根据车削加工系统的稳定性模型，以及切削点在$0.6L_{cw}$处的前3阶模态对应的主轴转速$\boldsymbol{\Omega}$和极限切削深度 $a_{p\lim}$，绘制前3阶模态车削加工系统稳定性叶瓣图，如图3.18所示。

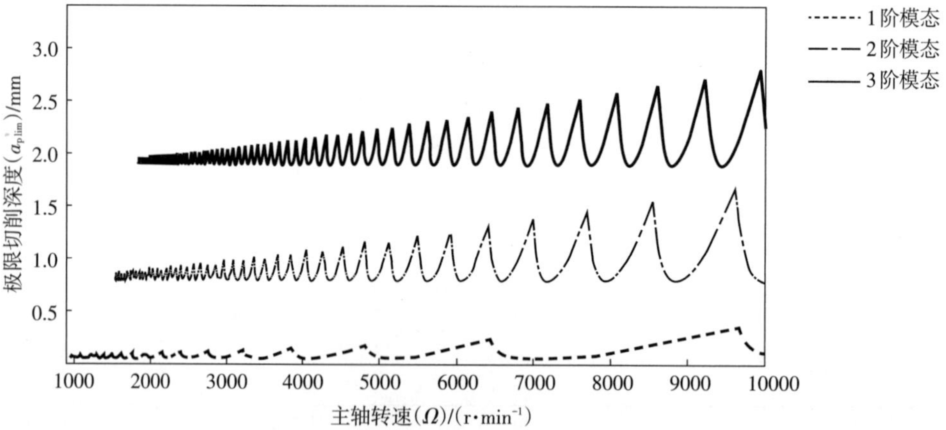

图3.18　不同模态的切削稳定性极限图

由图3.18可知，车削加工系统以2阶和3阶模态发生颤振时的极限切削深度远大于以1阶模态发生颤振时的极限切削深度。虽然在理论上车削加工系统存在高阶模态失稳现象，但在实际工程中很难发生这种情况，因此，系统的1阶模态对车削加工系统的稳定性起主导作用。

3.6.2 车削加工系统模型试验验证

车削试验使用的车床、刀具及工件与3.5节中车削加工系统动态特性试验相同，工件装夹设置如图3.13（a）所示。在主轴转速为1500 r/min，切削厚度为0.05 mm，切削深度a_p为0.3 mm、0.6 mm和2.0 mm的情况下，图3.19分别显示了试验工件在$0.9L_{cw}$到顶尖附近的表面状态。主轴转速为1500 r/min，当系统在0.3 mm的切削深度时，加工表面基本光滑，系统稳定；当系统在0.6 mm的切削深度时，处于临界位置，有轻微振纹；而当系统在2.0 mm的切削深度时，振纹明显，系统发生颤振。对比图3.17，试验结果验证了车削加工系统稳定性模型。

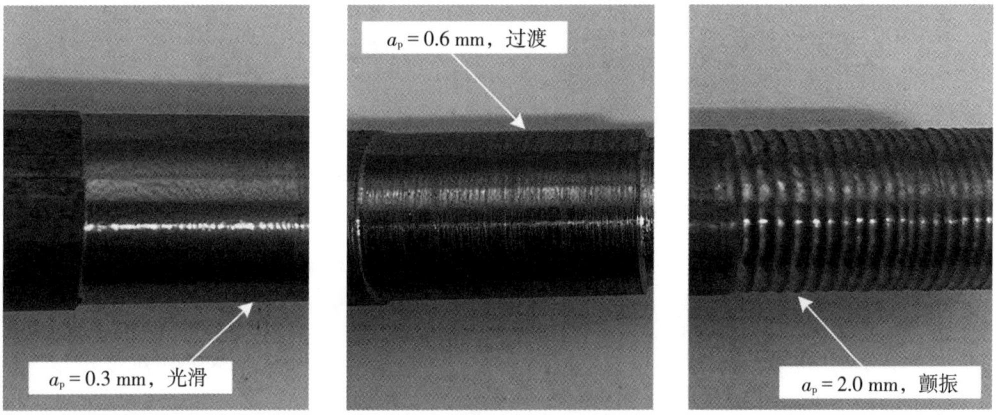

图3.19 柔性工件的车削颤振振纹

在实际工程中，车削系统稳定性叶瓣图具有重要意义。技术人员可以在加工前清晰、直观地预判极限切削深度，确定切削深度的安全范围，避免切削颤振发生，确保加工过程中的稳定性，节约生产成本。工艺设计人员可以根据稳定性叶瓣图优化选择参数，使车床保持最优切削性能，在稳定范围内最大限度地提升生产效率。

3.7 本章小结

本章针对车削系统，首先，建立了车削刀具系统及考虑工件振动的车削加工系统的动力学模型。其次，在数控车床试验平台上进行了车削系统的模态试验、静刚度试验及切削力试验，测定车削颤振稳定性分析的动力学参数，在此基础上考虑参数的随机性，分析参数的随机分布及特征数，为可靠性分析和优化设计提供基础数据。最后，建立了车削刀具系统和车削加工系统的颤振稳定性模型，并采用测定的参数对系统颤振稳定性进行分析，同时与车削试验结果进行比较，得到相互吻合的结果，验证了车削刀具系统和车削加工系统颤振稳定性模型的准确性。

参考文献

[1] ALTINTAS Y, BER A A.Manufacturing automation: metal cutting mechanics, machine tool vibrations, and CNC design[J]. Applied mechanics reviews, 2001, 54(5): B84.

[2] MERRITT H E.Theory of self-excited machine-tool chatter: contribution to machine-tool chatter research-1[J]. Journal of engineering for industry, 1965, 87(4): 447-454.

[3] CLANCY B E, SHIN Y C.A comprehensive chatter prediction model for face turning operation including tool wear effect [J]. International journal of machine tools and manufacture, 2002, 42(9): 1035-1044.

[4] 胡寿松.自动控制原理[M]. 5版.北京:科学出版社,2007.

[5] 傅志方,华宏星.模态分析理论与应用[M]. 上海:上海交通大学出版社,2000.

[6] 师汉民.金属切削理论及其应用新探[M]. 武汉:华中科技大学出版社,2003.

[7] JAYARAM S.Stability and vibration analysis of turning and face milling processes [D]. Urbana-Champaign: University of Illinois, 1997.

[8] LONG X H, BALACHANDRAN B.Stability analysis for milling process [J]. Nonlinear dynamics, 2007, 49(3): 349-359.

[9] NELSON H D.A finite rotating shaft element using timoshenko beam theory [J]. Journal of mechanical design, 1980, 102(4): 793-803.

[10] 张义民.机械振动[M]. 北京:清华大学出版社,2007.

[11] RUBINSTEIN R Y, KROESE D P.Simulation and the Monte Carlo method [M]. Hoboken: John Wiley and Sons, 2016.

[12] CHOI S K, GRANDHI R, CANFIELD R A.Reliability-based structural design [M]. New York: Springer Science and Business Media, 2006.

[13] 崔伯第,郭建亮.车削加工物理仿真技术及试验研究[M]. 哈尔滨:哈尔滨工业大学出版社,2014.

[14] LIU P L, DER KIUREGHIAN A.Multivariate distribution models with prescribed marginals and covariances [J]. Probabilistic engineering mechanics, 1986, 1(2): 105-112.

第4章　车削系统颤振可靠性分析方法

在车削加工过程中，由于不可避免地受到加工环境、加工材料特性、测量和装配误差等因素的影响，车削系统的结构参数具有不确定性。同时，结构参数中的随机因素对结构的固有特性产生影响，使车削系统的动力学参数也具有随机性。参数的随机性使车削颤振稳定性无法被准确预测，而对车削系统进行颤振可靠性分析可以评估系统发生颤振的概率，避免由可靠性过低造成车削系统失稳。同时，车削颤振可靠性分析为查找导致颤振发生的薄弱环节/优化车削参数提供理论基础，进而为工程人员提供检测和维护系统的重要依据。

车削颤振可靠性模型较复杂，非线性高，为了高效准确地分析可靠性，本章提出一种解决高非线性可靠性问题的高效方法。利用控制变量方法将复杂极限状态函数的积分转化为与其强相关的极限状态函数积分，降低失效概率的方差，提高运算效率。同时，引入二阶可靠性方法，采用二次多项式作为强相关极限状态函数，提高分析非线性可靠性的准确性。进而通过拉丁超立方采样产生的少量样本，采用鞍点逼近方法估计失效概率。通过与多种方法进行比较，验证了该方法的适用性。建立了车削刀具系统和车削加工系统的颤振可靠性模型，并采用本章所述方法分析了系统的车削颤振可靠性。

4.1　控制变量方法

控制变量（control variates，CV）方法是一种广泛应用的方差缩减方法，通过改变估计量来降低Monte Carlo模拟方法的失效概率方差。对于高维可靠性问题，控制变量方法弥补了Monte Carlo模拟方法计算量庞大的不足。同时，控制变量方法操作相对简单，适用性强，几乎没有应用限制，近年来该方法已被应用于可靠性分析。

4.1.1　控制变量方法的基本理论

控制变量方法[1]的基本思想：设随机变量B与随机变量A强相关，且B的数学期望$E(B)$容易估计或已知，则一个新的随机变量C可由A，B表示为

$$C = A - \rho\big(B - E(B)\big) \tag{4.1}$$

式中，ρ为修正系数。

C的数学期望与方差分别为

$$E(C) = E(A) - \rho\big(E(B) - E(E(B))\big) = E(A) \tag{4.2}$$

$$\mathrm{Var}(C) = \mathrm{Var}(A) + \rho^2\,\mathrm{Var}(B) - 2\rho\,\mathrm{Cov}(A, B) \tag{4.3}$$

对式（4.3）求导，得到使$\mathrm{Var}(C)$取最小值的ρ的表达式为

$$\rho = \frac{\mathrm{Cov}(A, B)}{\mathrm{Var}(B)} \tag{4.4}$$

则

$$\mathrm{Var}(C) = \mathrm{Var}(A) - \frac{\big(\mathrm{Cov}(A, B)\big)^2}{\mathrm{Var}(B)} \tag{4.5}$$

A与B的相关系数$\mathrm{Corr}(A, B) = \dfrac{\mathrm{Cov}(A, B)}{\sqrt{\mathrm{Var}(A)\mathrm{Var}(B)}}$，则式（4.5）表示为

$$\mathrm{Var}(C) = \mathrm{Var}(A) - \big(\mathrm{Corr}(A, B)\big)^2\,\mathrm{Var}(A) \tag{4.6}$$

由于A与B强相关，即$\mathrm{Corr}(A, B)$的值接近1，所以$E(C)$与$E(A)$相同，但$\mathrm{Var}(C)$远小于$\mathrm{Var}(A)$，在估计值不变的情况下减小方差。

4.1.2 Monte Carlo模拟方法

可靠性分析中的模拟方法的基本思想是根据随机样本来推测母体的统计特性。根据大数定律可知，当样本数较多时，母体的统计规律可以由样本代替。当使用模拟方法进行可靠性分析时，一般采用Monte Carlo模拟方法，又称为简单随机模拟法或统计试验法。该方法在已知不确定性变量的概率分布时，通过对变量的随机采样来预测系统的性能或响应。Monte Carlo模拟方法是一种功能强大且计算方便的数学工具，能够解决概率分析问题。

设极限状态函数为$g(\boldsymbol{x})$，失效概率为n维随机变量$\boldsymbol{x} = [x_1, x_2, \cdots, x_n]$的联合概率密度函数$f_X(\boldsymbol{x})$在失效域$F = \{\boldsymbol{x}: g(\boldsymbol{x}) \leqslant 0\}$中的积分，即

$$P_{\mathrm{f}} = \int_F f_X(\boldsymbol{x})\mathrm{d}\boldsymbol{x} = \int_X I_F(\boldsymbol{x}) f_X(\boldsymbol{x})\mathrm{d}\boldsymbol{x} \tag{4.7}$$

式中，$I_F(\boldsymbol{x})$为失效域指示函数，即

$$I_F(\boldsymbol{x}) = \begin{cases} 1, & \boldsymbol{x} \in F \\ 0, & \boldsymbol{x} \notin F \end{cases} \tag{4.8}$$

概率密度函数$f_X(\boldsymbol{x})$对变量$\boldsymbol{x}$进行随机抽样，$\boldsymbol{x}_i$（$i = 1, 2, \cdots, N$）为N个变量的随机样本，则式（4.7）的积分形式用数学期望表示为

$$P_{\mathrm{f}}=\int_X I_F(\boldsymbol{x})f_X(\boldsymbol{x})\mathrm{d}\boldsymbol{x}=E\big(I_F(\boldsymbol{x})\big) \tag{4.9}$$

根据概率论的大数定律，当N足够大时，样本均值$\frac{1}{N}\sum_{i=1}^{N}I_F(\boldsymbol{x}_i)$以概率1收敛于母体$I_F(\boldsymbol{x})$的期望值。因此，式（4.9）中的数学期望可用样本均值估计：

$$P_{\mathrm{f}}=E\big(I_F(\boldsymbol{x})\big)\approx\frac{1}{N}\sum_{i=1}^{N}I_F(\boldsymbol{x}_i) \tag{4.10}$$

Monte Carlo模拟方法简单，容易实现，通用性强，且计算精度高，但需要大量样本才能收敛，计算量非常大。

4.1.3 基于Monte Carlo模拟的控制变量方法

设与$g(\boldsymbol{x})$强相关的极限状态函数为$g_{\mathrm{c}}(\boldsymbol{x})$，则$I_{F_{\mathrm{c}}}(\boldsymbol{x})$为一个与$I_F(\boldsymbol{x})$强相关的控制变量，其相应的失效域表示为$F_{\mathrm{c}}=\{\boldsymbol{x}:\ g_{\mathrm{c}}(\boldsymbol{x})\leqslant 0\}$，则指示函数为

$$I_{F_{\mathrm{c}}}(\boldsymbol{x})=\begin{cases}1, & \boldsymbol{x}\in F_{\mathrm{c}}\\ 0, & \boldsymbol{x}\notin F_{\mathrm{c}}\end{cases} \tag{4.11}$$

则新的指示函数$I_{F_{\mathrm{cv}}}$为

$$I_{F_{\mathrm{cv}}}(\boldsymbol{x})=I_F(\boldsymbol{x})-\rho\Big(I_{F_{\mathrm{c}}}(\boldsymbol{x})-E\big(I_{F_{\mathrm{c}}}(\boldsymbol{x})\big)\Big) \tag{4.12}$$

式中，ρ为修正系数，可取任意常数。

将式（4.12）代替式（4.7）中的$I_F(\boldsymbol{x})$，则失效概率可以改写为

$$\begin{aligned}P_{\mathrm{f_{cv}}}&=\int_X I_{F_{\mathrm{cv}}}(\boldsymbol{x})f_X(\boldsymbol{x})\mathrm{d}\boldsymbol{x}\\&=\int_X I_F(\boldsymbol{x})f_X(\boldsymbol{x})\mathrm{d}\boldsymbol{x}-\rho\int_X I_{F_{\mathrm{c}}}(\boldsymbol{x})f_X(\boldsymbol{x})\mathrm{d}\boldsymbol{x}+\rho E\big(I_{F_{\mathrm{c}}}(\boldsymbol{x})\big)\\&\approx\rho P_{\mathrm{f_c}}+\frac{1}{N}\sum_{i=1}^{N}\big(I_F(\boldsymbol{x}_i)-\rho I_{F_{\mathrm{c}}}(\boldsymbol{x}_i)\big)\end{aligned} \tag{4.13}$$

式中，$P_{\mathrm{f_c}}$为强相关极限状态函数$g_{\mathrm{c}}(\boldsymbol{x})$的失效概率。

设$\frac{1}{N}\sum_{i=1}^{N}\big(I_F(\boldsymbol{x}_i)-\rho I_{F_{\mathrm{c}}}(\boldsymbol{x}_i)\big)=0$，求得修正系数$\rho$为

$$\rho=\frac{\sum_{i=1}^{N}I_F(\boldsymbol{x}_i)}{\sum_{i=1}^{N}I_{F_{\mathrm{c}}}(\boldsymbol{x}_i)} \tag{4.14}$$

同时，失效概率表示为

$$P_{\mathrm{f_{cv}}}=\rho P_{\mathrm{f_c}} \tag{4.15}$$

4.2 二阶鞍点逼近方法

在现有的可靠性分析方法中，矩方法是应用十分广泛的高效分析方法，一次可靠度方法（FORM）是最主流的矩方法。然而，对于高非线性的复杂问题，利用二次多项式曲面逼近极限状态函数的二次可靠度方法（SORM）可以提供更精确的失效概率。惯用的二次可靠度方法普遍存在极限状态函数二阶导数精确解的计算问题，而鞍点逼近方法可以准确地得到极限状态函数的累积分布函数（cumulative distribution function，CDF）和概率密度函数（probability density function，PDF），进而估计失效概率。由于鞍点逼近方法对二次多项式的计算优势，二阶鞍点逼近（second-order saddlepoint approximation，SOSPA）方法[2]的计算精度比其他常见二次可靠度方法的计算精度更高。因此，本章结合二阶鞍点逼近方法估计强相关的极限状态函数 $g_c(\boldsymbol{x})$ 的失效概率 P_{f_c}。

4.2.1 二次二阶矩方法

二次二阶矩方法[3]通过考虑极限状态曲面在最可能失效点（MPP，也称为设计点）附近的凹向、曲率等非线性性质，将极限状态函数在设计点处进行二阶Taylor级数展开，以二次多项式函数近似原极限状态函数。

采用Nataf转换[4-6]将任意n维随机变量 $\boldsymbol{x}=[x_1,\ x_2,\ \cdots,\ x_n]^{\mathrm{T}}$ 转换为标准正态空间Y中的独立随机变量 $\boldsymbol{y}=[y_1,\ y_2,\ \cdots,\ y_n]^{\mathrm{T}}$，极限状态函数为$g(\boldsymbol{y})$。在设计点$\boldsymbol{y}^*$处的二阶Taylor展开式为

$$G_Y=\tilde{g}(\boldsymbol{y})=g(\boldsymbol{y}^*)+(\boldsymbol{y}-\boldsymbol{y}^*)^{\mathrm{T}}\nabla g(\boldsymbol{y}^*)+\frac{1}{2}(\boldsymbol{y}-\boldsymbol{y}^*)^{\mathrm{T}}\nabla^2 g(\boldsymbol{y}^*)(\boldsymbol{y}-\boldsymbol{y}^*) \tag{4.16}$$

式中，$\nabla g(\boldsymbol{y}^*)$ 为$g(\boldsymbol{y})$在设计点$\boldsymbol{y}^*$处的一阶偏导；$\nabla^2 g(\boldsymbol{y}^*)$ 为$g(\boldsymbol{y})$在设计点 $\boldsymbol{y}^*$ 处的黑塞矩阵。

设计点 $\boldsymbol{y}^*$ 通过迭代优化求解，由随机变量$\boldsymbol{y}$的均值作为初始搜索点，即

$$\begin{aligned}&\min\beta=\|\boldsymbol{y}\|\\&\text{s.t. } g(\boldsymbol{y})=0\end{aligned} \tag{4.17}$$

式中，$\|\boldsymbol{y}\|$ 为标准正态空间坐标原点到极限状态曲面的距离；β为可靠度指标。

设

$$\boldsymbol{\alpha}=-\frac{\nabla g(\boldsymbol{y}^*)}{\|\nabla g(\boldsymbol{y}^*)\|} \tag{4.18}$$

根据一次二阶矩方法中可靠度指标的定义，β可表达为

$$\beta=\frac{\mu_G}{\sigma_G}=\frac{g(\boldsymbol{y}^*)-\boldsymbol{y}^{*\mathrm{T}}\nabla g(\boldsymbol{y}^*)}{\left\|\nabla g(\boldsymbol{y}^*)\right\|} \tag{4.19}$$

则

$$\boldsymbol{y}^*=\boldsymbol{\alpha}\beta \tag{4.20}$$

并且$g(\boldsymbol{y}^*)=0$，则式（4.16）简化为

$$G_Y=\left\|\nabla g(\boldsymbol{y}^*)\right\|\left[\beta-\boldsymbol{\alpha}^{\mathrm{T}}\boldsymbol{y}-\frac{1}{2}(\boldsymbol{y}-\boldsymbol{\alpha}\beta)^{\mathrm{T}}Q(\boldsymbol{y}-\boldsymbol{\alpha}\beta)\right] \tag{4.21}$$

式中，$\boldsymbol{Q}=-\dfrac{\nabla^2 g(\boldsymbol{y}^*)}{\left\|\nabla g(\boldsymbol{y}^*)\right\|}$。

为了从标准正态空间Y变换到一个新的标准正态空间U，设正交矩阵为$\boldsymbol{H}$，使$\boldsymbol{\alpha}$为$\boldsymbol{H}$的某一列，如$\boldsymbol{H}=[\boldsymbol{h}_1,\ \boldsymbol{h}_2,\ \cdots,\ \boldsymbol{h}_{n-1},\ \boldsymbol{\alpha}]$。令$\boldsymbol{H}^{\mathrm{T}}\boldsymbol{H}=\boldsymbol{I}$，$\boldsymbol{I}$为单位矩阵。$Y$空间到$U$空间的变换为

$$\boldsymbol{y}=\boldsymbol{H}\boldsymbol{u} \tag{4.22}$$

将式（4.22）代入式（4.21），由$\boldsymbol{\alpha}^{\mathrm{T}}\boldsymbol{H}\boldsymbol{u}=u_n$，$\boldsymbol{H}^{\mathrm{T}}\boldsymbol{\alpha}=(0,\ 0,\ \cdots,\ 0,\ 1)^{\mathrm{T}}$，得

$$G_Y=\left\|\nabla g(\boldsymbol{y}^*)\right\|\left(\beta-x_n-\frac{1}{2}\tilde{\boldsymbol{u}}^{\mathrm{T}}\boldsymbol{H}^{\mathrm{T}}\boldsymbol{Q}\boldsymbol{H}\tilde{\boldsymbol{u}}\right)\approx\left\|\nabla g(\boldsymbol{y}^*)\right\|\left[\beta-x_n-\frac{1}{2}\boldsymbol{v}^{\mathrm{T}}(\boldsymbol{H}^{\mathrm{T}}\boldsymbol{Q}\boldsymbol{H})_{n-1}\boldsymbol{v}\right] \tag{4.23}$$

式中，$\tilde{\boldsymbol{u}}=(\boldsymbol{v},\ u_n)^{\mathrm{T}}=(u_1,\ u_2,\ \cdots,\ u_{n-1},\ u_n-\beta)^{\mathrm{T}}$；$(\boldsymbol{H}^{\mathrm{T}}\boldsymbol{Q}\boldsymbol{H})_{n-1}$为$\boldsymbol{H}^{\mathrm{T}}\boldsymbol{Q}\boldsymbol{H}$去掉第$n$行和第$n$列后的$n-1$阶方阵。

通过式（4.23）的变换，极限状态函数变换到U空间中，即$G_U=G_Y$，则失效概率表示为

$$P_{\mathrm{f}}=\int_{G_Y\leqslant 0}f_Y(\boldsymbol{y})\,\mathrm{d}\boldsymbol{y}=\int_{G_U\leqslant 0}f_U(\boldsymbol{u})\mathrm{d}\boldsymbol{u} \tag{4.24}$$

将式（4.23）代入式（4.24）中，得二次二阶矩方法的失效概率为

$$\begin{aligned}P_{\mathrm{f}}&=\int_{G_U\leqslant 0}f_{\tilde{U}}(\tilde{\boldsymbol{u}})\mathrm{d}\tilde{\boldsymbol{u}}=\iint_{u_n\geqslant\beta-\frac{1}{2}\boldsymbol{v}^{\mathrm{T}}(\boldsymbol{H}^{\mathrm{T}}\boldsymbol{Q}\boldsymbol{H})_{n-1}\boldsymbol{v}}\varphi_{n-1}(\boldsymbol{v})\varphi_n(u_n)\mathrm{d}\boldsymbol{v}\mathrm{d}u_n\\&=\int\varphi_{n-1}(\boldsymbol{v})\Phi\left[-\beta+\frac{1}{2}\boldsymbol{v}^{\mathrm{T}}(\boldsymbol{H}^{\mathrm{T}}\boldsymbol{Q}\boldsymbol{H})_{n-1}\boldsymbol{v}\right]\mathrm{d}\boldsymbol{v}\end{aligned} \tag{4.25}$$

式中，$\varphi(\cdot)$为标准正态分布概率密度函数；$\Phi(\cdot)$为标准正态分布的累积分布函数。先近似计算式（4.25）中的多重正态积分，再根据均值为0、协方差矩阵为$\left[\boldsymbol{I}_n-(\boldsymbol{H}^{\mathrm{T}}\boldsymbol{Q}\boldsymbol{H})_{n-1}\right]^{-1}$的正态分布的联合概率密度函数，式（4.25）可简化为

$$P_{\mathrm{f}} \approx \int \varphi_{n-1}(\boldsymbol{v})\Phi(-\beta)\exp\left(\frac{1}{2}\beta\boldsymbol{v}^{\mathrm{T}}\left(\boldsymbol{H}^{\mathrm{T}}\boldsymbol{QH}\right)_{n-1}\boldsymbol{v}\right)\mathrm{d}\boldsymbol{v}$$

$$= \Phi(-\beta)\int \frac{1}{(2\pi)^{\frac{n-1}{2}}}\exp\left(-\frac{1}{2}\boldsymbol{v}^{\mathrm{T}}\left[\boldsymbol{I}_{n-1}-\beta\left(\boldsymbol{H}^{\mathrm{T}}\boldsymbol{QH}\right)_{n-1}\right]\boldsymbol{v}\right)\mathrm{d}\boldsymbol{v}$$

$$\approx \frac{\Phi(-\beta)}{\sqrt{\det\left(\boldsymbol{I}_{n-1}-\beta\left(\boldsymbol{H}^{\mathrm{T}}\boldsymbol{QH}\right)_{n-1}\right)}} \tag{4.26}$$

式中，实对称矩阵$\left(\boldsymbol{H}^{\mathrm{T}}\boldsymbol{QH}\right)_{n-1}$为

$$\left(\boldsymbol{H}^{\mathrm{T}}\boldsymbol{QH}\right)_{n-1} = \begin{bmatrix} k_1 & 0 & \cdots & 0 \\ 0 & k_2 & \cdots & 0 \\ 0 & 0 & \cdots & 0 \\ \vdots & \vdots & & \vdots \\ 0 & 0 & \cdots & k_{n-1} \end{bmatrix} \tag{4.27}$$

式中，$k_i(i=1, 2, \cdots, n-1)$为极限状态曲面在设计点处的第i个方向上的主曲率，可以将其看作特征值进行求解，因此失效概率简化为

$$P_{\mathrm{f}} \approx \frac{\Phi(-\beta)}{\sqrt{\prod_{i=1}^{n-1}(1-\beta k_i)}} \tag{4.28}$$

这种方法由Breitung首先提出[7]，称为Breitung方法。在Breitung方法中，当计算极限状态函数的黑塞矩阵$\nabla^2 g_Y\left(\boldsymbol{y}^*\right)$时，需要已知基本变量概率密度函数的导数，因此较难得到精确解。

4.2.2 鞍点逼近方法

鞍点逼近方法[8]通过随机变量的矩生成函数（moment generating function，MGF）和累积生成函数（cumulant generating function，CGF），采用傅里叶逆变换和指数幂级数展开来获得极限状态函数的概率密度函数和累积分布函数，进而计算失效概率。该方法对于基本变量的分布类型没有限制，适用于任意分布变量情况。

设随机变量x的概率密度函数为$f_x(x)$，则随机变量的矩生成函数为

$$M_x(t) = \int_{-\infty}^{+\infty} \mathrm{e}^{tx} f_x(x)\mathrm{d}x \tag{4.29}$$

同时，累积生成函数为

$$K_x(t) = \ln M_x(t) \tag{4.30}$$

累积生成函数具有以下性质[9]。

（1）设n维相互独立的随机变量为$\boldsymbol{x}=[x_1, x_2, \cdots, x_n]$，并且相对应的累积生成函数分别为$K_{x_i}(t)$（$i=1, 2, \cdots, n$），若$y=x_1+x_2+\cdots+x_n$，则$y$的累积生成函数为

$$K_y(t)=\sum_{i=1}^{n}K_{x_i}(t) \tag{4.31}$$

（2）设$y=ax+b$，则其累积生成函数为

$$K_y(t)=K_x(at)+bt \tag{4.32}$$

n维相互独立的随机变量$\boldsymbol{x}=[x_1, x_2, \cdots, x_n]$的极限状态函数$g(\boldsymbol{x})$在设计点$\boldsymbol{x}^*$进行一阶Taylor展开，得

$$Y_L=\tilde{g}(\boldsymbol{x})=g(\boldsymbol{x}^*)+(\boldsymbol{x}-\boldsymbol{x}^*)^{\mathrm{T}}\nabla g(\boldsymbol{x}^*) \tag{4.33}$$

式中，$\nabla g(\boldsymbol{x}^*)$为$g(\boldsymbol{x})$在设计点$\boldsymbol{x}^*$处的一阶偏导。

根据累积生成函数的性质，则Y_L的累积生成函数为

$$K_{Y_L}(t)=g(\boldsymbol{x}^*)t-\sum_{i=1}^{n}\nabla g(x_i^*)x_i^*t+\sum_{i=1}^{n}K_{x_i}\left(\nabla g(x_i^*)t\right) \tag{4.34}$$

利用傅里叶逆变换，可以得到Y_L的概率密度函数$f_{Y_L}(y_L)$：

$$\begin{aligned}f_{Y_L}(y_L)&=\frac{1}{2\pi}\int_{-\infty}^{+\infty}\left(\int_{-\infty}^{+\infty}\mathrm{e}^{\mathrm{i}\omega x}f_x(x)\mathrm{d}x\right)\mathrm{e}^{-\mathrm{i}\omega y}\mathrm{d}\omega\\&=\frac{1}{2\pi}\int_{-\infty}^{+\infty}M(\mathrm{i}\omega)\mathrm{e}^{-\mathrm{i}\omega y}\mathrm{d}\omega=\frac{1}{2\pi}\int_{-\infty}^{+\infty}\exp\left(K_{Y_L}(t)-\omega y\right)\mathrm{d}\omega\end{aligned} \tag{4.35}$$

进而，利用指数幂级数展开来估计式（4.35），得到$f_{Y_L}(y_L)$的鞍点逼近表达式[10]：

$$f_{Y_L}(y_L)\approx\sqrt{\frac{1}{2\pi K_{Y_L}^{(2)}(t_s)}}\mathrm{e}^{K_{Y_L}(t_s)-t_s y_L} \tag{4.36}$$

式中，t_s为鞍点，它是非线性方程$K_{Y_L}^{(1)}(t)=y_{L0}$的解，y_{L0}为给定的门限值；$K_{Y_L}^{(2)}(t_s)$为$K_{Y_L}(t_s)$对t_s的二阶导数。

通过鞍点逼近得到Y_L的累积分布函数$F_{Y_L}(y_L)$为[11]

$$F_{Y_L}(y_{L0})=P(y_L\leqslant y_{L0})\approx\Phi(w)+\varphi(w)\left(\frac{1}{w}-\frac{1}{v}\right) \tag{4.37}$$

式中，$\varphi(\cdot)$和$\Phi(\cdot)$分别为标准正态分布的概率密度函数和累积分布函数；参数w和v的表达式为

$$w=\mathrm{sgn}(t_s)\sqrt{2\left(t_s y_L-K_{Y_L}(t_s)\right)} \tag{4.38}$$

$$v=t_s\sqrt{K_{Y_L}^{(2)}(t_s)} \tag{4.39}$$

式中，符号函数$\mathrm{sgn}(t_s)$可以取1、0和−1三个值，三个取值分别对应$t_s>0$、$t_s=0$和$t_s<0$。

当n维相互独立的随机变量$\boldsymbol{x}\sim N(\boldsymbol{\mu}, \boldsymbol{\sigma})$，极限状态函数$g(\boldsymbol{x})$在设计点$\boldsymbol{x}^*$处进行二阶Taylor展开，即

$$Y_Q=\tilde{g}(\boldsymbol{x})=g(\boldsymbol{x}^*)+(\boldsymbol{x}-\boldsymbol{x}^*)^{\mathrm{T}}\nabla g(\boldsymbol{x}^*)+\frac{1}{2}(\boldsymbol{x}-\boldsymbol{x}^*)^{\mathrm{T}}\nabla^2 g(\boldsymbol{x}^*)(\boldsymbol{x}-\boldsymbol{x}^*) \tag{4.40}$$

式中，$\nabla g(\boldsymbol{x}^*)$为$g(\boldsymbol{x})$在设计点$\boldsymbol{x}^*$处的一阶偏导；$\nabla^2 g(\boldsymbol{x}^*)$为$g(\boldsymbol{x})$在设计点$\boldsymbol{x}^*$处的黑塞矩阵。

设 $a=0.5\boldsymbol{x}^{*\mathrm{T}}\nabla^2 g(\boldsymbol{x}^*)\boldsymbol{x}^*-\nabla g(\boldsymbol{x}^*)^{\mathrm{T}}\boldsymbol{x}^*$，$\boldsymbol{b}=\nabla g(\boldsymbol{x}^*)-\nabla^2 g(\boldsymbol{x}^*)\boldsymbol{x}^*$，$\boldsymbol{c}=0.5\nabla^2 g(\boldsymbol{x}^*)$，则式（4.40）简化为

$$Y_Q=a+\boldsymbol{b}^{\mathrm{T}}\boldsymbol{x}+\boldsymbol{x}^{\mathrm{T}}\boldsymbol{c}\boldsymbol{x} \tag{4.41}$$

Y_Q的矩生成函数为

$$\begin{aligned}M_{Y_Q}(t)&=E\left(\mathrm{e}^{tY_Q}\right)=\int_{-\infty}^{+\infty}\mathrm{e}^{tY_Q}f_X(\boldsymbol{x})\mathrm{d}\boldsymbol{x}\\&=\frac{1}{(2\pi)^{\frac{n}{2}}|\boldsymbol{\sigma}|^{\frac{1}{2}}}\int\exp\left(t(a+\boldsymbol{b}^{\mathrm{T}}\boldsymbol{x}+\boldsymbol{x}^{\mathrm{T}}\boldsymbol{c}\boldsymbol{x})-0.5(\boldsymbol{x}-\boldsymbol{\mu})^{\mathrm{T}}\boldsymbol{\sigma}^{-1}(\boldsymbol{x}-\boldsymbol{\mu})\right)\mathrm{d}\boldsymbol{x}\end{aligned} \tag{4.42}$$

式中，被积项可转换为

$$\begin{aligned}&t(a+\boldsymbol{b}^{\mathrm{T}}\boldsymbol{x}+\boldsymbol{x}^{\mathrm{T}}\boldsymbol{c}\boldsymbol{x})-0.5(\boldsymbol{x}-\boldsymbol{\mu})^{\mathrm{T}}\boldsymbol{\sigma}^{-1}(\boldsymbol{x}-\boldsymbol{\mu})\\&=-0.5\left(\boldsymbol{\mu}^{\mathrm{T}}\boldsymbol{\sigma}^{-1}\boldsymbol{\mu}-2ta\right)+0.5\left(\boldsymbol{\mu}+t\boldsymbol{\sigma}\boldsymbol{b}\right)^{\mathrm{T}}(\boldsymbol{I}-2t\boldsymbol{c}\boldsymbol{\sigma})^{-1}\boldsymbol{\sigma}^{-1}\left(\boldsymbol{\mu}+t\boldsymbol{\sigma}\boldsymbol{b}\right)-0.5(\boldsymbol{x}-\boldsymbol{m})^{\mathrm{T}}(\boldsymbol{\sigma}^{-1}-2t\boldsymbol{c})(\boldsymbol{x}-\boldsymbol{m})\end{aligned} \tag{4.43}$$

式中，$\boldsymbol{m}=(\boldsymbol{\sigma}^{-1}-2t\boldsymbol{c})^{-1}\boldsymbol{\sigma}^{-1}(\boldsymbol{\mu}+t\boldsymbol{\sigma}\boldsymbol{b})$。

由多元正态分布的核函数得

$$\int\exp\left(-0.5(\boldsymbol{x}-\boldsymbol{m})^{\mathrm{T}}(\boldsymbol{\sigma}^{-1}-2t\boldsymbol{c})(\boldsymbol{x}-\boldsymbol{m})\right)\mathrm{d}\boldsymbol{x}=(2\pi)^{0.5n}|\boldsymbol{\sigma}^{-1}-2t\boldsymbol{c}|^{-0.5} \tag{4.44}$$

因此，式（4.42）可以表示为

$$\begin{aligned}M_{Y_Q}(t)&=|\boldsymbol{I}-2t\boldsymbol{c}\boldsymbol{\sigma}|^{-0.5}\exp\left(-0.5\left(\boldsymbol{\mu}^{\mathrm{T}}\boldsymbol{\sigma}^{-1}\boldsymbol{\mu}-2ta\right)+0.5\left(\boldsymbol{\mu}+t\boldsymbol{\sigma}\boldsymbol{b}\right)^{\mathrm{T}}(\boldsymbol{I}-2t\boldsymbol{c}\boldsymbol{\sigma})^{-1}\boldsymbol{\sigma}^{-1}\left(\boldsymbol{\mu}+t\boldsymbol{\sigma}\boldsymbol{b}\right)\right)\\&=|\boldsymbol{I}-2t\boldsymbol{c}\boldsymbol{\sigma}|^{-0.5}\exp\left(t\left(a+\boldsymbol{b}^{\mathrm{T}}\boldsymbol{\mu}+\boldsymbol{\mu}^{\mathrm{T}}\boldsymbol{c}\boldsymbol{\mu}\right)+\right.\\&\quad\left.0.5t^2\left(\boldsymbol{\sigma}^{0.5}\boldsymbol{b}+2\boldsymbol{\sigma}^{0.5}\boldsymbol{c}\boldsymbol{\mu}\right)^{\mathrm{T}}\left(\boldsymbol{I}-2t\boldsymbol{\sigma}^{0.5}\boldsymbol{c}\boldsymbol{\sigma}^{0.5}\right)^{-1}\left(\boldsymbol{\sigma}^{0.5}\boldsymbol{b}+2\boldsymbol{\sigma}^{0.5}\boldsymbol{c}\boldsymbol{\mu}\right)\right)\end{aligned} \tag{4.45}$$

式中，

$$|\boldsymbol{I}-2t\boldsymbol{c}\boldsymbol{\sigma}|^{-0.5}=|\boldsymbol{I}-2t\boldsymbol{\sigma}^{0.5}\boldsymbol{c}\boldsymbol{\sigma}^{0.5}|^{-0.5}=\prod_{i=1}^{n}\sqrt{1-2t\lambda_i} \tag{4.46}$$

式中，$\boldsymbol{\sigma}^{0.5}$为$\boldsymbol{\sigma}$的对称平方根；$\lambda_1$，…，$\lambda_n$为$\boldsymbol{\sigma}^{0.5}\boldsymbol{c}\boldsymbol{\sigma}^{0.5}=\boldsymbol{P}\boldsymbol{\Lambda}\boldsymbol{P}^{\mathrm{T}}$的特征值，其中$\boldsymbol{P}^{\mathrm{T}}\boldsymbol{P}=\boldsymbol{I}$，$\boldsymbol{\Lambda}=\mathrm{diag}(\lambda_1，\cdots，\lambda_n)$。

设$\boldsymbol{d}=[d_1，d_2，\cdots，d_n]^{\mathrm{T}}=\boldsymbol{P}^{\mathrm{T}}\left(\boldsymbol{\sigma}^{0.5}\boldsymbol{b}+2\boldsymbol{\sigma}^{0.5}\boldsymbol{c}\boldsymbol{\mu}\right)$，则式（4.45）可以简化为

$$\begin{aligned}M_{Y_Q}(t)&=E\left(\mathrm{e}^{tY_Q}\right)=\int_{-\infty}^{+\infty}\mathrm{e}^{tY_Q}f_X(\boldsymbol{x})\mathrm{d}\boldsymbol{x}\\&=\exp\left(t\left(a+\boldsymbol{b}^{\mathrm{T}}\boldsymbol{\mu}+\boldsymbol{\mu}^{T}\boldsymbol{c}\boldsymbol{\mu}\right)+\frac{t^2}{2}\sum_{i=1}^{n}\frac{d_i^2}{1-2t\lambda_i}\right)\prod_{i=1}^{n}\sqrt{1-2t\lambda_i}\end{aligned} \tag{4.47}$$

同时，Y_Q的累积生成函数为

$$K_{Y_Q}(t)=\ln M_Q(t)=t\left(a+\boldsymbol{b}^{\mathrm{T}}\boldsymbol{\mu}+\boldsymbol{\mu}^{\mathrm{T}}\boldsymbol{c}\boldsymbol{\mu}\right)+\frac{t^2}{2}\sum_{i=1}^{n}d_i^2\vartheta_i+\frac{1}{2}\sum_{i=1}^{n}\ln\vartheta_i \tag{4.48}$$

式中，$\vartheta_i=\left(1-2t\lambda_i\right)^{-1}$。

$K_{Y_Q}(t)$ 的前四阶偏导表示如下：

$$K_{Y_Q}^{(1)}(t)=a+\boldsymbol{b}^{\mathrm{T}}\boldsymbol{\mu}+\boldsymbol{\mu}^{\mathrm{T}}\boldsymbol{c}\boldsymbol{\mu}+\sum_{i=1}^{n}\left(td_i^2\vartheta_i+t^2d_i^2\vartheta_i^2\lambda_i+\vartheta_i\lambda_i\right) \tag{4.49}$$

$$K_{Y_Q}^{(2)}(t)=\sum_{i=1}^{n}\left(d_i^2\vartheta_i+4td_i^2\vartheta_i^2\lambda_i+4t^2d_i^2\vartheta_i^3\lambda_i^2+2\vartheta_i^2\lambda_i^2\right) \tag{4.50}$$

$$K_{Y_Q}^{(3)}(t)=\sum_{i=1}^{n}\left(6d_i^2\vartheta_i^2\lambda_i+24td_i^2\vartheta_i^3\lambda_i^2+24t^2d_i^2\vartheta_i^4\lambda_i^3+8\vartheta_i^3\lambda_i^3\right) \tag{4.51}$$

$$K_{Y_Q}^{(4)}(t)=\sum_{i=1}^{n}\left(48d_i^2\vartheta_i^3\lambda_i^2+192td_i^2\vartheta_i^4\lambda_i^3+192t^2d_i^2\vartheta_i^5\lambda_i^4+48\vartheta_i^4\lambda_i^4\right) \tag{4.52}$$

根据式（4.36），Y_Q的概率密度函数为

$$f_{Y_Q}\left(y_Q\right)\approx\sqrt{\frac{1}{2\pi K_{Y_Q}^{(2)}\left(t_s\right)}}\mathrm{e}^{K_{Y_Q}\left(t_s\right)-t_sy_Q} \tag{4.53}$$

由式（4.37）得到的Y_Q的累积分布函数为

$$F_{Y_Q}\left(y_{Q0}\right)=P\left(y_Q\leqslant y_{Q0}\right)\approx\Phi(w)+\varphi(w)\left(\frac{1}{w}-\frac{1}{v}\right) \tag{4.54}$$

进而，Y_Q的二阶概率密度函数 $\tilde{f}_{Y_Q}\left(y_Q\right)$ 和二阶累积分布函数 $\tilde{F}_{Y_Q}\left(y_{Q0}\right)$ 分别为

$$\tilde{f}_{Y_Q}\left(y_Q\right)=f_{Y_Q}\left(y_Q\right)\left(1+\frac{\kappa_4}{8}-\frac{5}{24}\kappa_3^2\right) \tag{4.55}$$

$$\tilde{F}_{Y_Q}\left(y_{Q0}\right)=P\left(y_Q\leqslant y_{Q0}\right)\approx F_{Y_Q}\left(y_{Q0}\right)-\varphi(w)\left[v^{-1}\left(\frac{\kappa_4}{8}-\frac{5}{24}\kappa_3^2\right)-v^{-3}-\frac{\kappa_3}{2v^2}+w^{-3}\right] \tag{4.56}$$

式中，$\kappa_i=\dfrac{K_{Y_Q}^{(i)}\left(t_s\right)}{\left(K_{Y_Q}^{(2)}\left(t_s\right)\right)^{0.5i}}$。

在可靠性分析中，根据式（4.37）中的累积分布函数 $F_{Y_L}\left(y_L\right)$ 及式（4.56）中的二阶累积分布函数 $\tilde{F}_{Y_Q}\left(y_Q\right)$，可由 $F_{Y_L}(0)$ 或 $\tilde{F}_{Y_Q}(0)$ 求得极限状态函数的失效概率。

4.2.3　二阶鞍点逼近方法求解过程

本节介绍的二阶鞍点逼近（SOSPA）方法，原理是先通过在设计点处的二阶Taylor展开近似极限状态函数，再利用鞍点逼近推导二阶Taylor展开式的累积生成函数，进而估计其概率密度函数、累积分布函数及失效概率。图4.1为二阶鞍点逼近方法的计算流程图，具体求解过程如下：

① 假定初始设计点为 $\boldsymbol{x}_0^*=\left[x_1,\ x_2,\ \cdots,\ x_n\right]^{\mathrm{T}}$，一般取变量的均值；

② 通过Nataf转换为相互独立的标准正态空间中的设计点 $y_0^* = [y_1, y_2, \cdots, y_n]^{\mathrm{T}}$；

③ 计算可靠度指标 β；

④ 优化更新 $\boldsymbol{y}^*$ 及 β；

⑤ 通过Nataf逆转换将 $\boldsymbol{y}^*$ 转换为 $\boldsymbol{x}^*$；

⑥ 根据式（4.40），计算在 $\boldsymbol{x}^*$ 处的二阶Taylor级数展开式 Y_Q；

⑦ 根据式（4.47），计算 Y_Q 的矩生成函数 $M_{Y_Q}(t)$；

⑧ 根据式（4.48），计算 Y_Q 的累积生成函数 $K_{Y_Q}(t)$ 及其前四阶偏导 $K_{Y_Q}^{(i)}(t)$；

⑨ 根据式（4.56），计算 Y_Q 的二阶累积分布函数 $\tilde{F}_{Y_Q}(y_Q)$ 及失效概率 $P_{\mathrm{f}} = \tilde{F}_{Y_Q}(0)$。

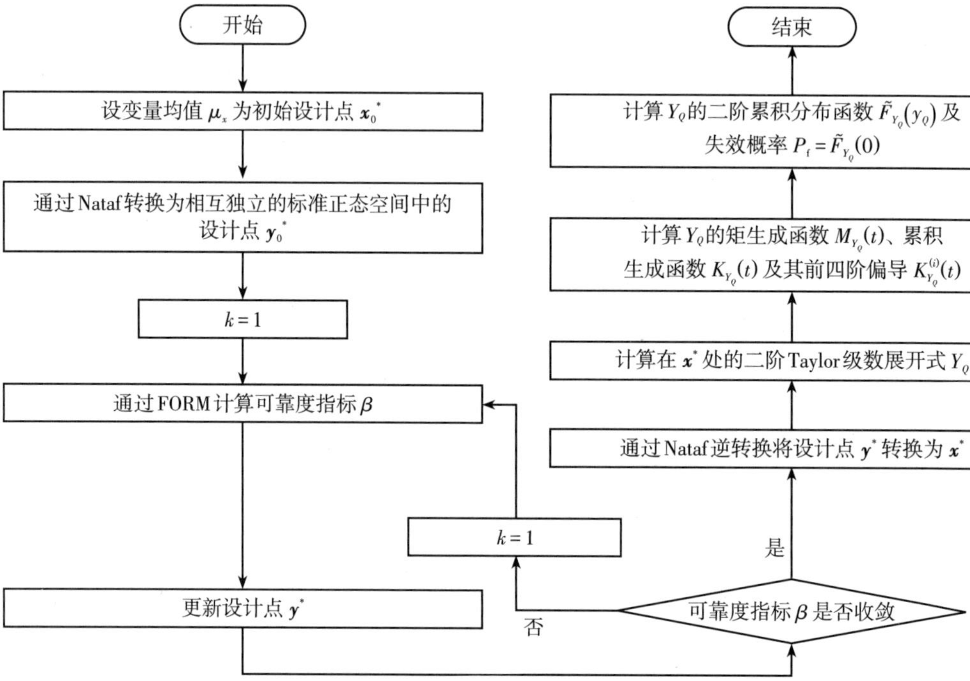

图4.1　二阶鞍点逼近方法流程图

4.3　拉丁超立方采样

Monte Carlo模拟中的采样是按照概率分布完全随机的生成样本，当采样数较少时，样本会集中在高概率区域，导致采样范围不完整，不能十分有效地估计失效概率，若要精确估计失效概率，则需增大采样数量。因此，对于复杂的高维小失效概率问题，采用基于Monte Carlo模拟估计式（4.15）中的修正系数 ρ，仍需要较多的样本才能达到所需精度。

拉丁超立方采样（LHS）是一种多维分层采样方法[12]，其具有收敛速度快、样本分布均匀的特点。因此，为了进一步降低计算成本，在控制变量方法中采用拉丁超立方采样生成少量样本进行模拟计算，可以在很大程度上提高计算效率。

采用拉丁超立方采样对n维随机变量$\boldsymbol{x}=[x_1, x_2, \cdots, x_n]$按照概率密度函数$f_X(\boldsymbol{x})$抽取$N$个变量的随机样本$\boldsymbol{x}_i(i=1, 2, \cdots, N)$，对每个随机变量$x_j(j=1, 2, \cdots, n)$的概率分布按照等概率分层，分为$N$个互不重叠的区间，进而根据相应的概率密度函数$f_X(x_j)$从每个区间中采样，并将每个随机变量$x_j$的$N$个样本重新进行随机组合。

设相互独立的随机变量$u_{i,j}(i=1, 2, \cdots, N; j=1, 2, \cdots, n)$均服从[0, 1]的均匀分布，则第$i$个随机变量$\boldsymbol{x}_i$的第$j$个样本$x_{i,j}$的累积概率为

$$P_{i,j}=\frac{u_{i,j}+j-1}{N} \quad (i=1, 2, \cdots, N; j=1, 2, \cdots, n) \tag{4.57}$$

进而根据逆分布函数生成相应的样本，若$x_i \sim N(\mu_i, \sigma_i)$，则样本$x_{i,j}$为

$$x_{i,j}=\mu_i+\sigma_i \Phi^{-1}(P_{i,j}) \quad (i=1, 2, \cdots, N; j=1, 2, \cdots, n) \tag{4.58}$$

式中，$\Phi^{-1}(\cdot)$为标准正态分布的逆累积分布函数。

拉丁超立方采样方法采用较少的样本，确保了每个随机变量的采样范围覆盖整个概率分布区间，提高了采样效率。在控制变量方法中，采用拉丁超立方采样生成N个初始样本$\boldsymbol{x}_0$，得到初始修正系数ρ_0，为避免因失效域内的样本点过少而引起的误差，逐渐添加样本点并优化修正系数ρ，直到达到终止条件，即失效域内的样本数不少于20，具体迭代求解过程如图4.2所示。

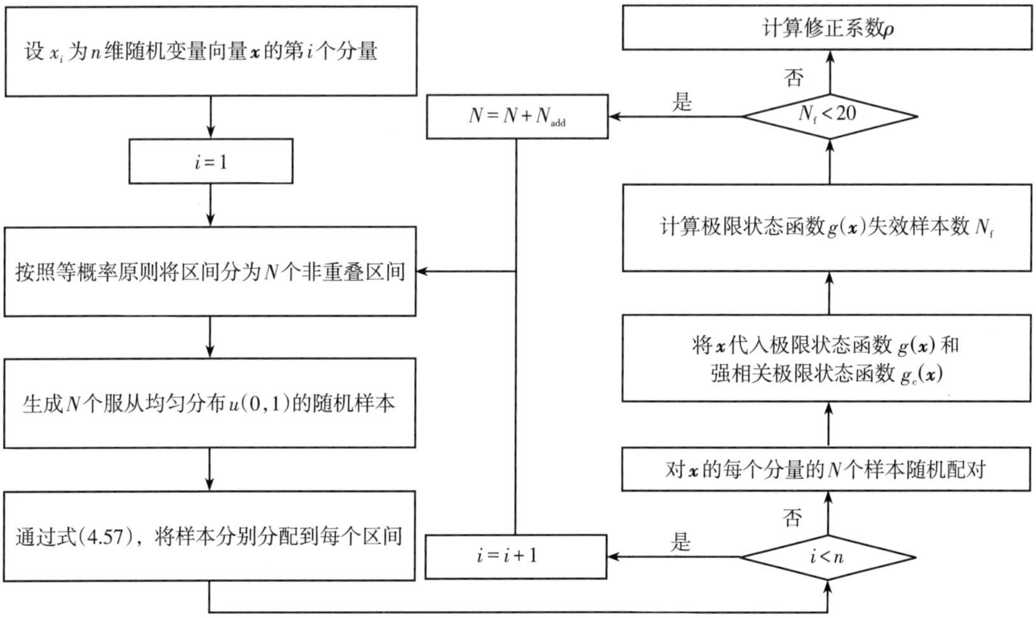

图4.2 拉丁超立方采样生成样本及优化修正系数流程图

4.4 基于二阶鞍点逼近的改进控制变量方法

针对高非线性高维小失效概率可靠性问题，在控制变量方法的基础上，结合二阶鞍点逼近方法和拉丁超立方采样方法，提出了基于二阶鞍点逼近的改进控制变量方法，在不进行简化和假设的情况下，实现对失效概率高效准确的估计。

4.4.1 计算流程

根据控制变量方法的基本理论，利用强相关极限状态函数 $g_c(\boldsymbol{x})$ 的指标函数作为控制变量来替代失效概率多维积分中的原指标函数 $I_F(\boldsymbol{x})$。结合二阶鞍点逼近方法来估算控制变量 I_{F_c} 的期望值，即 $g_c(\boldsymbol{x})$ 的失效概率 P_{f_c}。同时，通过拉丁超立方采样方法生成样本估计修正系数 ρ 来消除由于强相关控制变量的替换所产生的误差。图4.3为基于二阶鞍点逼近的改进控制变量方法的流程图，该方法的具体计算流程如下。

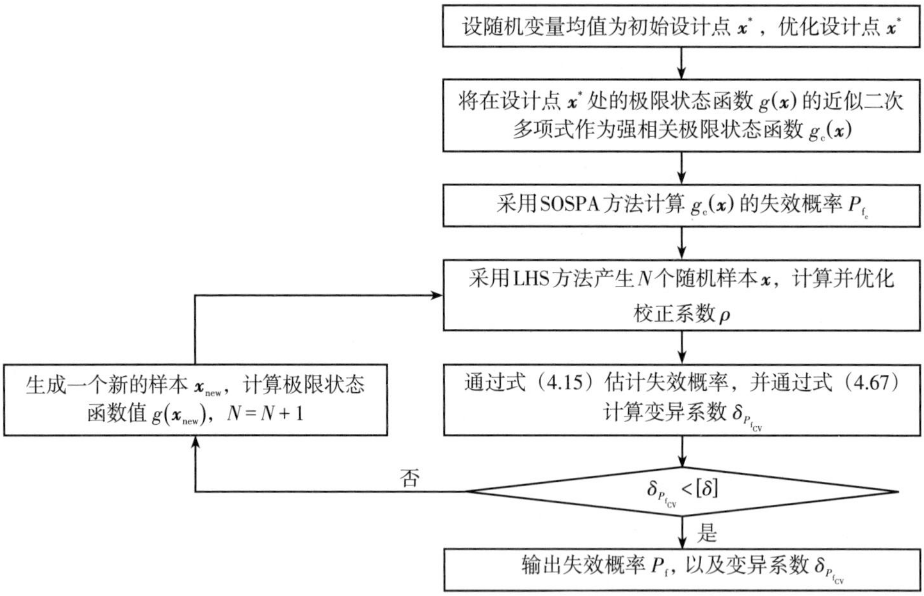

图4.3 基于二阶鞍点逼近的改进控制变量方法流程图

① 设随机变量的均值为初始设计点 $\boldsymbol{x}_0^*=[x_1, x_2, \cdots, x_n]^{\mathrm{T}}$，先通过Nataf转换为相互独立的标准正态随机变量 $\boldsymbol{y}_0^*=[y_1, y_2, \cdots, y_n]^{\mathrm{T}}$，并优化更新$\boldsymbol{y}^*$及$\beta$，再通过Nataf逆转换将$\boldsymbol{y}^*$转换为$\boldsymbol{x}^*$。

② 采用二阶鞍点逼近方法得到$\boldsymbol{x}^*$处的二阶Taylor级数展开式作为强相关极限状态函数$g_c(\boldsymbol{x})$，并根据$g_c(\boldsymbol{x})$的二阶累积分布函数得到失效概率 P_{f_c}。

③ 采用拉丁超立方采样方法生成样本$\boldsymbol{x}$，计算极限状态函数值$g(\boldsymbol{x})$及强相关极限状

态函数值$g_c(\boldsymbol{x})$，同时计算并优化修正系数ρ。

④ 根据式（4.15），估计基于控制变量（CV）方法的失效概率$P_{f_{CV}}$。

⑤ 为了保证失效概率的准确性，分析失效概率估计值统计特性，以失效概率的变异系数作为迭代的终止条件。将新的样本点$\boldsymbol{x}_{new}$依次加入到样本集$\boldsymbol{x}$中，直到失效概率的变异系数收敛于特定值$[\delta]$，一般取0.15～0.25，终止迭代。

4.4.2 失效概率估计值统计特性分析

基于二阶鞍点逼近的改进控制变量方法的失效概率估计值的数学期望为

$$E\left(P_{f_{CV}}\right)=E\left(\rho P_{f_c}\right)=\rho E\left(\tilde{F}_{g_c}(0)\right) \tag{4.59}$$

由于采用拉丁超立方采样方法求得的失效概率估计值为失效概率的无偏估计[12]，原极限状态函数$g(\boldsymbol{x})$与强相关极限状态函数$g_c(\boldsymbol{x})$的失效概率的数学期望分别为

$$E\left(P_{f_{LHS}}\right)=E\left(I_F(\boldsymbol{x})\right)\approx\frac{1}{N}\sum_{i=1}^{N}I_F(\boldsymbol{x}_i)=P_{f_{LHS}} \tag{4.60}$$

$$E\left(P_{f_{c_{LHS}}}\right)=E\left(I_{F_c}(\boldsymbol{x})\right)\approx\frac{1}{N}\sum_{i=1}^{N}I_{F_c}(\boldsymbol{x}_i)=P_{f_{c_{LHS}}} \tag{4.61}$$

因此，采用基于二阶鞍点逼近的改进控制变量方法求得的失效概率估计值也为无偏估计，即

$$E\left(P_{f_{CV}}\right)=\frac{E\left(P_{f_{LHS}}\right)}{E\left(P_{f_{c_{LHS}}}\right)}E\left(\tilde{F}_{g_c}(0)\right)=\frac{P_{f_{LHS}}}{P_{f_{c_{LHS}}}}\tilde{F}_{g_c}(0) \tag{4.62}$$

根据控制变量方法的统计特征，由式（4.2）和式（4.3），采用本章所提方法求得的失效概率的期望和方差可表示为

$$E\left(P_{f_{CV}}\right)=E\left(P_{f_{LHS}}\right) \tag{4.63}$$

$$\begin{aligned}\operatorname{Var}\left(P_{f_{CV}}\right)&=\operatorname{Var}\left(P_{f_{LHS}}\right)+\rho^2\operatorname{Var}\left(P_{f_{c_{LHS}}}\right)-2\rho\operatorname{Cov}\left(P_{f_{LHS}},\ P_{f_{c_{LHS}}}\right)\\&=\operatorname{Var}\left(P_{f_{LHS}}\right)+\frac{E^2\left(P_{f_{LHS}}\right)}{E^2\left(P_{f_{c_{LHS}}}\right)}\operatorname{Var}\left(P_{f_{c_{LHS}}}\right)-2\frac{E\left(P_{f_{LHS}}\right)}{E\left(P_{f_{c_{LHS}}}\right)}\operatorname{Cov}\left(P_{f_{LHS}},\ P_{f_{c_{LHS}}}\right)\end{aligned} \tag{4.64}$$

根据失效概率估计值的数学期望和方差，其变异系数$\delta_{P_{f_{CV}}}$可估计为

$$\delta_{P_{f_{CV}}}=\frac{\sqrt{\operatorname{Var}\left(P_{f_{CV}}\right)}}{E\left(P_{f_{CV}}\right)}$$

$$=\frac{\sqrt{\mathrm{Var}\left(P_{\mathrm{f_{LHS}}}\right)+\frac{E^2\left(P_{\mathrm{f_{LHS}}}\right)}{E^2\left(P_{\mathrm{f_{c_{LHS}}}}\right)}\mathrm{Var}\left(P_{\mathrm{f_{c_{LHS}}}}\right)-2\frac{E\left(P_{\mathrm{f_{LHS}}}\right)}{E\left(P_{\mathrm{f_{c_{LHS}}}}\right)}\mathrm{Cov}\left(P_{\mathrm{f_{LHS}}},\ P_{\mathrm{f_{c_{LHS}}}}\right)}}{\frac{E\left(P_{\mathrm{f_{LHS}}}\right)}{E\left(P_{\mathrm{f_{c_{LHS}}}}\right)}E\left(\tilde{F}_{g_c}(0)\right)}$$

$$=\sqrt{\frac{E^2\left(P_{\mathrm{f_{c_{LHS}}}}\right)\mathrm{Var}\left(P_{\mathrm{f_{LHS}}}\right)}{E^2\left(P_{\mathrm{f_{LHS}}}\right)\tilde{F}_{g_c}^2(0)}+\frac{\mathrm{Var}\left(P_{\mathrm{f_{c_{LHS}}}}\right)}{\tilde{F}_{g_c}^2(0)}-\frac{2E\left(P_{\mathrm{f_{c_{LHS}}}}\right)\mathrm{Cov}\left(P_{f_{\mathrm{LHS}}},\ P_{\mathrm{f_{c_{LHS}}}}\right)}{E\left(P_{f_{\mathrm{LHS}}}\right)\tilde{F}_{g_c}^2(0)}}$$

$$=\left[\frac{E^2\left(P_{\mathrm{f_{c_{LHS}}}}\right)\mathrm{Var}\left(P_{\mathrm{f_{LHS}}}\right)}{E^2\left(P_{\mathrm{f_{LHS}}}\right)\tilde{F}_{g_c}^2(0)}+\frac{E^2\left(P_{\mathrm{f_{LHS}}}\right)\mathrm{Var}\left(P_{\mathrm{f_{c_{LHS}}}}\right)}{E^2\left(P_{\mathrm{f_{LHS}}}\right)\tilde{F}_{g_c}^2(0)}-\right.$$

$$\left.\frac{2E\left(P_{\mathrm{f_{LHS}}}\right)E\left(P_{\mathrm{f_{c_{LHS}}}}\right)\mathrm{Corr}\left(P_{\mathrm{f_{LHS}}},\ P_{\mathrm{f_{c_{LHS}}}}\right)\sqrt{\mathrm{Var}\left(P_{\mathrm{f_{LHS}}}\right)\mathrm{Var}\left(P_{\mathrm{f_{c_{LHS}}}}\right)}}{E^2\left(P_{\mathrm{f_{LHS}}}\right)\tilde{F}_{g_c}^2(0)}\right]^{0.5} \tag{4.65}$$

式中，$\mathrm{Corr}\left(P_{\mathrm{f_{LHS}}},\ P_{\mathrm{f_{c_{LHS}}}}\right)$为$P_{\mathrm{f_{LHS}}}$与$P_{\mathrm{f_{c_{LHS}}}}$的相关系数，由于$P_{\mathrm{f_{LHS}}}$与$P_{\mathrm{f_{c_{LHS}}}}$强相关，则$\mathrm{Corr}\left(P_{\mathrm{f_{LHS}}},\ P_{\mathrm{f_{c_{LHS}}}}\right)$的值接近1，式（4.65）可近似于

$$\delta_{P_{\mathrm{f_{cv}}}}\approx\left[\frac{\left(E\left(P_{\mathrm{f_{c_{LHS}}}}\right)\sqrt{\mathrm{Var}\left(P_{\mathrm{f_{LHS}}}\right)}-E\left(P_{\mathrm{f_{LHS}}}\right)\sqrt{\mathrm{Var}\left(P_{\mathrm{f_{c_{LHS}}}}\right)}\right)^2}{E^2\left(P_{\mathrm{f_{LHS}}}\right)\tilde{F}_{g_c}^2(0)}\right]^{0.5} \tag{4.66}$$

又由式（4.63），式（4.66）可以转化为

$$\delta_{P_{\mathrm{f_{cv}}}}\approx\left[\frac{\left(E\left(P_{\mathrm{f_{c_{LHS}}}}\right)\sqrt{\mathrm{Var}\left(P_{\mathrm{f_{LHS}}}\right)}-E\left(P_{\mathrm{f_{LHS}}}\right)\sqrt{\mathrm{Var}\left(P_{\mathrm{f_{c_{LHS}}}}\right)}\right)^2}{E^2\left(P_{\mathrm{f_{LHS}}}\right)\tilde{F}_{g_c}^2(0)}\right]^{0.5}=\left(\frac{\mathrm{Var}\left(P_{\mathrm{f_{LHS}}}\right)}{E^2\left(P_{\mathrm{f_{LHS}}}\right)}-\frac{\mathrm{Var}\left(P_{\mathrm{f_{c_{LHS}}}}\right)}{\tilde{F}_{g_c}^2(0)}\right)^{0.5} \tag{4.67}$$

由此可见，采用本章方法求得的失效概率的变异系数$\delta_{P_{\mathrm{f_{CV}}}}$小于采用拉丁超立方采样方法求得的失效概率的变异系数$\delta_{P_{\mathrm{f_{LHS}}}}$。

同时，采用拉丁超立方采样方法求得的失效概率的方差$\mathrm{Var}\left(P_{\mathrm{f_{LHS}}}\right)$和$\mathrm{Var}\left(P_{\mathrm{f_{c_{LHS}}}}\right)$分别表示为

$$\begin{aligned}\mathrm{Var}\left(P_{\mathrm{f_{LHS}}}\right)&=\mathrm{Var}\left(\frac{1}{N}\sum_{i=1}^{N}I_F\left(\boldsymbol{x}_i\right)\right)\\&=\frac{1}{N}\mathrm{Var}\left(I_F(\boldsymbol{x})\right)+\frac{1}{N}(N-1)\mathrm{Cov}\left(I_F\left(\boldsymbol{x}_{1,j}\right),\ I_F\left(\boldsymbol{x}_{2,j}\right)\right)\quad(j=1,\ 2,\ \cdots,\ n)\end{aligned} \tag{4.68}$$

$$\begin{aligned}\mathrm{Var}\left(P_{\mathrm{f_{c_{LHS}}}}\right)&=\mathrm{Var}\left(\frac{1}{N}\sum_{i=1}^{N}I_{F_c}\left(\boldsymbol{x}_i\right)\right)\\&=\frac{1}{N}\mathrm{Var}\left(I_{F_c}(\boldsymbol{x})\right)+\frac{1}{N}(N-1)\mathrm{Cov}\left(I_{F_c}\left(\boldsymbol{x}_{1,j}\right),\ I_{F_c}\left(\boldsymbol{x}_{2,j}\right)\right)\quad(j=1,\ 2,\ \cdots,\ n)\end{aligned} \tag{4.69}$$

Mckay[12] 证明了 $\frac{1}{N}(N-1)\mathrm{Cov}\left(I_{F_e}(\boldsymbol{x}_{1,j}),\ I_{F_c}(\boldsymbol{x}_{2,j})\right)$ 是一个负值，采用拉丁超立方采样方法求得的失效概率的方差要小于采用Monte Carlo方法求得的失效概率的方差。因此，本章所提出的基于二阶鞍点逼近的改进控制变量方法求得的失效概率的方差和变异系数要远小于Monte Carlo方法的，且更易收敛。

4.5 数值算例

本节选取了三个涉及数学函数和机械问题的算例，验证了本章所提方法在工程复杂可靠性分析中的适用性。分别采用二次二阶矩方法（SORM）、基于二阶鞍点逼近的控制变量方法（CV-MCS-SOSPA）和基于二阶鞍点逼近的改进控制变量方法（CV-LHS-SOSPA）对各个算例进行可靠度评估，并将这些方法的结果与Monte Carlo模拟方法进行比较。在算例中，基于二阶鞍点逼近的控制变量方法和基于二阶鞍点逼近的改进控制变量方法的初始样本数均为10^2，Monte Carlo模拟方法的初始样本数为10^6，所有计算均在Intel Core i5处理器上进行，并且为消除计算误差取5次计算的平均值。

4.5.1 高非线性数值问题

本算例采用一个高非线性的函数模型，即

$$G(\boldsymbol{x})=\sum_{i=1}^{10}x_i-10^8 \tag{4.70}$$

式中，n为随机变量数，n=10；$x_i(i=1,\ 2,\ \cdots,\ 10)$为具有相同均值和标准差的相互独立的正态随机变量，$x_i\sim N(10,\ 5)$。高非线性数值问题可靠性分析对比结果如表4.1所列。图4.4显示了失效概率随样本数量的变化曲线。图4.5比较了CV-MCS-SOSPA和CV-LHS-SOSPA的收敛过程。图4.6为本章所提出的CV-LHS-SOSPA和MCS的极限状态累积分布函数曲线对比。

表4.1 高非线性数值问题可靠性分析对比结果

方法	可靠度	相对误差
Monte Carlo	0.996427	—
SORM	0.969426	2.710%
IS	0.979474	1.701%
CV-MCS-SOSPA	0.994815	0.16181%
CV-LHS-SOSPA	0.996543	0.01165%

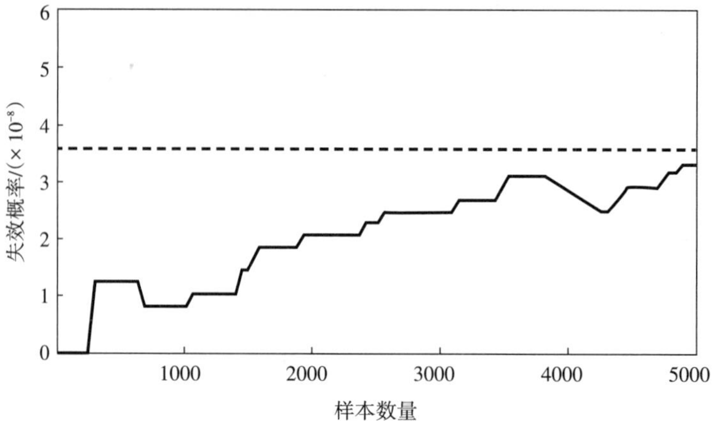

图4.4　高非线性数值问题基于二阶鞍点逼近的改进控制变量方法的失效概率曲线

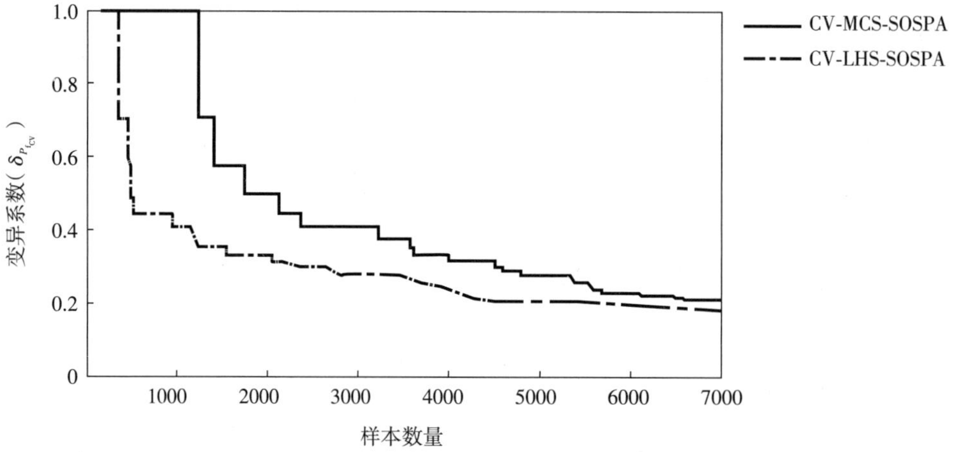

图4.5　高非线性数值问题的变异系数变化曲线

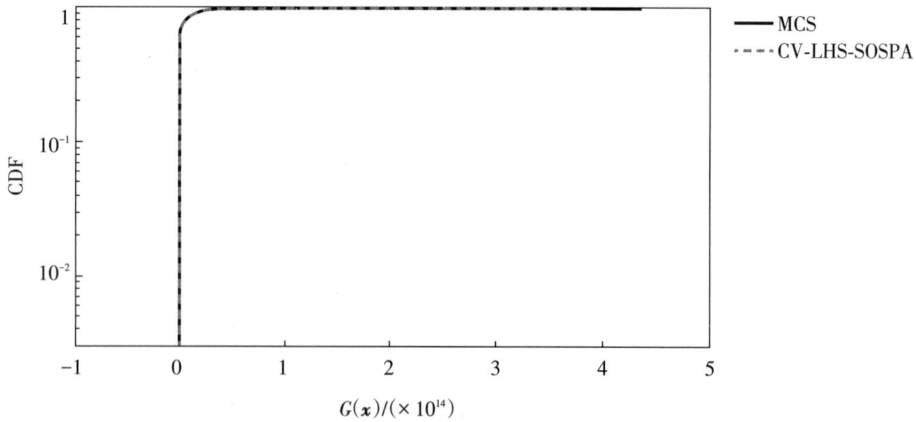

图4.6　高非线性数值问题的极限状态累积分布函数曲线

在这些方法中，SORM调用极限状态函数次数为482次，次数最少，但是从表4.1中可以看出，其与MCS之间可靠度结果的相对误差较大，精确度较低。相较之下，采用

CV-MCS-SOSPA和CV-LHS-SOSPA的可靠度结果更准确，而CV-MCS-SOSPA和CV-LHS-SOSPA分别调用极限状态函数8529次和5649次，CV-LHS-SOSPA调用极限状态函数的次数较少。

从图4.4和图4.5中可以看出，采用CV-MCS-SOSPA和CV-LHS-SOSPA在样本数量较少的条件下都具有收敛性，且CV-LHS-SOSPA的收敛速度更快，效率更高。同时，如图4.6所示，CV-LHS-SOSPA的结果与MCS的结果具有极高的一致性。因此，本章所提出的CV-LHS-SOSPA在保证准确度的前提下，极大地缩减了极限状态函数的调用次数，可以高效地估计高非线性可靠性问题。

4.5.2 高维小失效概率数值问题

本算例中，由40个相互独立的正态随机变量$x_i \sim N(1.5,\ 1)$（$i=1,\ 2,\ \cdots,\ 40$）组成的一个高非线性的极限状态函数[13]，定义为

$$G(\boldsymbol{x}) = \frac{\left(x_1^2+4\right)\left(x_2-1\right)}{20} - \cos\frac{5x_1}{2} + \sum_{i=1}^{40} x_i^2 - 71.5 \tag{4.71}$$

高维小失效概率数值问题的分析对比结果见表4.2、图4.7至图4.9。

表4.2 高维小失效概率数值问题可靠性分析对比结果

方法	可靠度	相对误差
Monte Carlo	0.999354	—
SORM	0.984627	1.474%
IS	0.999179	0.01751%
CV-MCS-SOSPA	0.999301	0.005291%
CV-LHS-SOSPA	0.999324	0.003036%

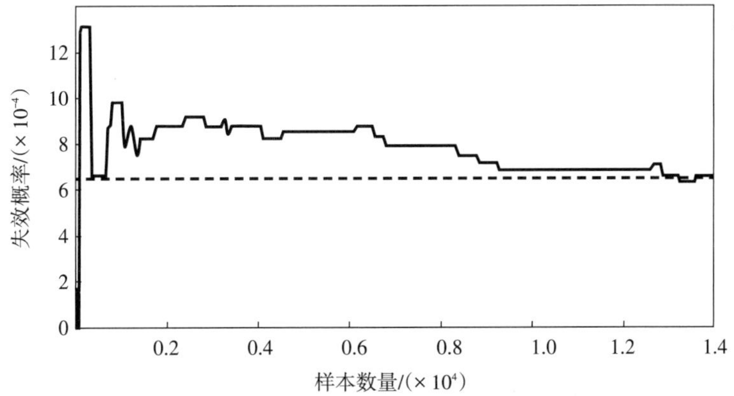

图4.7 高维小失效概率数值问题基于二阶鞍点逼近的改进控制变量方法的失效概率曲线

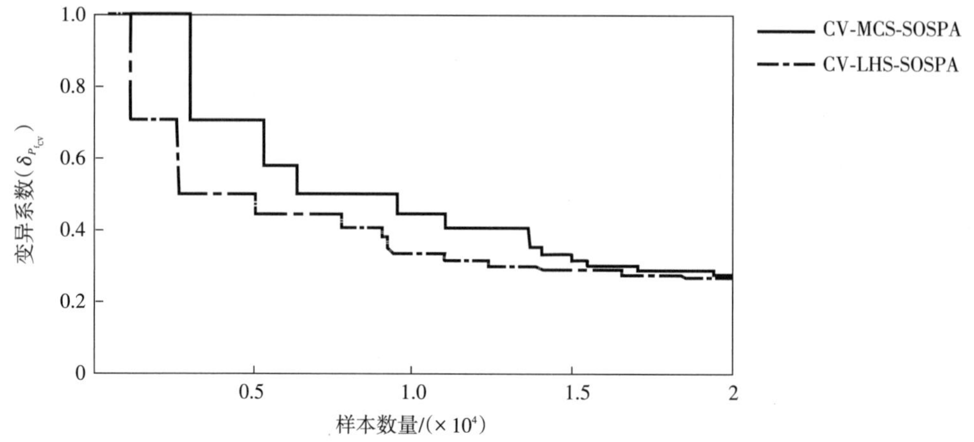

图4.8　高维小失效概率数值问题的变异系数变化曲线

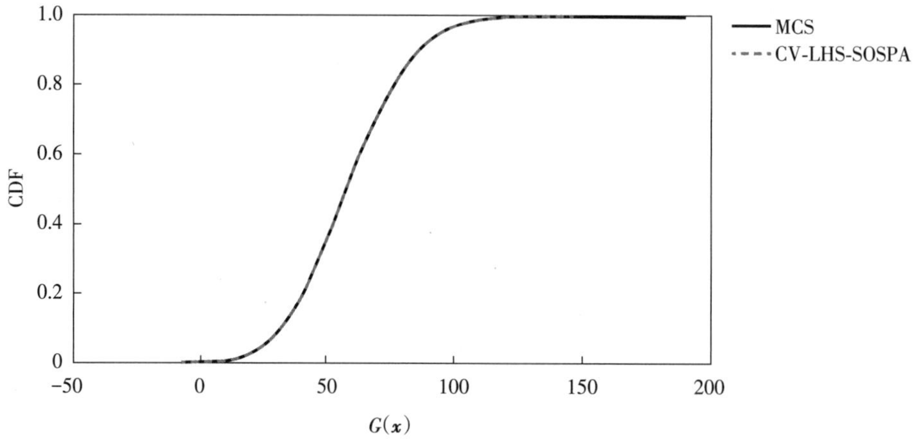

图4.9　高维小失效概率数值问题的极限状态累积分布函数曲线

表4.2的结果表明了本章所提出的CV-LHS-SOSPA与CV-MCS-SOSPA比SORM更准确，并且CV-LHS-SOSPA的极限状态函数调用次数（14596次）比CV-MCS-SOSPA的极限状态函数调用次数（23596次）减少了近40%。从图4.7中可以看出，采用CV-LHS-SOSPA在样本数量达到10000时出现了收敛。图4.8中CV-LHS-SOSPA与CV-MCS-SOSPA的收敛曲线显示，CV-LHS-SOSPA收敛速度更快。该结果表明，对于高维小失效概率可靠度问题，CV-LHS-SOSPA极大地减少了计算量。并且图4.9表明了采用CV-LHS-SOSPA得到的结果与MCS结果吻合较好。因此，本章提出的CV-LHS-SOSPA适用于高维小失效概率数值问题的可靠性分析。

4.5.3　悬臂梁动态可靠性问题

以某悬臂梁结构为例[14]，动荷载$F(t)$作用下的悬臂梁如图4.10所示。

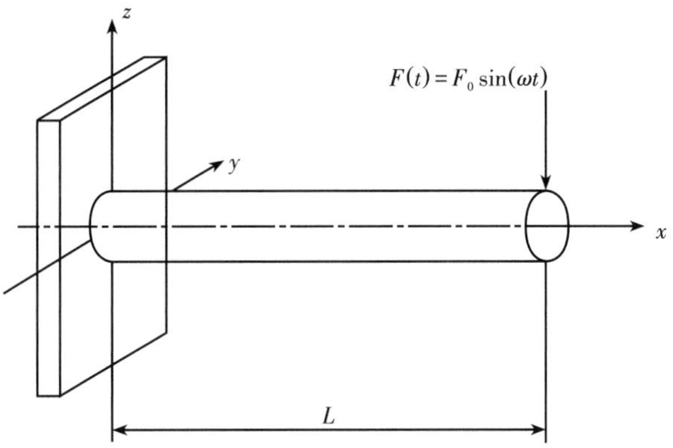

图4.10　动荷载作用下的悬臂梁结构简图

悬臂梁的动力学方程为

$$\rho A\frac{\partial^2\omega}{\partial t^2}+EI\frac{\partial^4\omega}{\partial x^4}=p(x,\ t) \tag{4.72}$$

式中，ρ 为密度常数；A 为横截面面积；EI 为弯曲刚度。

在适当的初始和边界条件下，一阶固有频率为

$$\omega_1^2=\frac{\lambda_1^4 EI}{\rho A}=\frac{12.362EI}{\rho AL^4} \tag{4.73}$$

在悬臂梁结构中，其密度和长度为确定性常量，各参数的分布特征如表4.3所列。为避免悬臂梁结构发生共振失效，设定 $\frac{\omega}{\omega_1}<0.99$ 或 $\frac{\omega}{\omega_1}>1.01$。

表4.3　悬臂梁结构参数分布特征

参数	均值	变异系数	分布形式
ω	0.3 rad/s	0.01	正态分布
EI	0.1 N·mm^2	0.01	正态分布
A	1 mm^2	0.05	正态分布
ρ	1 kg/m^3	—	—
L	1 m	—	—

对于一个工程结构问题，表4.4及图4.11至图4.13显示了其可靠性分析结果。从表4.4中可以看出，采用SORM进行实际工程问题可靠性分析的误差极大，而采用CV-LHS-SOSPA得到的可靠度结果与MCS结果吻合良好，相对误差最小。当样本数量达到1000左右时，CV-LHS-SOSPA开始收敛。为了达到所需精度，采用CV-LHS-SOSPA方法进行可靠性分析时极限状态函数被调用的次数只比SORM增加了不到1300次。该结果表明，本章所提出的CV-LHS-SOSPA在保证精度的同时，大大提高了实际工程问题可靠性

分析的计算效率。

表4.4　悬臂梁动态系统可靠性分析对比结果

方法	可靠度	相对误差
Monte Carlo	0.968941	—
SORM	0.515266	46.82%
IS	0.967781	0.1197%
CV-MCS-SOSPA	0.971894	0.3047%
CV-LHS-SOSPA	0.969301	0.03715%

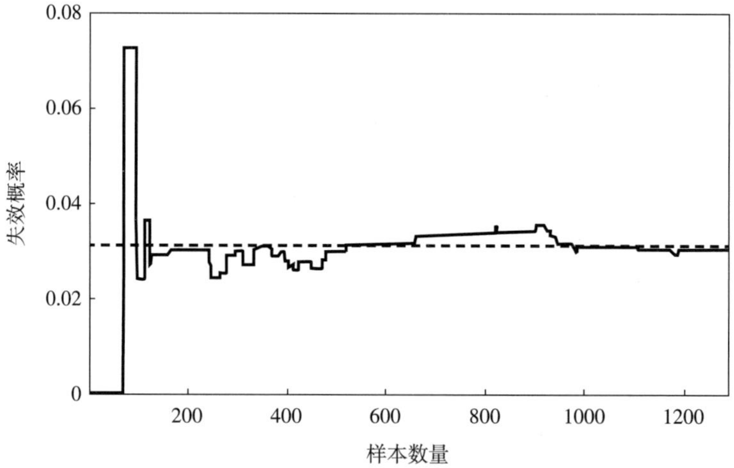

图4.11　悬臂梁动态系统基于二阶鞍点逼近的改进控制变量方法的失效概率曲线

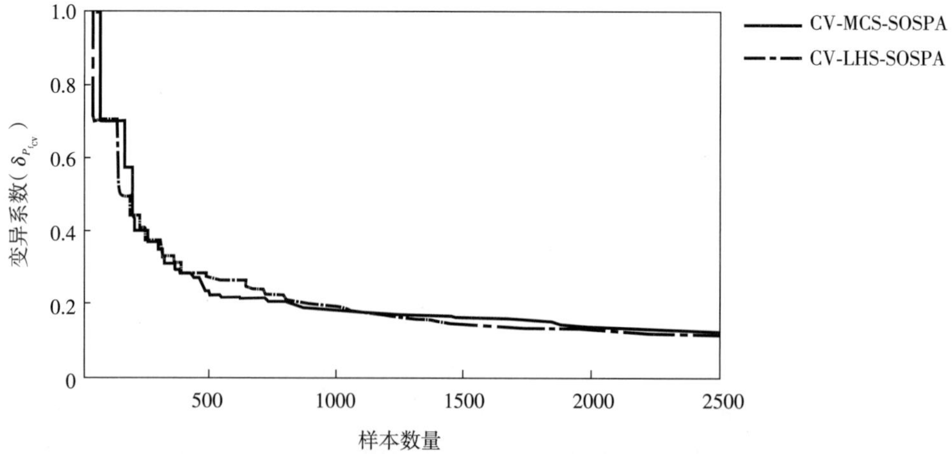

图4.12　悬臂梁动态系统的变异系数变化曲线

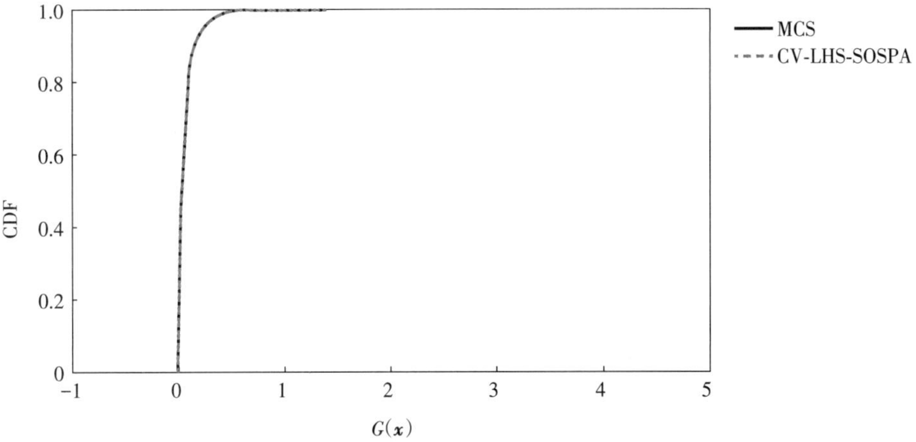

图4.13　悬臂梁动态系统的极限状态累积分布函数曲线

通过本节中的三个算例，验证了本章所提方法的可靠度计算结果与Monte Carlo模拟方法的计算结果均具有较好的一致性，且本章所提方法的计算效率较Monte Carlo模拟方法的计算效率有极大的提高。因此，基于二阶鞍点逼近的改进控制变量方法的计算效率高，精度高，操作简单，且适用于实际工程问题的可靠性分析。

4.6　车削颤振可靠性分析

车削颤振可靠性分析主要考虑了车削系统参数随机性对车削颤振稳定性的影响，由车削系统参数的统计特征分析系统发生颤振失稳的概率。本节采用基于二阶鞍点逼近的改进控制变量方法对车削刀具系统和车削加工系统进行颤振可靠性分析，并将其结果与Monte Carlo模拟方法的结果进行对比。

根据车削系统颤振稳定性的判定依据，若系统发生颤振，则系统失效。车削颤振可靠度为车削系统不发生颤振的概率，即车削极限切削深度大于实际切削深度的概率。因此，车削系统颤振可靠度的极限状态函数为

$$g(\boldsymbol{x}) = a_{\mathrm{p\,lim}} - a_{\mathrm{p}} \tag{4.74}$$

式中，a_{p}为实际车削切削深度；$\boldsymbol{x}$为车削系统动力学参数随机变量。

根据可靠性理论，车削系统的可靠性模型可表示为

$$P_{\mathrm{f}} = P\big(g(\boldsymbol{x}) > 0\big) = \int_F f_X(\boldsymbol{x})\mathrm{d}\boldsymbol{x} \tag{4.75}$$

式中，$f_X(\boldsymbol{x})$为联合概率密度函数；$F = \{x\colon g(\boldsymbol{x}) \leqslant 0\}$为失效域。

4.6.1 车削刀具系统颤振可靠性分析

以数控车床为工作平台及CoroTurn 107为刀具的车削刀具系统为研究对象，根据2.2节中统计试验数据得到的车削刀具系统动力学参数统计特征，设可靠性分析的参数变量为 $\boldsymbol{x}=[f_n, \zeta, k, \varphi, \alpha, k_t, k_r]^T$，其统计特征如表4.5所列。

表4.5 车削刀具系统动力学参数的统计特征

参数	均值	标准差	分布形式
f_n/Hz	185.77	4.11	正态分布
ζ	0.0956	0.00381	正态分布
$k/(\mathrm{N \cdot m^{-1}})$	4.035×10^6	4.54×10^4	正态分布
$\varphi/(°)$	78.47	3.20	正态分布
$\alpha/(°)$	15	0.15	正态分布
$k_t/(\mathrm{N \cdot mm^{-2}})$	3003.67	122.02	正态分布
$k_r/(\mathrm{N \cdot mm^{-2}})$	934.49	34.93	正态分布
η	1	—	—

由车削刀具系统稳定性叶瓣图（图3.11）中所示的最小极限切削深度水平线，得到 $(a_{\mathrm{plim}})_{\min}=0.62$ mm。设实际切削深度 a_p 为0.52 mm、0.62 mm和0.67 mm，分别对应稳定性叶瓣图中的条件稳定区、条件稳定区与无条件稳定区临界线和无条件稳定区。根据车削刀具系统颤振稳定性模型，分别采用基于二阶鞍点逼近的改进控制变量方法（CV-LHS-SOSPA）和Monte Carlo模拟方法（MCS），由式（4.74）和式（4.75）得到各主轴转速对应的车削刀具系统颤振可靠度，如图4.14所示。表4.6显示了在不同实际切削深度下两种方法计算的最小可靠度对比结果。

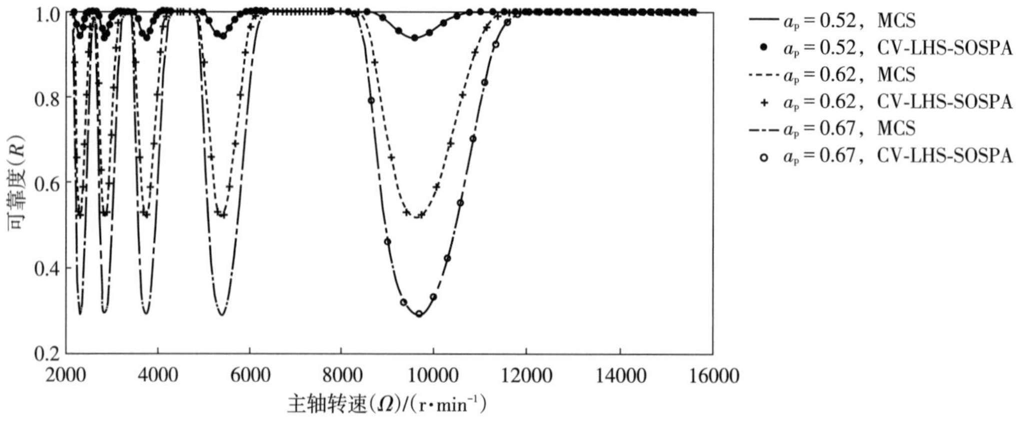

图4.14 车削刀具系统颤振可靠度

表4.6　不同实际切削深度下最小可靠度对比结果

方法		MCS	CV-LHS-SOSPA
$a_p = 0.52$ mm	可靠度	0.9387	0.9382
	相对误差	—	0.05327%
	$g(\boldsymbol{x})$调用次数	10^6	5580
$a_p = 0.62$ mm	可靠度	0.5202	0.5190
	相对误差	—	0.2307%
	$g(\boldsymbol{x})$调用次数	10^6	3570
$a_p = 0.67$ mm	可靠度	0.2915	0.2914
	相对误差	—	0.03431%
	$g(\boldsymbol{x})$调用次数	10^6	2566

由图4.14可知，当实际切削深度为$a_p = 0.67$ mm时，即在条件稳定区内，车削颤振可靠度最小值仅为0.2915，且可靠度低于0.9所对应的主轴转速区间较大，此时车削刀具系统极易发生颤振使系统失效，系统稳定性较差；当实际切削深度为$a_p = 0.62$ mm时，即处于条件稳定区与无条件稳定区临界线时，车削颤振可靠度最小值为0.5202，高可靠度的区间扩大，且从整体来看，车削刀具系统发生颤振的概率都有所减小；当实际切削深度为$a_p = 0.52$ mm时，即处于无条件稳定区时，车削颤振可靠度最小值为0.9387，在任意主轴转速下车削刀具系统发生颤振的概率都很低，系统较稳定。

图4.14中的车削刀具系统颤振可靠度对比曲线及表4.6的对比结果表明，在各实际切削深度下，基于二阶鞍点逼近的改进控制变量方法与Monte Carlo模拟方法的计算结果基本一致，精确度高，且该方法每个叶瓣的极限状态函数调用次数约为Monte Carlo模拟方法的0.0039倍，计算效率大幅提高。

4.6.2　车削加工系统颤振可靠性分析

在车削加工柔性工件的过程中，工件结构参数的随机性会影响其固有特性，由3.5节中统计工件系统模态参数试验数据所得的系统前3阶固有频率及阻尼比的统计特征如表3.9所列，而车削加工系统中的其他动力学参数统计特征与4.6.1节相同，则车削加工系统颤振可靠性分析的动力学参数统计特征如表4.7所列。

表4.7　车削加工系统动力学参数的统计特征

参数	参数意义	均值	标准差	分布形式
$f_{n_{ct}}$/Hz	刀具系统固有频率	185.77	4.11	正态分布
ζ	刀具系统阻尼比	0.0956	0.00381	正态分布
k/(N·m^{-1})	刀具系统等效刚度	4.035×10^6	4.54×10^4	正态分布

表4.7（续）

参数	参数意义	均值	标准差	分布形式
$f_{n_{cw}}^{(1)}$ /Hz	工件系统1阶固有频率	317.38	1.66	正态分布
ζ_1	工件系统1阶阻尼比	0.0230	0.00519	正态分布
$f_{n_{cw}}^{(2)}$ /Hz	工件系统2阶固有频率	1262.24	28.64	正态分布
ζ_2	工件系统2阶阻尼比	0.0224	0.00590	正态分布
$f_{n_{cw}}^{(3)}$ /Hz	工件系统3阶固有频率	2113.41	27.37	正态分布
ζ_3	工件系统3阶阻尼比	0.0225	0.00588	正态分布
φ/(°)	切削力夹角	78.47	3.20	正态分布
α/(°)	振动方向夹角	15	0.15	正态分布
k_t/(N·mm^{-2})	切向切削刚度系数	3003.67	122.02	正态分布
k_r/(N·mm^{-2})	径向切削刚度系数	934.49	34.93	正态分布
η	切削重叠系数	1	—	—

由图3.18中的前3阶车削加工系统极限切削深度曲线可以看出，车削加工系统很难发生高阶模态失效的情况，因此在分析车削加工系统颤振可靠性时，主要考虑系统在1阶模态发生颤振的概率。根据图3.17及图3.18，车削加工系统1阶模态最小极限切削深度$(a_{\mathrm{plim}})_{\min}=0.0536$ mm。设实际切削深度为$a_p=0.0536$ mm，根据车削加工系统颤振稳定性模型及车削颤振可靠性模型，采用基于二阶鞍点逼近的改进控制变量方法，分别计算切削点在$z=0.5L_{cw}$、$z=0.6L_{cw}$和$z=0.85L_{cw}$处的车削加工系统颤振可靠度曲线，如图4.15所示。同时，选取主轴转速Ω分别为2500 r/min和4300 r/min，分别采用基于二阶鞍点逼近的改进控制变量方法（CV-LHS-SOSPA）和Monte Carlo模拟方法（MCS）得到车削颤振可靠度随切削位置变化的曲线（如图4.16所示），并对比两种方法的分析结果（如表4.8所列）。

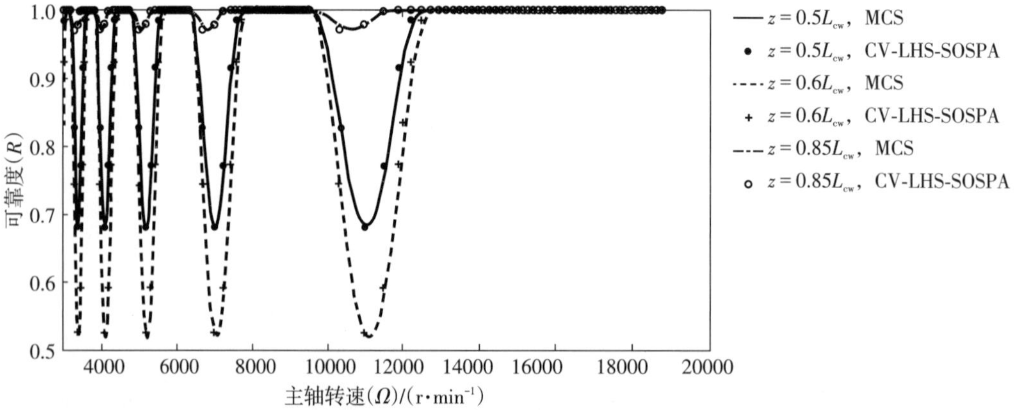

图4.15　车削加工系统颤振可靠度

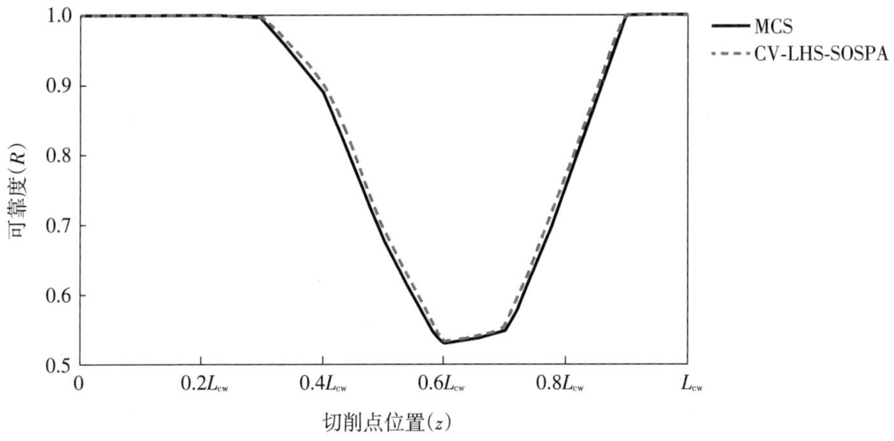

(a) Ω = 2500 r/min

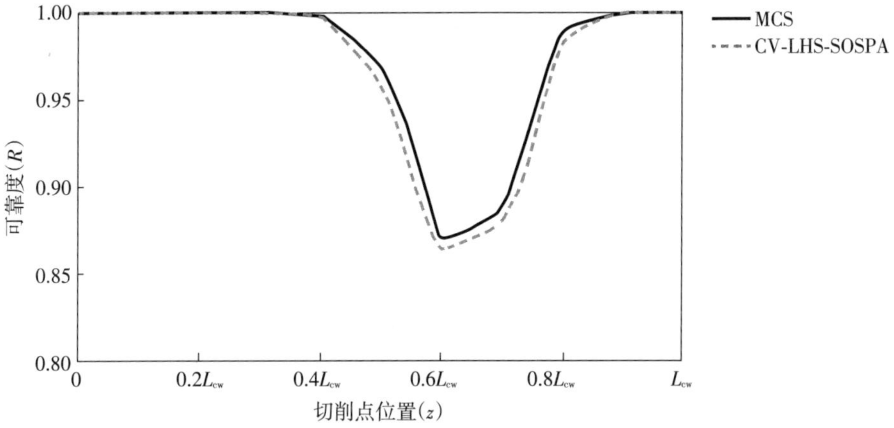

(b) Ω = 4300 r/min

图4.16 车削加工系统颤振可靠度随切削位置变化的曲线

表4.8 车削加工系统颤振可靠度对比结果

切削位置	方法	主轴转速为Ω = 2500 r/min			主轴转速为Ω = 4300 r/min		
		可靠度	相对误差	调用次数	可靠度	相对误差	调用次数
$0.1L_{cw}$	MCS	1	—	10^6	1	—	10^6
	CV-LHS-SOSPA	1	0	6633	1	0	6443
$0.2L_{cw}$	MCS	1	—	10^6	1	—	10^6
	CV-LHS-SOSPA	1	0	6556	1	0	6679
$0.3L_{cw}$	MCS	0.9948	—	10^6	1	—	10^6
	CV-LHS-SOSPA	0.9966	0.1809%	5901	1	0	1420
$0.4L_{cw}$	MCS	0.8913	—	10^6	0.9993	—	10^6
	CV-LHS-SOSPA	0.9042	1.447%	6050	0.9997	0.04002%	6339
$0.5L_{cw}$	MCS	0.6811	—	10^6	0.9586	—	10^6
	CV-LHS-SOSPA	0.6951	2.055%	3958	0.9691	1.095%	3927
$0.6L_{cw}$	MCS	0.5307	—	10^6	0.8643	—	10^6
	CV-LHS-SOSPA	0.5327	0.3769%	3962	0.8706	0.7289%	3875

表4.8（续）

切削位置	方法	主轴转速为$\Omega=2500$ r/min			主轴转速为$\Omega=4300$ r/min		
		可靠度	相对误差	调用次数	可靠度	相对误差	调用次数
$0.7L_{cw}$	MCS	0.5485	—	10^6	0.8793	—	10^6
	CV-LHS-SOSPA	0.5525	0.7293%	3898	0.8869	0.8643%	3865
$0.8L_{cw}$	MCS	0.7496	—	10^6	0.9815	—	10^6
	CV-LHS-SOSPA	0.7654	2.107%	3869	0.9884	0.703%	6404
$0.9L_{cw}$	MCS	0.9995	—	10^6	1	—	10^6
	CV-LHS-SOSPA	0.9997	0.02001%	5990	1	0	6480
L_{cw}	MCS	1	—	10^6	1	—	10^6
	CV-LHS-SOSPA	1	0	7001	1	0	7011

由图4.15可知，当工件车削到$z=0.6L_{cw}$处附近时，车削颤振可靠度最小值最低为0.5203，此时车削加工系统易失效，而各切削点处的车削加工系统可靠度最小值对应的主轴转速均一致，这说明在工件的任意位置切削，最易使系统失效的主轴转速相同。并且，由图4.14和图4.15中的车削颤振可靠度曲线均可看出，车削颤振可靠度随主轴转速呈周期性波动，且在低转速区间系统处于低可靠度的区域较多，系统在低转速区间失效的风险更大；而在高转速区间系统处于高可靠度的范围较广，因此，高速车削比低速车削更不易失效。在实际生产中，车削颤振可靠度对车削参数的选取有指导意义，工程人员可根据不同的情况选择高可靠度区域所对应的参数进行车削，以降低系统的失效概率，节约加工成本，提高车床的使用寿命。

由图4.16和表4.8可以看出，对于车削加工系统，采用基于二阶鞍点逼近的改进控制变量方法（CV-LHS-SOSPA）与Monte Carlo模拟方法的结果同样有很好的一致性，且该方法的极限状态函数调用次数远少于Monte Carlo模拟方法的函数调用次数。因此，本节提出的采用基于二阶鞍点逼近的改进控制变量方法能够高效、准确地解决车削颤振这类复杂的实际机械工程可靠性问题。

4.7 本章小结

本章利用了结合二次二阶矩的控制变量法，将高维、高非线性可靠性问题转化为二次多项式可靠性问题，根据拉丁超立方采样方法产生的少量样本，采用了鞍点逼近方法估计失效概率，提出了基于二阶鞍点逼近的改进控制变量方法。通过算例对比了基于二阶鞍点逼近的改进控制变量方法与其他方法的计算结果，证明了该方法对分析复杂可靠性问题的准确性和高效性。根据车削颤振可靠性模型，结合车削颤振稳定性模型，并以数控车床为例，分析了车削刀具系统和车削加工系统的颤振可靠性，为优化设计及实际生产提供了参考。同时，通过与Monte Carlo模拟方法的比较，讨论了基于二阶鞍点逼近的改进控制变量方法在车削系统颤振可靠性分析中的应用，证明了该方法在分析车削颤振可靠性问题上的适用性。

参考文献

[1] LI H S, LÜ Z Z, YUAN X K.Nataf transformation based point estimate method[J]. Chinese science bulletin,2008,53(17):2586-2592.

[2] HUANG X Z,LI Y X,ZHANG Y M,et al.A new direct second-order reliability analysis method[J]. Applied mathematical modelling,2018,55:68-80.

[3] XIAO Q.Evaluating correlation coefficient for Nataf transformation [J]. Probabilistic engineering mechanics,2014,37:1-6.

[4] JENSEN J L.Saddlepoint approximations[M]. New York:Oxford University Press,1995.

[5] 宋军.基于矩方法的可靠性及可靠性灵敏度研究[D]. 西安:西北工业大学,2007.

[6] BICHON B J,ELDRED M S,SWILER L P,et al.Efficient global reliability analysis for nonlinear implicit performance functions [J]. American institute of aeronautics and astronautics,2008,46(10):2459.

[7] BREITUNG K.Asymptotic approximations for multinormal integrals [J]. Journal of engineering mechanics,1984,110(3):357-366.

[8] BUCHER C.Computational analysis of randomness in structural mechanics: structures and infrastructures book series,vol.3[M]. London:CRC Press,2009.

[9] WANG Z Q,CHEN W.Time-variant reliability assessment through equivalent stochastic process transformation[J]. Reliability engineering and system safety,2016,152(16):166-175.

[10] DANIELS H E.Saddlepoint approximations in statistics[J]. The annals of mathematical statistics,1954:631-650.

[11] DU X P,SUDJIANTO A.First order saddlepoint approximation for reliability analysis [J]. American institute of aeronautics and astronautics,2004,42(6):1199-1207.

[12] MCKAY M D,BECKMAN R J,CONOVER W J.A comparison of three methods for selecting values of input variables in the analysis of output from a computer code[J]. Technometrics,2000,42(1):55-61.

[13] SHINOZUKA M.Probability of structural failure under random loading[J]. Journal of the engineering mechanics,1964,90(5):147-170.

[14] 李洪双,马远卓.结构可靠性分析与随机优化设计的统一方法[M]. 北京:国防工业出版社,2015.

第5章 考虑刀具磨损的车削刀具系统颤振时变可靠性分析方法

车削加工过程中，刀具磨损是不能忽视的问题，其会导致车削加工切削参数发生变化，进而会对车削系统稳定性产生影响。刀具磨损是一个时变过程，其磨损量随加工时间的增加而增加，因而由刀具磨损导致切削刚度系数也是时变的。同时，由于加工过程中环境和工件的变化，导致在车削过程中切削刚度系数具有随机特性，因此切削刚度系数为随机过程参数。本章针对包含随机过程的高非线性小失效概率时变可靠性问题，采用主动学习的Kriging模型代替真实极限状态函数，并结合子集模拟时变可靠性分析方法计算失效概率，综合代理模型与方差缩减方法在计算时变可靠度上的优势，提出了一种基于子集模拟的主动学习Kriging时变可靠性分析方法。在考虑刀具磨损的情况下，对车削刀具系统颤振时变稳定性进行了分析，并在此基础上，采用本章提出的方法分析了车削刀具系统的颤振时变可靠性。

5.1 Monte Carlo模拟时变可靠性分析方法

在实际工程问题中，因受环境或材料性能等因素的影响，系统的随机参数会随时间产生变化，因此，在传统可靠性理论的基础上提出了时变可靠性（time-varying reliability，TVR）理论。时变可靠度是在系统随机参数等随时间变化的情况下，在规定时间内和规定条件下完成规定功能的概率[1]。

设n维随机变量为$\boldsymbol{x}=[x_1,\ x_2,\ \cdots,\ x_n]$，$m$维随机过程为$\boldsymbol{y}(t)=[y_1(t),\ y_2(t),\ \cdots,\ y_m(t)]$，时间变量为$t$，则包含随机变量、随机过程及时间变量的时变极限状态函数为

$$G(t)=g(\boldsymbol{x},\ \boldsymbol{y}(t),\ t) \tag{5.1}$$

系统在时间区间$[0,\ T]$内失效事件E_f表示为

$$E_f=\{\exists t\in[0,\ T] | g(\boldsymbol{x},\ \boldsymbol{y}(t),\ t)\leqslant 0\} \tag{5.2}$$

则系统在时间区间$[0,\ T]$内的累积失效概率为

$$P_{f,c}(0,\ T)=P(E_f)=P(\exists t\in[0,\ T] | g(\boldsymbol{x},\ \boldsymbol{y}(t),\ t)\leqslant 0) \tag{5.3}$$

设 N_T 个将时间区间 [0，T] 离散的时间节点为 $t_i=(i-1)\Delta t$ ($i=1$，2，…，N_T)，时间间隔为 $\Delta t=\dfrac{T}{N_T-1}$，则在 t_i 时刻的瞬时失效概率为

$$P_{\mathrm{f},\ i}(t_i)=P\big(g(\boldsymbol{x},\ \boldsymbol{y}(t_i),\ t_i)\leqslant 0\big) \tag{5.4}$$

瞬时失效概率 $P_{\mathrm{f},i}(t_i)$ 没有考虑时刻 t_i 之前发生的情况，即只能表达 t_i 时刻这一时间点的状态，并不能表示0时刻到 t_i 时刻这一段时间内的失效概率。

设 $N^+(0，T)$ 为样本点在时间区间 [0，T] 中跨越到失效域的次数，对式（5.3）进行等价转换，累积失效概率 $P_{\mathrm{f,c}}(0，T)$ 可表示为

$$P_{\mathrm{f},\ \mathrm{c}}(0,\ T)=P\big(g(\boldsymbol{x},\ \boldsymbol{y}(0),\ 0)\leqslant 0\cup N^+(0,\ T)>0\big)\approx P_{\mathrm{f},\ i}(0)+E\big(N^+(0,\ T)\big) \tag{5.5}$$

定义跨越率[2-3]为

$$\nu^+(t_i)=\lim_{\Delta t\to 0,\ \Delta t>0}\frac{P\big(N^+(t_i,\ t_i+\Delta t)=1\big)}{\Delta t} \tag{5.6}$$

式中，$N^+(t_i，t_i+\Delta t)$ 为时间区间 $[t_i，t_i+\Delta t]$ 内极限状态函数由安全状态向失效状态的跨越次数；$P(N^+(t_i，t_i+\Delta t)=1)$ 为时间区间 $[t_i，t_i+\Delta t]$ 中系统跨越到失效域的概率。因此，跨越率可表示为

$$\nu^+(t_i)=\lim_{\Delta t\to 0,\ \Delta t>0}\frac{P\big(g(\boldsymbol{x},\ \boldsymbol{y}(t_i),\ t_i)>0\cap g(\boldsymbol{x},\ \boldsymbol{y}(t_i+\Delta t),\ t_i+\Delta t)\leqslant 0\big)}{\Delta t} \tag{5.7}$$

对式（5.7）中的跨越率进行积分，得到时间区间 [0，T] 的跨越次数 $N^+(0，T)$ 的期望为

$$E\big(N^+(0,\ T)\big)=\int_0^T\nu^+(t_i)\mathrm{d}t_i=\left(\sum_{i=1}^{N_T-1}\nu^+(t_i)\right)\Delta t \tag{5.8}$$

对于一般包含随机变量、随机过程及时间变量的时变极限状态函数，跨越率的计算比较困难，且一般基于独立泊松分布的假设，误差较大。因此，首先采用扩展最优线性估计（expansion optimal linear estimation，EOLE）方法将随机过程近似转化为离散时间的随机变量，进而采用Monte Carlo模拟方法得到准确的累积失效概率。

设随机过程 $y_j(t)$ ($j=1$，2，…，m) 的均值、标准差和自相关函数为 $\boldsymbol{\rho}_{Y_j}$，因此，随机过程 $y_j(t)$ 在离散时间点 t_i ($i=1$，2，…，N_T) 的EOLE展开式表示为

$$y_j(t_i)\approx\mu_{y_j}+\sigma_{y_j}^2\sum_{k=1}^{r}\frac{\xi_{jk}}{\sqrt{\lambda_{jk}}}\boldsymbol{\varphi}_{jk}^{\mathrm{T}}\boldsymbol{\rho}_{Y_j}(t_i) \tag{5.9}$$

式中，r 为EOLE展开中协方差矩阵特征值较大的项数；$\xi_j=[\xi_{j1}，\xi_{j2}，…，\xi_{jr}]^{\mathrm{T}}$ ($j=1$，2，…，m) 为相互独立的标准正态随机变量；λ_{jk} 和 $\boldsymbol{\varphi}_{jk}$ ($j=1$，2，…，m；$k=1$，2，…，r) 分别为随机过程 $y_j(t)$ 的协方差矩阵的前 r 个较大的特征值和特征向量；$\boldsymbol{\rho}_{Y_j}(t_i)=[\rho_{Y_j}(t_i，0)，\rho_{Y_j}(t_i，t_2)，…，\rho_{Y_j}(t_i，T)]^{\mathrm{T}}$ 为相关系数。

采用Monte Carlo模拟方法估计跨越率，设N_{MCS}为样本数，N_{f_i} $(i=1,\ \cdots,\ N_T-1)$为在时间区间$[t_i,\ t_{i+1}]$内极限状态函数由安全状态向失效状态的跨越次数，即落在失效域$\{g(\boldsymbol{x},\ \boldsymbol{y}(t_i),\ t_i)>0\}\cap\{g(x,\ y(t_{i+1}),\ t_{i+1})\leqslant 0\}$内的样本数。故MCS跨越率表示为

$$\nu_{MCS}^{+}(t_i)=\frac{N_{f_i}}{N_{MCS}\Delta t} \tag{5.10}$$

且MCS跨越率的方差为

$$\mathrm{Var}\left(\nu_{MCS}^{+}(t_i)\right)=\frac{1}{(N_{MCS}-1)\Delta t^2}\frac{N_{f_i}}{N_{MCS}}\left(1-\frac{N_{f_i}}{N_{MCS}}\right) \tag{5.11}$$

由式（5.5）和式（5.8），时间区间$[0,\ t_i]$ $(i=1,\ 2,\ \cdots,\ N_T)$的累积失效概率可以表示为

$$P_{f,\ c,\ MCS}(0,\ t_i)=\frac{1}{N_{MCS}}\sum_{j=1}^{i-1}N_{f_j}\quad (2\leqslant i\leqslant N_T) \tag{5.12}$$

根据Monte Carlo模拟方法统计特征，失效概率估计值的方差为

$$\mathrm{Var}\left(P_{f,\ c,\ MCS}(0,\ t_i)\right)=\frac{1}{N_{MCS}-1}\left[\frac{1}{N_{MCS}}\sum_{j=1}^{i-1}N_{f_j}-\left(\frac{1}{N_{MCS}}\sum_{j=1}^{i-1}N_{f_j}\right)^2\right] \tag{5.13}$$

$\nu_{MCS}^{+}(t_i)$和$P_{f,\ c,\ MCS}(0,\ t_i)$的变异系数为

$$\delta_{\nu_{MCS}^{+}(t_i)}=\frac{\sqrt{\mathrm{Var}\left(\nu_{MCS}^{+}(t_i)\right)}}{\nu_{MCS}^{+}(t_i)} \tag{5.14}$$

$$\delta_{P_{f,\ c,\ MCS}(0,\ t_i)}=\frac{\sqrt{\mathrm{Var}\left(P_{f,\ c,\ MCS}(0,\ t_i)\right)}}{P_{f,\ c,\ MCS}(0,\ t_i)} \tag{5.15}$$

5.2 子集模拟时变可靠性分析方法

对于高维小失效概率可靠性问题，采用Monte Carlo模拟方法需要大量样本来达到所需精度，计算量极大。子集模拟（subset simulation，SS）方法将小失效概率问题转化为一系列较大条件失效概率问题[4]，由于其对系统和参数均不需要任何假设，通用性强，并且可以大幅减少样本数量，提高计算效率。根据子集模拟方法的基本思想[5]，引入一系列中间失效事件，将极限状态函数的失效概率表示为多个数值较大的条件失效概率的乘积，并采用马尔可夫链蒙特卡罗（MCMC）方法生成条件样本来估计条件失效概率。在此基础上，本节介绍了用子集模拟时变可靠性分析方法进行包含随机过程的累积失效概率估计。

5.2.1 子集模拟时变可靠性分析方法理论

根据跨越率理论，由式（5.1）中的时变极限状态函数，设时间区间$[t_i,\ t_{i+1}]$ $(i=1,$

2，…，N_T-1)内的失效事件为样本点在$[t_i, t_{i+1}]$内由安全区域跨越到失效域的情况，由$F(t_i)=\{g(\boldsymbol{x}, \boldsymbol{y}(t_i), t_i)>0\}\cap\{g(\boldsymbol{x}, \boldsymbol{y}(t_{i+1}), t_{i+1})\leqslant 0\}$ ($i=1, 2, \cdots, N_T-1$) 表示。其中，$\boldsymbol{x}=[x_1, x_2, \cdots, x_n]$ 为 n 维随机变量；$\boldsymbol{y}(t_i)=[y_1(t_i), y_2(t_i), \cdots, y_m(t_i)]$ ($i=1, 2, \cdots, N_T$) 为由 m 维随机过程 $\boldsymbol{y}(t)=[y_1(t), y_2(t), \cdots, y_m(t)]$ 通过 EOLE 方法转化的各离散时间点的随机变量。引入 M 个中间失效事件 $F_1(t_i)\supset F_2(t_i)\supset\cdots\supset F_M(t_i)=F(t_i)$ ($i=1, 2, \cdots, N_T-1$)，如图5.1所示。

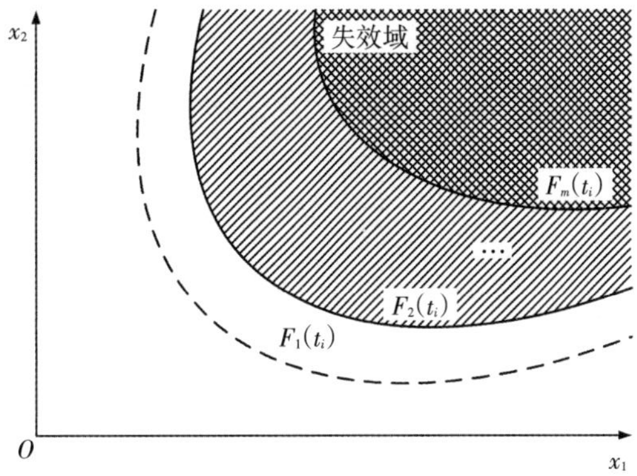

图5.1　子集模拟在时间区间内中间失效事件示意图

通过自适应的方法令所有条件概率为常数 $P(F_{i_{M+1}}(t_i)|F_{i_M}(t_i))=p_0$，通常取 $p_0=0.1\sim0.3$ 较为合理，确定时间区间 $[t_i, t_{i+1}]$ ($i=1, 2, \cdots, N_T-1$) 内的一组呈递减状态的中间事件响应临界值 $b_1(t_{i+1})>b_2(t_{i+1})>\cdots>b_{M-1}(t_{i+1})>b_M(t_{i+1})$ ($i=1, 2, \cdots, N_T-1$)，则中间失效事件 F_{i_M} ($i=1, 2, \cdots, N_T-1$; $i_M=1, 2, \cdots, M$) 表示为

$$F_{i_M}(t_i)=\{g(\boldsymbol{x}, \boldsymbol{y}(t_i), t_i)>0\}\cap\{g(\boldsymbol{x}, \boldsymbol{y}(t_{i+1}), t_{i+1})\leqslant b_{i_M}(t_{i+1})\} \tag{5.16}$$

则在时间区间 $[t_i, t_{i+1}]$ ($i=1, 2, \cdots, N_T-1$) 内跨越到失效域的概率，即时间区间 $[t_i, t_{i+1}]$ 的失效概率 $P_{\mathrm{F}}(t_i)$ 表示为

$$\begin{aligned}P_{\mathrm{F}}(t_i)&=P(F_M(t_i))=P(F_M(t_i)|F_{M-1}(t_i))P(F_{M-1}(t_i))\\&=\cdots=P(F_1(t_i))\prod_{i_M=1}^{M-1}P(F_{i_M+1}(t_i)|F_{i_M}(t_i))\end{aligned} \tag{5.17}$$

根据时变可靠性分析累积失效概率的理论，时间区间 $[0, t_s]$ ($s=2, 3, \cdots, N_T$) 的累积失效概率可以表示为

$$P_{\mathrm{F, c, SS}}(0, t_s)=\sum_{i=1}^{s-1}P_{\mathrm{F}}(t_i)\quad(2\leqslant s\leqslant N_T) \tag{5.18}$$

根据式（5.18），$P(F_1(t_i))$为子集模拟的第一层模拟失效概率，由Monte Carlo模拟方法直接估计，即

$$P(F_1(t_i))=\frac{1}{N_{t_i}^{(1)}}\sum_{i_N=1}^{N_{t_i}^{(1)}}I_{F_1(t_i)}(\boldsymbol{z}_{t_i}^{(1)})=\frac{N_{\mathrm{f}, t_i}^{(1)}}{N_{t_i}^{(1)}} \tag{5.19}$$

式中，$\boldsymbol{z}_{t_i}^{(1)}=(\boldsymbol{x}^{(1)}, \boldsymbol{y}(t_i)^{(1)})$ 为时间区间 $[t_i, t_{i+1}]$ 内的第一层样本点，由随机向量的联合概率密度函数 $f(z_{t_i})$ 模拟生成；$N_{t_i}^{(1)}$ 为时间区间 $[t_i, t_{i+1}]$ 内第一层模拟的样本数；$N_{\mathrm{f}, t_i}^{(1)}$ 为第一层模拟在时间区间 $[t_i, t_{i+1}]$ 内的跨越次数；$I_{F_1(t_i)}(\boldsymbol{z}_{t_i}^{(1)})$ 为指示函数，当 $\boldsymbol{z}_{t_i}^{(1)}\in F_1(t_i)$，即在

时间区间 $[t_i, t_{i+1}]$ 内第一层模拟的极限状态函数由安全状态向失效状态发生跨越时，$I_{F_1(t_i)}\left(z_{t_i}^{(1)}\right)=1$，否则 $I_{F_1(t_i)}\left(z_{t_i}^{(1)}\right)=0$。

同时，第 $i_M+1(i_M=1, 2, \cdots, M-1)$ 层条件概率由式（5.20）估计：

$$P\left(F_{i_M+1}(t_i)\middle|F_{i_M}(t_i)\right)=\frac{1}{N_{t_i}^{(i_M+1)}}\sum_{i_N=1}^{N_{t_i}^{(i_M+1)}} I_{F_{i_M+1}(t_i)}\left(z_{t_i}^{(i_M+1)}\right)=\frac{N_{\mathrm{f}, t_i}^{(i_M+1)}}{N_{t_i}^{(i_M+1)}} \tag{5.20}$$

式中，$N_{t_i}^{(i_M+1)}$ 为时间区间 $[t_i, t_{i+1}]$ $(i=1, 2, \cdots, N_T-1)$ 内子集模拟的第 i_M+1 层条件样本数；$I_{F_{iM+1}}(t_i)\left(z_{t_i}^{(i_M+1)}\right)$ 为指示函数，当 $z_{t_i}^{(i_M+1)}\in F_{i_M+1}(t_i)$，即在时间区间 $[t_i, t_{i+1}]$ 内第 i_M+ 1 层模拟的极限状态函数由安全状态向失效状态发生跨越时，$I_{F_{i_M+1}}(t_i)\left(z_{t_i}^{(i_M+1)}\right)=1$，否则 $I_{F_{i_M+1}}(t_i)\left(z_{t_i}^{(i_M+1)}\right)=0$；$z_{t_i}^{(i_M+1)}$ 为时间区间 $[t_i, t_{i+1}]$ 内的第 i_M+1 层条件样本，满足联合概率密度函数 $f\left(z_{t_i}\middle|F_{i_M+1}\right)=\dfrac{F\left(z_{t_i}\right)I_{F_{i_M+1}}\left(z_{t_i}\right)}{P\left(F_{i_M+1}\right)}$。

在时间区间 $[t_i, t_{i+1}]$ $(i=1, 2, \cdots, N_T-1)$ 内，若采用Monte Carlo模拟方法由联合概率密度函数 $f\left(z_{t_i}\right)$ 生成 $N_{t_i}^{(i_M+1)}$ 个在失效域 F_{i_M+1} 内的样本 $z_{t_i}^{(i_M+1)}$，则需要 $\dfrac{N_{t_i}^{(i_M+1)}}{P\left(F_{i_M+1}\right)}$ 个样本，采样效率低。因此，根据条件分布 $f\left(z_{t_i}\middle|F_{i_M+1}\right)$，由改进Metropolis-Hastings准则的马尔可夫链蒙特卡罗方法[6]模拟生成。

在采用马尔可夫链蒙特卡罗方法生成时间区间 $[t_i, t_{i+1}]$ $(i=1, 2, \cdots, N_T-1)$ 内的第 $i_M+1(i_M=1, 2, \cdots, M-1)$ 层条件样本过程中，根据改进Metropolis-Hastings算法，设具有遍历性的马尔可夫链以条件分布 $f\left(z_{t_i}\middle|F_{i_M+1}\right)$ 为稳定分布，初始样本服从条件分布 $f\left(z_{t_i}\middle|F_{i_M+1}\right)$，则马尔可夫链中的各个状态组成的新样本点均服从条件分布 $f\left(z_{t_i}\middle|F_{i_M+1}\right)$，且当马尔可夫链足够长时，根据稳定分布的数学特性，由任意分布的初始样本生成的新样本所服从的分布收敛于条件分布 $f\left(z_{t_i}\middle|F_{i_M+1}\right)$。因此，时间区间 $[t_i, t_{i+1}]$ $(i=1, 2, \cdots, N_T-1)$ 内的第 $i_M+1(i_M=1, 2, \cdots, M-1)$ 层模拟的马尔可夫链稳定分布为

$$f\left(z_{t_i}\middle|F_{i_M+1}\right)=\frac{f\left(z_{t_i}\right)I_{F_{i_M+1}}\left(z_{t_i}\right)}{P\left(F_{i_M+1}\right)}=\left(\prod_{j=1}^{n+m} f\left(z_{t_i, j}\right)\right)\frac{I_{F_{i_M+1}}\left(z_{t_i}\right)}{P\left(F_{i_M+1}\right)} \tag{5.21}$$

设马尔可夫链第 $k(k=1, 2, \cdots)$ 个状态为 $z_{t_i, k}^{(i_M+1)}=\left[z_{t_i, k}^{(i_M+1)}(1), z_{t_i, k}^{(i_M+1)}(2), \cdots, z_{t_i, k}^{(i_M+1)}(n+m)\right]$，则生成下一状态 $z_{t_i, k+1}^{(i_M+1)}=\left[z_{t_i, k+1}^{(i_M+1)}(1), z_{t_i, k+1}^{(i_M+1)}(2), \cdots, z_{t_i, k+1}^{(i_M+1)}(n+m)\right]$ 的流程如下。

（1）选取建议分布 f_j^*。

对随机变量的每一维 $j(j=1, 2, \cdots, n+m)$ 选取满足对称性条件的概率密度函数

$f_j^*\left(\zeta_j\middle|z_{t_i,k}^{(i_M+1)}(j)\right)$，即 $f_j^*\left(\zeta_j\middle|z_{t_i,k}^{(i_M+1)}(j)\right)=f_j^*\left(z_{t_i,k}^{(i_M+1)}(j)\middle|\zeta_j\right)$，设为建议分布函数。建议分布的选择影响马尔可夫链的覆盖区域，需要选择能够平衡样本接受率及相关性的分布形式。建议分布通常选取简单且对称的分布形式，如均匀分布、正态分布，本节中选取以当前样本分量 $z_{t_i,k}^{(i_M+1)}(j)$ 为中心的均匀分布 $\xi_j\sim U\left(-\sigma_{z_j},\ \sigma_{z_j}\right)$ 作为建议分布。

（2）生成备选样本 $\tilde{z}$。

由每一维建议分布 $f_j^*\left(\xi_j\middle|z_{t_i,k}^{(i_M+1)}(j)\right)(j=1,\ 2,\ \cdots,\ n+m)$ 生成备选样本分量 ξ_j，样本分量的接受概率为

$$r_j=\min\left\{1,\ \frac{f_j\left(\xi_j\right)}{f_j\left(z_{t_i,j}\right)}\right\} \tag{5.22}$$

则确定备选状态 $\tilde{z}$ 为

$$\tilde{z}(j)=\begin{cases}\xi_j, & \min\{1,\ r_j\}>\mathrm{random}[0,\ 1]\\ z_{t_i,k}^{(i_M+1)}(j), & \min\{1,\ r_j\}\leqslant\mathrm{random}[0,\ 1]\end{cases}\quad(j=1,\ 2,\ \cdots,\ n+m) \tag{5.23}$$

（3）判断是否接受备选样本，生成新样本 $z_{t_i,k+1}^{(i_M+1)}$（$i=1,\ 2,\ \cdots,\ N_T-1$；$i_M=1,\ 2,\ \cdots,\ M-1$）。

如果备选样本 $\tilde{z}\in F_{i_M+1}$，则将该样本当作新样本，即 $z_{t_i,k+1}^{(i_M+1)}=\tilde{z}$；否则，拒绝备选样本，并选取原样本作为新样本，即 $z_{t_i,k+1}^{(i_M+1)}=z_{t_i,k}^{(i_M+1)}$。

5.2.2　子集模拟时变可靠性方法收敛性分析

为分析子集模拟时变可靠性分析方法的收敛性，对时间区间 $[t_i,\ t_{i+1}]$（$i=1,\ 2,\ \cdots,\ N_T-1$）的失效概率估计值进行统计特征分析。式（5.17）中的失效概率 $P_F(t_i)$ 的第一层模拟由Monte Carlo模拟方法估计，则根据Monte Carlo模拟方法的统计特征，第一层模拟的失效概率 $P(F_1(t_i))$ 的期望、方差和变异系数分别为

$$\begin{aligned}E\left(P\left(F_1(t_i)\right)\right)&=\frac{1}{N_{t_i}^{(1)}}\sum_{i_N=1}^{N_{t_i}^{(1)}}E\left(I_{F_1(t_i)}\left(z_{t_i}^{(1)}\right)\right)=E\left(I_{F_1(t_i)}\left(z_{t_i}^{(1)}\right)\right)\\&\approx\frac{1}{N_{t_i}^{(1)}}\sum_{i_N=1}^{N_{t_i}^{(1)}}I_{F_1(t_i)}\left(z_{t_i}^{(1)}\right)=P\left(F_1(t_i)\right)\end{aligned} \tag{5.24}$$

$$\mathrm{Var}\left(P\left(F_1(t_i)\right)\right)\approx\frac{P\left(F_1(t_i)\right)-P^2\left(F_1(t_i)\right)}{N_{t_i}^{(1)}-1} \tag{5.25}$$

$$\delta_1(t_i)=\frac{\sqrt{\mathrm{Var}\left(P\left(F_1(t_i)\right)\right)}}{E\left(P\left(F_1(t_i)\right)\right)}=\sqrt{\frac{1-P\left(F_1(t_i)\right)}{P\left(F_1(t_i)\right)N_{t_i}^{(1)}}} \tag{5.26}$$

设 $z_{t_i,k}^{(i_M+1)}$ 为时间区间 $[t_i,\ t_{i+1}]$（$i=1,\ 2,\ \cdots,\ N_T-1$）中子集模拟 i_M+1 层中第 j 个马尔可夫链上的第 k 个样本，$N_{t_i,c}^{(i_M+1)}$ 为马尔可夫链的链条数，每条链上样本数为 $\dfrac{N_{t_i}^{(i_M+1)}}{N_{t_i,c}^{(i_M+1)}}$，$I_{j,l}^{(i_M+1)}\left(l=1,\ 2,\ \cdots,\ \dfrac{N_{t_i}^{(i_M+1)}}{N_{t_i,c}^{(i_M+1)}}\right)$ 为 $z_{t_i,j,l}^{(i_M+1)}$ 的指示函数，即 $I_{j,l}^{(i_M+1)}=I_{F_{i_M+1}(t_i)}\left(z_{t_i,j,l}^{(i_M+1)}\right)$，则 $I_{j,l}^{(i_M+1)}$ 和 $I_{j,l+k}^{(i_M+1)}$ 的协方差表示为

$$
\begin{aligned}
\mathrm{Cov}\left(I_{j,l}^{(i_M+1)},\ I_{j,l+k}^{(i_M+1)}\right)&=E\left(I_{j,l}^{(i_M+1)}-P\left(F_{i_M+1}(t_i)\middle|F_{i_M+1}(t_i)\right)\right)\left(I_{j,l+k}^{(i_M+1)}-P\left(F_{i_M+1}(t_i)\middle|F_{i_M+1}(t_i)\right)\right)\\
&=E\left(I_{j,l}^{(i_M+1)},\ I_{j,l+k}^{(i_M+1)}\right)-\left(P\left(F_{i_M+1}(t_i)\middle|F_{i_M+1}(t_i)\right)\right)^2\\
&\approx\left(\frac{1}{N_{t_i}^{(i_M+1)}-kN_{t_i,c}^{(i_M+1)}}\sum_{j=1}^{N_{t_i,c}^{(i_M+1)}}\sum_{l=1}^{N_{t_i}^{(i_M+1)}/N_{t_i,c}^{(i_M+1)}-k}I_{jl}^{(i)}I_{j,l+k}^{(i)}\right)-\left(P\left(F_{i_M+1}(t_i)\middle|F_{i_M+1}(t_i)\right)\right)^2
\end{aligned}
\tag{5.27}
$$

式中，$\mathrm{Cov}\left(I_{j,l}^{(i_M+1)},\ I_{j,l+k}^{(i_M+1)}\right)=\mathrm{Var}\left(I_{j,l}^{(i_M+1)}\right)=P\left(F_{i_M+1}(t_i)\middle|F_{i_M}(t_i)\right)\left(1-P\left(F_{i_M+1}(t_i)\middle|F_{i_M+1}(t_i)\right)\right)$。同时，设 $\rho_{i_M+1}(k)$ 表示 $I_{j,k}^{(i_M+1)}\left(k=1,\ 2,\ \cdots,\ \dfrac{N_{t_i}^{(i_M+1)}}{N_{t_i,c}^{(i_M+1)}}\right)$ 的相关系数，即

$$
\rho_{i_M+1}(k)=\frac{\mathrm{Cov}\left(I_{j,l}^{(i_M+1)},\ I_{j,l+k}^{(i_M+1)}\right)}{\mathrm{Cov}\left(I_{j,l}^{(i_M+1)},\ I_{j,l}^{(i_M+1)}\right)}
\tag{5.28}
$$

令 γ_{i_M+1} 表达第 i_M+1 层样本间的相关性，样本相互独立，$\gamma_{i_M+1}=0$，样本相关性越强，γ_{i_M+1} 越大，γ_{i_M+1} 可表示为

$$
\gamma_{i_M+1}=2\sum_{k=1}^{N_{t_i}^{(i_M+1)}/N_{t_i,c}^{(i_M+1)}-1}\left(1-\frac{N_{t_i,c}^{(i_M+1)}}{N_{t_i}^{(i_M+1)}}\right)\rho_{i_M+1}(k)
\tag{5.29}
$$

则时间区间 $[t_i,\ t_{i+1}]$（$i=1,\ 2,\ \cdots,\ N_T-1$）中第 i_M+1（$i_M=1,\ 2,\ \cdots,\ M-1$）层模拟的条件失效概率 $P\left(F_{i_M+1}(t_i)\middle|F_{i_M}(t_i)\right)$ 的期望、方差和变异系数分别为

$$
\begin{aligned}
E\left(P\left(F_{i_M+1}(t_i)\middle|F_{i_M}(t_i)\right)\right)&=\frac{1}{N_{t_i}^{(i_M+1)}}\sum_{i_N=1}^{N_{t_i}^{(i_M+1)}}E\left(I_{F_{i_M+1}(t_i)}\left(z_{t_i}^{(i_M+1)}\right)\right)=E\left(I_{F_{i_M+1}(t_i)}\left(z_{t_i}^{(i_M+1)}\right)\right)\\
&\approx\frac{1}{N_{t_i}^{(i_M+1)}}\sum_{i_N=1}^{N_{t_i}^{(i_M+1)}}I_{F_{i_M+1}(t_i)}\left(z_{t_i}^{(i_M+1)}\right)=P\left(F_{i_M+1}(t_i)\middle|F_{i_M+1}(t_i)\right)
\end{aligned}
\tag{5.30}
$$

$$\mathrm{Var}\left(P\left(F_{i_M+1}(t_i)\middle|F_{i_M}(t_i)\right)\right)\approx\frac{P\left(F_{i_{M+1}}(t_i)\middle|F_{i_M}(t_i)\right)-P^2\left(F_{i_M+1}(t_i)\middle|F_{i_M}(t_i)\right)}{N_{t_i}^{(i_M+1)}-1}\left(1+\gamma_{i_M+1}\right)\tag{5.31}$$

$$\delta_{i_M+1}(t_i)=\frac{\sqrt{\mathrm{Var}\left(P\left(F_{i_M+1}(t_i)\middle|F_{i_M}(t_i)\right)\right)}}{E\left(P\left(F_{i_M+1}\middle|F_{i_M}(t_i)\right)\right)}=\sqrt{\frac{1-P\left(F_{i_M+1}(t_i)\middle|F_{i_M}(t_i)\right)}{P\left(F_{i_M+1}(t_i)\middle|F_{i_M}(t_i)\right)N_{t_i}^{(i_M+1)}}\left(1+\gamma_{i_M+1}\right)}\tag{5.32}$$

根据式（5.17），时间区间$[t_i,\ t_{i+1}]$（$i=1,\ 2,\ \cdots,\ N_T-1$）的失效概率$P_F(t_i)$的期望、方差及变异系数取决于$P\left(F_{i_M+1}(t_i)\middle|F_{i_M}(t_i)\right)$（$i_M=1,\ 2,\ \cdots,\ M-1$）之间的相关性，若$P\left(F_{i_M+1}(t_i)\middle|F_{i_M}(t_i)\right)$之间完全不相关，则

$$E\left(P_F(t_i)\right)\approx P\left(F_i(t_i)\right)\prod_{i_M=1}^{M-1}P\left(F_{i_M+1}(t_i)\middle|F_{i_M}(t_i)\right)=P_F(t_i)\tag{5.33}$$

$$\begin{aligned}\mathrm{Var}\left(P_F(t_i)\right)&=V\left(P\left(F_1(t_i)\right)\prod_{i_M=1}^{M-1}P\left(F_{i_M+1}(t_i)\middle|F_{i_M}(t_i)\right)\right)\\&=E\left(P\left(F_1(t_i)\right)\prod_{i_M=1}^{M-1}P\left(F_{i_M+1}(t_i)\middle|F_{i_M}(t_i)\right)\right)^2-E^2\left(P\left(F_1(t_i)\right)\prod_{i_M=1}^{M-1}P\left(F_{i_M+1}(t_i)\middle|F_{i_M}(t_i)\right)\right)\\&=\left(P^2\left(F_1(t_i)\right)+\mathrm{Var}\left(P\left(F_1(t_i)\right)\right)\right)\prod_{i_M=1}^{M-1}\left(P^2\left(F_{i_M+1}(t_i)\middle|F_{i_M}(t_i)\right)+\mathrm{Var}\left(P\left(F_{i_M+1}(t_i)\middle|F_{i_M}(t_i)\right)\right)\right)-\\&\quad P_F^2(t_i)\end{aligned}\tag{5.34}$$

$$\delta(t_i)=\sqrt{\sum_{i_M=1}^{M}\left(\delta_{i_M}(t_i)\right)^2}\tag{5.35}$$

然而，$P\left(F_{i_M+1}(t_i)\middle|F_{i_M}(t_i)\right)$（$i_M=1,\ 2,\ \cdots,\ M-1$）之间是相关的，但根据实际计算结果可以证明，时间区间$[t_i,\ t_{i+1}]$（$i=1,\ 2,\ \cdots,\ N_T-1$）的失效概率$P_F(t_i)$的统计特征可以较准确地由式（5.33）、式（5.34）和式（5.35）近似计算。

因此，时间区间$[0,\ t_s]$（$s=2,\ 3,\ \cdots,\ N_T$）的累积失效概率$P_{F,c,ss}(0,\ t_s)$的变异系数可以表示为

$$\delta(0,\ t_s)=\frac{\sqrt{\mathrm{Var}\left(P_{F,c,ss}(0,\ t_s)\right)}}{E\left(P_{F,c,ss}(0,\ t_s)\right)}=\frac{\sqrt{\sum_{i=1}^{s}\mathrm{Var}\left(P_F(t_i)\right)}}{\sum_{i=1}^{s}P_F(t_i)}\tag{5.36}$$

为了使时间区间$[t_i,\ t_{i+1}]$（$i=1,\ 2,\ \cdots,\ N_T-1$）的失效概率$P_F(t_i)$达到所需的准确度，需要的样本总数应为

$$N_{t_i}\approx\left|\log P_F(t_i)\right|^r\frac{(1+\gamma)(1-p_0)}{p_0\left|\log p_0^r\delta^2(t_i)\right|}\tag{5.37}$$

式中，$r\leqslant 3$，其值取决于 $P\left(F_{i_M+1}(t_i)\middle|F_{i_M}(t_i)\right)$ $(i_M=1,\ 2,\ \cdots,\ M-1)$ 之间的相关性。

由此可见，计算时间区间 $[t_i,\ t_{i+1}]$ $(i=1,\ 2,\ \cdots,\ N_T-1)$ 的失效概率 $P_{zt}(t_i)$ 所需的样本数 N_{SS} 正比于 $\left|\log P_F(t_i)\right|^r$，明显少于 Monte Carlo 模拟方法中正比于 $\dfrac{1}{P_{f,\ cMCS}(t_i,\ t_{i+1})}$ 的样本数 N_{MCS}。

5.2.3 子集模拟时变可靠性分析方法模拟流程

子集模拟时变可靠性分析方法将较小的失效概率转化为较大概率的乘积，从而减少所需样本数量，提高计算效率，同时保持较高的精度。在分析小失效概率可靠性问题时，子集模拟时变可靠性分析方法在计算效率上有明显优势。图5.2简明地展示了该方法的实现过程。子集模拟时变可靠性分析方法的分析过程具体如下。

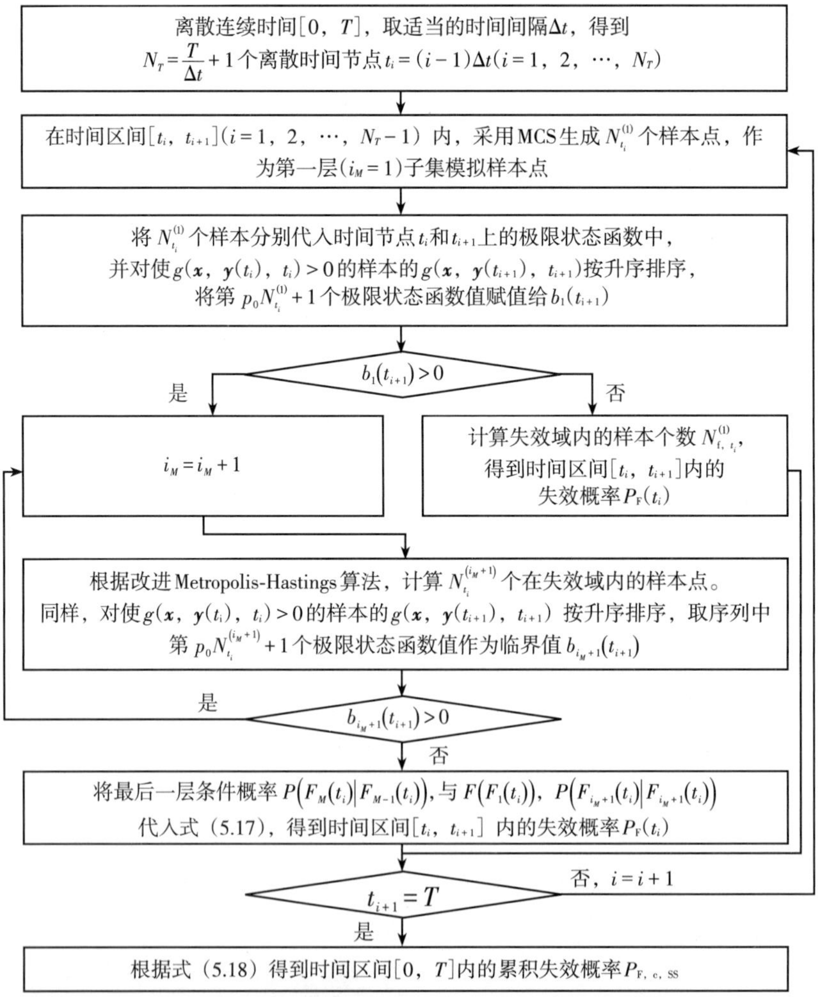

图5.2 子集模拟时变可靠性分析方法流程图

（1）离散连续时间 $[0,\ T]$，取适当的时间间隔 Δt，得到 $N_T=\dfrac{T}{\Delta t}+1$ 个离散时间节点 $t_i=(i-1)\Delta t\ (i=1,\ 2,\ \cdots,\ N_T)$。

（2）通过EOLE方法，将 m 维随机过程 $\boldsymbol{y}(t)=\left[y_1(t),\ y_2(t),\ \cdots,\ y_m(t)\right]$ 转化为各离散时间点 t_i 上的随机变量 $\boldsymbol{y}(t_i)=\left[y_1(t_i),\ y_2(t_i),\ \cdots,\ y_m(t_i)\right]\ (i=1,\ 2,\ \cdots,\ NT)$。

（3）由 n 维随机变量 $\boldsymbol{x}=\left[x_1,\ x_2,\ \cdots,\ x_n\right]$ 及 m 维时间节点 t_i 上的随机变量 $\boldsymbol{y}(t_i)=\left[y_1(t_i),\ y_2(t_i),\ \cdots,\ y_m(t_i)\right]$，采用Monte Carlo模拟方法生成 $N_{t_i}^{(1)}\ (i=1,\ 2,\ \cdots,\ N_T-1)$ 个随机变量 $\boldsymbol{z}_{t_i}=\left(\boldsymbol{x},\ \boldsymbol{y}(t_i)\right)$ 的样本，作为时间区间 $\left[t_i,\ t_{i+1}\right]\ (i=1,\ 2,\ \cdots,\ N_T-1)$ 内的第一层子集模拟样本点。

（4）将 $N_{t_i}^{(1)}$ 个样本分别代入时间节点 t_i 和 t_{i+1} 上的极限状态函数中，并对使 $g(\boldsymbol{x},\ \boldsymbol{y}(t_i),\ t_i)>0$ 的样本的 $g(\boldsymbol{x},\ \boldsymbol{y}(t_{i+1}),\ t_{i+1})$ 按升序排序。要使 $P(F_1(t_i))$ 等于 p_0，将第 $\left(p_0N_{t_i}^{(1)}+1\right)$ 个极限状态函数值赋值给 $b_1(t_{i+1})$。

（5）在第 $i_M+1(i_M=1,\ 2,\ \cdots,\ M-1)$ 层模拟中，根据改进Metropolis-Hastings算法，以上一层模拟样本点落在失效域 $F_{i_M}(t_i)=\left\{g\left(\boldsymbol{x},\ \boldsymbol{y}(t_i),\ t_i\right)>0\right\}\cap\left\{g\left(\boldsymbol{x},\ \boldsymbol{y}(t_{i+1}),t_{i+1}\right)\leqslant b_{i_M}(t_{i+1})\right\}$ 内的 $p_0N_{t_i}^{(i_M+1)}$ 个样本为种子，生成 $(1-p_0)N_{t_i}^{(i_M+1)}$ 个额外的条件样本，得到总数为 $N_{t_i}^{(i_M+1)}$ 个在失效域 $F_{i_M}(t_i)$ 内的样本点。类似地，计算这 $N_{t_i}^{(i_M+1)}$ 个样本点的时间节点 t_i 和 t_{i+1} 上的极限状态函数值；同样，对使 $g(\boldsymbol{x},\ \boldsymbol{y}(t_i),\ t_i)>0$ 的样本的 $g(\boldsymbol{x},\ \boldsymbol{y}(t_{i+1}),\ t_{i+1})$ 按升序排序。假设条件概率 $P\left(F_{i_M+1}(t_i)\middle|F_{i_M}(t_i)\right)=p_0$，取序列中第 $p_0N_{t_i}^{(i_M+1)}+1$ 个极限状态函数值作为临界值 $b_{i_M+1}(t_{i+1})$，得到下一层失效域 $F_{i_M+1}(t_i)$，$i_M=i_M+1$，重复步骤（5）。如果 $b_{i_M+1}(t_{i+1})\leqslant 0$，那么得到最终失效域为 $F_{i_M}(t_i)=\left\{g\left(\boldsymbol{x},\ \boldsymbol{y}(t_i),\ t_i\right)>0\right\}\cup\left\{g\left(\boldsymbol{x},\ \boldsymbol{y}(t_{i+1}),\ t_{i+1}\right)\leqslant b_M(t_{i+1})\right\}$，最终模拟层数 $i_M+1=M$，$b_M(t_{i+1})=0$。

（6）设 $N_{\mathrm{f},\ t_i}^{(M)}$ 为子集模拟最后一层的失效样本数量，则最后一层的条件概率为 $P\left(F_M(t_i)\middle|F_{M-1}(t_i)\right)=\dfrac{N_{\mathrm{f},\ t_i}^{(M)}}{N_{t_i}^{(M)}}$，将其与 $P\left(F_1(t_i)\right)=p_0$，$P\left(F_{i_M+1}(t_i)\middle|F_{i_M}(t_i)=p_0\right)$ 代入式（5.17），得到时间区间 $\left[t_i,\ t_{i+1}\right]$ 内的失效概率 $P_{\mathrm{F}}(t_i)$，进而根据式（5.18）得到时间区间 $\left[0,\ t_{i+1}\right]$ 内的累积失效概率 $P_{\mathrm{F,\ c,\ SS}}(0,\ t_{i+1})$。

（7）若 $t_{i+1}=T$，则停止运算，得到 $[0,\ T]$ 的累积失效概率 $P_{\mathrm{F,\ c,\ SS}}=\left\{P_{\mathrm{F,\ c,\ SS}}(0,\ t_{i+1})\ i=1,\ 2,\ \cdots,\ N_T-1\right\}$；否则，$i=i+1$，返回步骤（3）。

5.2.4　数值算例

如图5.3所示的管状悬臂梁受到外力 $F_1(t)$，F_2，F_3，以及扭矩 $T(t)$ 的作用[7-8]。外圆

直径 $d=42$ mm，管壁厚度 $h=5$ mm，$L_1=60$ mm，$L_2=120$ mm，$\theta_1=5°$，$\theta_2=10°$。其中，F_2和F_3为永久载荷，$F_1(t)$和$T(t)$为动载荷。可变载荷的作用使结构强度$R(t)$随时间退化，其退化过程为Gamma过程，R_0为初始强度。管状悬臂梁结构参数分布特征如表5.1所列。功能函数为强度$R(t)$与固定端圆周下表面处最大应力$\sigma_{\max}(t)$之差

$$g(t)=R(t)-\max\sigma(t) \tag{5.38}$$

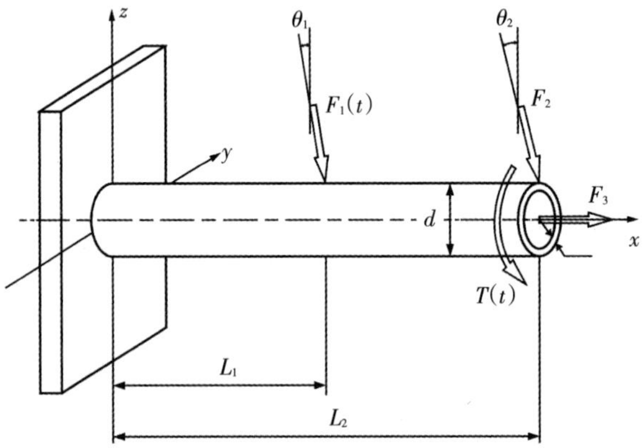

图5.3　管状悬臂梁结构受力简图

Gamma过程描述强度$R(t)$从0时刻到t时刻的增量$\Delta R(t)$，其形状参数为$v(t)=ct^b$，尺度参数为u，其中$u=1.4863\times10^{-6}$，$b=0.2$，$c=2.8349\times10^7$，因此结构强度$R(t)$表示为

$$R(t)=\Delta R(t)+R_0 \tag{5.39}$$

而$\sigma_{\max}(t)$计算式如下：

$$\sigma_{\max}(t)=\sqrt{\sigma_x^2(t)+3\tau_{zx}^2} \tag{5.40}$$

其中，弯曲应力$\sigma_x(t)$和剪切应力τ_{zx}由式（5.41）和式（5.42）计算：

$$\sigma_x(t)=\frac{F_3+F_2\sin\theta_1+F_1(t)\sin\theta_2}{A}+\frac{dT(t)}{2I} \tag{5.41}$$

$$\tau_{zx}=\frac{T(t)d}{4I} \tag{5.42}$$

式（5.41）和式（5.42）中，$T(t)=F_2L_1\cos\theta_1+F_1(t)L_2\cos\theta_2$，为扭矩；横截面面积$A=\dfrac{\pi\left[d^2-(d-2h)^2\right]}{4}$；惯性矩$I=\dfrac{\pi\left[d^4-(d-2h)^4\right]}{64}$。

表5.1　管状悬臂梁结构参数分布特征

参数	均值	变异系数	分布形式	自相关系数函数
初始抗力R_0	560 MPa	0.1	正态分布	—
载荷$F_1(t)$	1800 N	0.1	Gaussian过程	$\sin(\lvert 0.3\Delta t\rvert)/\lvert 0.3\Delta t\rvert$
载荷F_2	1800 N	0.1	正态分布	—

表5.1（续）

参数	均值	变异系数	分布形式	自相关系数函数
载荷F_3	1000 N	0.1	极值I型分布	—
载荷$T(t)$	4.2×10^5 N·mm	0.1	Gaussian过程	$\exp(-\|0.1\Delta t\|)$
直径d	42 mm	0.1	正态分布	—
厚度h	5 mm	0.1	正态分布	—

通过时变可靠性分析的子集模拟法、改进一次二阶矩方法和Monte Carlo模拟方法得到的管状悬臂梁时变可靠度对比结果如表5.2所列。图5.4显示了各个时间区间$[0, t_s]$（$s=2, 3, \cdots, N_T$）内，分别采用时变可靠性分析的子集模拟法和Monte Carlo模拟方法估计管状悬臂结构极限状态函数累积概率分布，并进行比较。而各个时间区间$[0, t_s]$（$s=2, 3, \cdots, N_T$）的累积失效概率$P_{F,c,SS}(0, t_s)$的变异系数$\delta(0, t_s)$如图5.5所示。

表5.2 管状悬臂梁时变可靠度对比结果

时间(t)/a	MCS	FORM		SS	
	可靠度	可靠度	相对误差	可靠度	相对误差
1	0.99962	0.99974	0.0119%	0.999619	0.0001%
2	0.99920	0.99944	0.0239%	0.99930	0.01%
3	0.99884	0.99905	0.0213%	0.99878	0.006%
4	0.99816	0.99858	0.0421%	0.99818	0.002%
5	0.99742	0.99801	0.0591%	0.99742	0
6	0.99644	0.99733	0.0893%	0.99622	0.022%
7	0.99574	0.99656	0.0824%	0.99546	0.0281%
8	0.99416	0.99568	0.1529%	0.99397	0.0191%
9	0.99298	0.99469	0.1722%	0.99277	0.0211%
10	0.99228	0.99359	0.1320%	0.99239	0.0111%

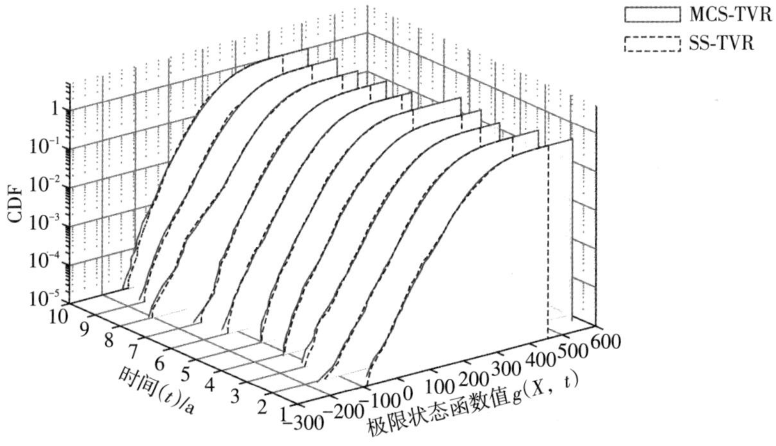

图5.4 管状悬臂结构时变极限状态函数的累积分布函数曲线

累积失效概率的变异系数 $\delta(0, t_s) < 30\%$ 的情况下，Monte Carlo 模拟时变可靠性分析方法所需的样本量为 10^6，而子集模拟时变可靠性分析方法只需要 10^3 个初始样本量，且子集模拟时变可靠性分析方法的计算时间 ($t_{SS} = 69.519$ s) 比 Monte Carlo 模拟时变可靠性分析方法的时间 ($t_{MCS} = 3382.885$ s) 有明显缩减。同时，相比于其他方法（如改进一次二阶矩方法），子集模拟时变可靠性分析方法的结果明显与 Monte Carlo 模拟时变可靠性分析方法的结果一致性更高。例如，在时间区间 $[0, t_1]$ 内，子集模拟时变可靠性分析方法的累积失效概率估计值 $[P_{F, c, SS}(0, t_1) = 3.81 \times 10^{-4}]$ 与 Monte Carlo 模拟时变可靠性分析方法的计算结果 $[P_{F, c, MCS}(0, t_1) = 3.80 \times 10^{-4}]$ 吻合较好，而采用改进一次二阶矩方法计算的估计值为 2.61×10^{-4}，与 MCS 结果有显著差异，这种差异很大程度上是由结构系统时变极限状态函数的高非线性和参数的时变性所引起的。此外，由于累积失效概率都较小，所以计算结果进一步表明，针对小失效概率时变可靠性问题，子集模拟时变可靠性分析方法是一种准确、高效的可靠度估计方法。

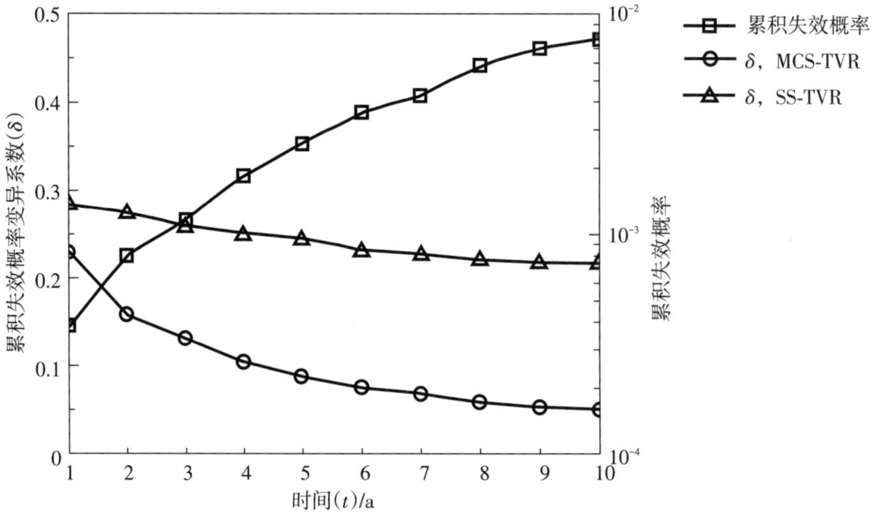

图 5.5　管状悬臂结构时变可靠度和变异系数曲线

5.3　基于子集模拟的 Kriging 时变可靠性分析方法

由于车削刀具系统颤振时变可靠性为高非线性高维时变可靠性问题，其极限状态函数较为复杂，需要大量计算才能得到样本相应的极限状态函数值，因此，使用极限状态函数计算的次数决定了可靠性分析的计算效率。车削刀具系统颤振时变可靠性分析需要计算每个样本在各时间节点上的极限状态函数值，所需计算量非常大，而采用主动学习的 Kriging（active learning kriging，ALK）模型来代替真实的极限状态函数，能够减少极限状态函数的调用次数，提高计算效率。同时，由于各时间区间的失效概率较小，对Kriging模型直接采用Monte Carlo模拟时变可靠性分析方法依然需要大量随机样本，而子集模拟时变可靠性分析方法是一种解决小失效概率问题的高效方法。因此，为了准确高效地估计时变可靠度，本节提出结合主动学习的Kriging模型与子集模拟时变可靠性分析方法分析这种高非线性小失效概率时变可靠性问题。

5.3.1 主动学习的Kriging时变模型

Kriging模型[9]利用估计点附近的样本点的信息，通过使预测值的方差最小来确定模型的精确插值方法，是一种精确的线性无偏估计方法[10]。同时，根据Kriging模型预测值的方差，能够预测该点信息的趋势，自动寻找并添加较优训练样本来修正模型[11]。

Kriging模型包含线性回归和随机分布两个部分[12]。在时间区间[0，T]内的离散时间节点$t_i=(i-1)\Delta t(i=1,2,\cdots,N_T)$上，由$n$维随机变量$\boldsymbol{x}=[x_1,x_2,\cdots,x_n]$和$m$维随机过程$\boldsymbol{y}(t)$离散时间点$t_i$的随机变量$\boldsymbol{y}(t_i)=[y_1(t_i),y_2(t_i),\cdots,y_m(t_i)]$组成$r$维随机变量$\boldsymbol{z}_{t_i}=(\boldsymbol{x},\boldsymbol{y}(t_i))=[x_1,x_2,\cdots,x_n,y_1(t_i),y_2(t_i),\cdots,y_m(t_i)]=[z_{t_i}(1),z_{t_i}(2),\cdots,z_{t_i}(r)]$，生成$N$个时间节点$t_i$的候选样本点$\boldsymbol{z}_{t_i}=[\boldsymbol{z}_{t_i,1},\boldsymbol{z}_{t_i,2},\cdots,\boldsymbol{z}_{t_i,i_n},\cdots,\boldsymbol{z}_{t_i,N}]$，其中$\boldsymbol{z}_{t_i,i_n}=[z_{t_i,i_n}(1),z_{t_i,i_n}(2),\cdots,z_{t_i,i_n}(r)]$，则时间节点$t_i$上的极限状态函数用Kriging模型表示为

$$g(\boldsymbol{z}_{t_i},t_i)=\boldsymbol{f}(\boldsymbol{z}_{t_i})^{\mathrm{T}}\boldsymbol{\beta}+h(\boldsymbol{z}_{t_i}) \tag{5.43}$$

式中，$\boldsymbol{\beta}=[\beta_1,\beta_2,\cdots,\beta_p]^{\mathrm{T}}$为回归系数向量；$\boldsymbol{f}(\boldsymbol{z}_{t_i})=[f_1(\boldsymbol{z}_{t_i}),f_2(\boldsymbol{z}_{t_i}),\cdots,f_p(\boldsymbol{z}_{t_i})]^{\mathrm{T}}$，为含$p$个基函数的回归多项式向量。

Kriging的回归多项式模型主要有以下三种。

① 常数，$p=1$，则

$$f_1(\boldsymbol{z}_{t_i})=1 \tag{5.44}$$

② 线性，$p=r+1$，则

$$f_1(\boldsymbol{z}_{t_i})=1,\ f_2(\boldsymbol{z}_{t_i})=z_{t_i}(1),\ \cdots,\ f_{r+1}(\boldsymbol{z}_{t_i})=z_{t_i}(r) \tag{5.45}$$

③ 二次，$p=0.5(r+1)(r+2)$，则

$$\begin{aligned}
&f_1(\boldsymbol{z}_{t_i})=1\\
&f_2(\boldsymbol{z}_{t_i})=z_{t_i}(1),\ \cdots,\ f_{r+1}(\boldsymbol{z}_{t_i})=z_{t_i}(r)\\
&f_{r+2}(\boldsymbol{z}_{t_i})=z_{t_i}^2(1),\ \cdots,\ f_{2r+1}(\boldsymbol{z}_{t_i})=z_{r_i}(1)z_{t_i}(r)\\
&r_{2r+2}(\boldsymbol{z}_{t_i})=z_{t_i}^2(2),\ \cdots,\ f_{3r}(\boldsymbol{z}_{t_i})=z_{t_i}(2)z_{t_i}(r)\\
&\quad\vdots\\
&f_{p-2}(\boldsymbol{z}_{t_i})=z_{t_i}^2(r-1),\ f_{p-1}(\boldsymbol{z}_{t_i})=z_{t_i}(r-1)2_{t_i}(r)\\
&f_p(\boldsymbol{z}_{t_i})=z_{t_i}^2(r)
\end{aligned} \tag{5.46}$$

式（5.43）中，$h\left(z_{t_i}\right)$为Kriging模型的局部近似，是服从正态分布$N(0,\ \sigma^2)$的稳态高斯过程，非零协方差矩阵为

$$\mathrm{Cov}\left(h\left(z_{t_i,\ j}\right),\ h\left(z_{t_i,\ k}\right)\right)=\sigma^2 R\left(z_{t_i,\ j},\ z_{t_i,\ k}\right)\quad (j,\ k=1,\ 2,\ \cdots,\ N) \tag{5.47}$$

式中，$R\left(z_{t_i,\ j},\ z_{t_i,\ k}\right)$为任意两个样本点$z_{t_i,\ j}$和$z_{t_i,\ k}$之间的空间相关函数，$\boldsymbol{\theta}$为空间相关函数的参数，其函数形式为

$$R\left(z_{t_i,\ j},\ z_{t_i,\ k}\right)=\prod_{i_r=1}^{r} R_{i_r}\left(\theta_{i_r},\ z_{t_i,\ j}(i_r)-z_{t_i,\ k}(i_r)\right) \tag{5.48}$$

式中，$z_{t_i,\ j}(i_r)$和$z_{t_i,\ k}(i_r)$分别为z_{t_i}中第j个样本和第k个样本的第i_r个分量；θ_{i_r}为参数$\boldsymbol{\theta}$的第i_r个分量。

由核函数形式，Kriging的常用空间相关函数主要有以下七种。

① 指数函数：

$$R_{i_r}\left(\theta_{i_r},\ z_{t_i,\ j}(i_r)-z_{t_i,\ k}(i_r)\right)=\exp\left(-\theta_{i_r}\left|z_{t_i,\ j}(i_r)-z_{t_i,\ k}(i_r)\right|\right) \tag{5.49}$$

② 指数高斯函数：

$$R_{i_r}\left(\theta_{i_r},\ z_{t_i,\ j}(i_r)-z_{t_i,\ k}(i_r)\right)=\exp\left(-\theta_{i_r}\left|z_{t_i,\ j}(i_r)-z_{t_i,\ k}(i_r)\right|^{\theta_{r+1}}\right),\ \theta_{r+1}\in[0,\ 2) \tag{5.50}$$

③ 高斯函数：

$$R_{i_r}\left(\theta_{i_r},\ z_{t_i,\ j}(i_r)-z_{t_i,\ k}(i_r)\right)=\exp\left(-\theta_{i_r}\left|z_{t_i,\ j}(i_r)-z_{t_i,\ k}(i_r)\right|^2\right) \tag{5.51}$$

④ 线性函数：

$$R_{i_r}\left(\theta_{i_r},\ z_{t_i,\ j}(i_r)-z_{t_i,\ k}(i_r)\right)=\max\left\{0,\ 1,\ -\theta_{i_r}\left|z_{t_i,\ j}(i_r)\right|\right\} \tag{5.52}$$

⑤ 球函数：

$$R_{i_r}\left(\theta_{i_r},\ z_{t_i,\ j}(i_r)-z_{t_i,\ k}(i_r)\right)=1-1.5\varepsilon_{i_r}+0.5\varepsilon_{i_r},\ \varepsilon_{i_r}=\min\left\{1,\ \theta_{i_r}\left|z_{t_i,\ j}(i_r)-z_{t_i,\ k}(i_r)\right|\right\} \tag{5.53}$$

⑥ 立方函数：

$$R_{i_r}\left(\theta_{i_r},\ z_{t_i,\ j}(i_r)-z_{t_i,\ k}(i_r)\right)=1-3\varepsilon_{i_r}^2+2\varepsilon_{i_r}^3,\ \varepsilon_{i_r}=\min\left\{1,\ \theta_{i_r}\left|z_{t_i,\ j}(i_r)-z_{t_i,\ k}(i_r)\right|\right\} \tag{5.54}$$

⑦ 样条函数：

$$R_{i_r}\left(\theta_{i_r},\ z_{t_i,\ j}(i_r)-z_{t_i,\ k}(i_r)\right)=\begin{cases}1-15\varepsilon_{i_r}^2+30\varepsilon_{i_r}^3, & \varepsilon_{i_r}\in[0,\ 0.2]\\ 1.25\left(1-\varepsilon_{i_r}\right)^3, & \varepsilon_{i_r}\in(0.2,\ 1]\\ 0, & \varepsilon_{i_r}\in[1,\ +\infty)\end{cases} \tag{5.55}$$

在上述七种空间相关函数中，高斯函数效果较好，最为常用[13-14]，因此，本书采用高斯函数作为相关函数，则其形式为

$$R\left(z_{t_i,j},\ z_{t_i,k}\right)=\prod_{i_r=1}^{r}\exp\left(-\theta_{i_r}\left(z_{t_i,j}(i_r)-z_{t_i,k}(i_r)\right)^2\right)$$
$$=\exp\left(-\sum_{i_r=1}^{r}\theta_{i_r}\left(z_{t_i,j}(i_r)-z_{t_i,k}(i_r)\right)^2\right) \tag{5.56}$$

通过最大似然法估计参数 θ_{i_r} 为

$$L\left(\theta_{i_r}\right)=\left(2\pi\sigma^2\right)^{-0.5N}|\boldsymbol{R}|^{-0.5}\exp(-0.5N) \tag{5.57}$$

式中，$\boldsymbol{R}$ 为相关矩阵，$R_{jk}=R\left(z_{t_i,j},\ z_{t_i,k}\right)(j,\ k=1,\ 2,\ \cdots,\ N)$。通过优化求解下面最大值问题，得到 θ_{i_r}：

$$\max F\left(\theta_{i_r}\right)=-0.5\ln(|\boldsymbol{R}|)-0.5N\ln(\sigma^2)\quad\left(\theta_{i_r}\geqslant 0,\ i_r=1,\ 2,\ \cdots,\ r\right) \tag{5.58}$$

由 N_{DoE} 个时间节点 t_i 组成的初始实验设计样本点（design of experiment，DoE）为 $\boldsymbol{D}_{t_i}=\left[\boldsymbol{D}_{t_i,1},\ \boldsymbol{D}_{t_i,2},\ \cdots,\ \boldsymbol{D}_{t_i,N_{\mathrm{DoE}}}\right]$，时间节点 t_i 上的极限状态函数值为 $\boldsymbol{G}_{t_i}=\left[g\left(\boldsymbol{D}_{t_i,1},\ t_i\right),\ g\left(\boldsymbol{D}_{t_i,2},\ t_i\right),\ \cdots,\ g\left(\boldsymbol{D}_{t_i,N_{\mathrm{DoE}}},\ t_i\right)\right]$，Kriging模型中回归系数的估计值 $\tilde{\boldsymbol{\beta}}$ 和随机过程 $h\left(z_{t_i}\right)$ 方差的估计值分别为

$$\tilde{\boldsymbol{\beta}}=\left(\boldsymbol{F}^{\mathrm{T}}\boldsymbol{R}^{-1}\boldsymbol{F}\right)^{-1}\boldsymbol{F}^{\mathrm{T}}\boldsymbol{R}^{-1}\boldsymbol{G}_{t_i} \tag{5.59}$$

$$\tilde{\sigma}^2=\frac{1}{N_{\mathrm{DoE}}}\left(\boldsymbol{G}_{t_i}-\boldsymbol{F}\tilde{\boldsymbol{\beta}}\right)^{\mathrm{T}}\boldsymbol{R}^{-1}\left(\boldsymbol{G}_{t_i}-\boldsymbol{F}\tilde{\boldsymbol{\beta}}\right) \tag{5.60}$$

式中，$\boldsymbol{F}$ 为元素 $F_{jk}=f_k\left(z_{t_i,j}\right)(j=1,\ 2,\ \cdots,\ N_{\mathrm{DoE}};\ k=1,\ 2,\ \cdots,\ p)$ 的 $N_{\mathrm{DoE}}\times p$ 矩阵；$\boldsymbol{R}$ 为 $N_{\mathrm{DoE}}\times N_{\mathrm{DoE}}$ 矩阵，$R_{jk}=R\left(\boldsymbol{D}_{t_i,j},\ \boldsymbol{D}_{t_i,k}\right)(j,\ k=1,\ 2,\ \cdots,\ N_{\mathrm{DoE}})$。

因此，对于时间节点 t_i 的任意样本点 $z_{t_i,0}$，其极限状态函数值服从正态分布，即 $g\left(z_{t_i,0},\ t_i\right)\sim N\left(\mu_{G_{t_i}}\left(z_{t_i,0}\right),\ \sigma^2_{G_{t_i}}\left(z_{t_i,0}\right)\right)$。其中，Kriging模型预测值和方差分别表示为

$$\tilde{g}\left(z_{t_i,0},\ t_i\right)=\mu_{G_{t_i}}\left(z_{t_i,0}\right)=\boldsymbol{f}^{\mathrm{T}}\left(z_{t_i,0}\right)\tilde{\boldsymbol{\beta}}+\boldsymbol{r}\left(z_{t_i,0}\right)^{\mathrm{T}}\boldsymbol{R}^{-1}\left(\boldsymbol{G}_{t_i}-\boldsymbol{F}\tilde{\boldsymbol{\beta}}\right) \tag{5.61}$$

$$\sigma^2_{\hat{G}_{t_i}}\left(z_{t_i,0}\right)=\tilde{\sigma}^2\left[1+\boldsymbol{u}^{\mathrm{T}}\left(\boldsymbol{F}^{\mathrm{T}}\boldsymbol{R}^{-1}\boldsymbol{F}\right)^{-1}\boldsymbol{u}-\boldsymbol{r}\left(z_{t_i,0}\right)^{\mathrm{T}}\boldsymbol{R}^{-1}\boldsymbol{r}\left(z_{t_i,0}\right)^{\mathrm{T}}\right] \tag{5.62}$$

式中，$\boldsymbol{r}\left(z_{t_i,0}\right)=\left[R\left(z_{t_i,0},\ \boldsymbol{D}_{t_i,1}\right),\ R\left(z_{t_i,0},\ \boldsymbol{D}_{t_i,2}\right),\ \cdots,\ R\left(z_{t_i,0},\ \boldsymbol{D}_{t_i,N_{\mathrm{DoE}}}\right)\right]^{\mathrm{T}}$，为样本点 $z_{t_i,0}$ 与所有 N_{DoE} 个样本之间的相关向量；$\boldsymbol{u}=\boldsymbol{F}^{\mathrm{T}}\boldsymbol{R}^{-1}\boldsymbol{r}\left(z_{t_i,0}\right)-\boldsymbol{f}\left(z_{t_i,0}\right)$。

采用Kriging的方差 $\sigma^2_{G_{t_i}}\left(z_{t_i,0}\right)$ 评估样本点 $z_{t_i,0}$ 处的Kriging预测值 $\tilde{g}\left(z_{t_i,0},\ t_i\right)$ 的准确性，则 $\sigma^2_{G_{t_i}}\left(z_{t_i,0}\right)$ 的值越大，$\tilde{g}\left(z_{t_i,0},\ t_i\right)$ 的准确性越差。因此，$\sigma^2_{G_{t_i}}\left(z_{t_i,0}\right)$ 是优化更新Kriging模型的重要指标，为模型的主动学习提供基本依据。

为了提高更新Kriging模型的效率，通过主动学习来选择最优样本点加入到实验设计样本集中，减少更新Kriging模型的循环迭代次数，采用少量样本达到所需精度。本

节采用基于U学习函数的主动学习方法对Kriging模型进行优化更新。

学习函数U的定义类似于可靠度指标，则时间节点t_i的样本点$\boldsymbol{z}_{t_i}$处的U函数表示为

$$U\left(\boldsymbol{z}_{t_i}\right)=\frac{\left|\mu_{G_{t_i}}\left(\boldsymbol{z}_{t_i}\right)\right|}{\sigma_{G_{t_i}}\left(\boldsymbol{z}_{t_i}\right)} \tag{5.63}$$

在可靠性分析中，若样本点的极限状态函数值为正，则系统可靠；反之，若样本点的极限状态函数值非正，则系统失效。$\Phi\left(U\left(\boldsymbol{z}_{t_i}\right)\right)$表示根据样本点$\boldsymbol{z}_{t_i}$所得的Kriging模型预测值$\tilde{g}\left(\boldsymbol{z}_{t_i,0}, t_i\right)=\mu_{G_{t_i}}\left(\boldsymbol{z}_{t_i,0}\right)$的正负符号判断正确的概率。根据式（5.63），当$U\left(\boldsymbol{z}_{t_i}\right)$的值较小时，Kriging模型预测值$\tilde{g}\left(\boldsymbol{z}_{t_i,0}, t_i\right)$趋近于0或Kriging模型方差$\sigma^2_{G_{t_i}}\left(\boldsymbol{z}_{t_i}\right)$较大，此时预测值正负情况判断错误的可能性较大，这样的样本点较危险，因此，设样本集中使$U\left(\boldsymbol{z}_{t_i}\right)$的值最小的样本点为拟合Kriging模型的最佳样本点，即

$$\boldsymbol{z}^*_{t_i}=\arg\min_{\boldsymbol{z}_{t_i}} U\left(\boldsymbol{z}_{t_i}\right) \tag{5.64}$$

将$\boldsymbol{z}^*_{t_i}$加入到实验设计样本集中，更新Kriging模型，当满足条件$\min\left\{U\left(\boldsymbol{z}_{t_i}\right)\geqslant U_{\mathrm{lim}}\right\}$时，停止迭代。通常取$U_{\mathrm{lim}}=2$[15]，即对于Kriging模型预测值失效与否的判断正确的概率不低于$\Phi(2)=0.977$。

基于学习函数U的Kriging时变模型的建立步骤如下。

① 在各离散时间节点$t_i(i=1, 2, \cdots, N_T)$上，由n维随机变量$\boldsymbol{x}=\left[x_1, x_2, \cdots, x_n\right]$及$m$维时间节点$t_i$的随机变量$\boldsymbol{y}(t_i)=\left[y_1(t_i), y_2(t_i), \cdots, y_m(t_i)\right]$，生成$N$个候选样本点$\boldsymbol{z}_{t_i}$及$N_{0,\mathrm{DoE}}$个初始实验设计样本点$\boldsymbol{D}_{t_i}$，并由时间节点$t_i$的时变极限状态函数计算初始实验设计样本点$\boldsymbol{D}_{t_i}$的极限状态函数值$\boldsymbol{G}_{t_i}$。

② 根据$\boldsymbol{D}_{t_i}$和$\boldsymbol{G}_{t_i}$，构建初始时间节点t_i的Kriging模型。

③ 根据式（5.61）、式（5.62）和式（5.63），由候选样本集$\boldsymbol{z}_{t_i}$估计Kriging预测值$\tilde{g}\left(\boldsymbol{z}_{t_i}, t_i\right)$、Kriging的方差$\sigma^2_{G_{t_i}}\left(\boldsymbol{z}_{t_i}\right)$及$U\left(\boldsymbol{z}_{t_i}\right)$，并找出最小值$\min U\left(\boldsymbol{z}_{t_i}\right)$。

④ 若$\min U\left(\boldsymbol{z}_{t_i}\right)\geqslant 2$，停止迭代，建立Kriging模型；反之，计算最佳样本点$\boldsymbol{z}^*_{t_i}$处极限状态函数值$G^*_{t_i}$，并将新的数据分别加入到$\boldsymbol{D}_{t_i}$和$\boldsymbol{G}_{t_i}$中，返回步骤②。

⑤ 若$t_i=T$，则输出各时间节点的Kriging模型；反之，若$i=i+1$，则返回步骤②。

5.3.2 基于子集模拟的Kriging时变可靠性模拟流程

针对小失效概率时变可靠性问题的特点，为了提高运算效率，本节提出了基于子集模拟的Kriging时变可靠性（ALK-SS-TVR）分析方法。先采用主动学习Kriging模型，通

过少量的样本建立代理模型，代替真实的高非线性极限状态函数，再采用子集模拟时变可靠性分析方法将小失效概率转化为较大概率的乘积，从而达到了在保证高精度的前提下降低计算量、提高运算效率的目的。该方法详细计算流程如下。

（1）将时间区间 $[0,\ T]$ 离散为 $N=\dfrac{T}{\Delta t}+1$ 个离散时间节点 $t_i=(i-1)\Delta t(i=1,\ 2,\ \cdots,\ N_T)$，其中 Δt 为时间间隔。在各时间节点 t_i 上，将 m 维随机过程 $\boldsymbol{y}(t)=\left[y_1(t),\ y_2(t),\ \cdots,\ y_m(t)\right]$ 通过EOLE方法转化为随机变量 $\boldsymbol{y}(t_i)=\left[y_1(t_i),\ y_2(t_i),\ \cdots,\ y_m(t_i)\right]$ $(i=1,\ 2,\ \cdots,\ N_T)$。

（2）由 n 维随机变量 $\boldsymbol{x}=\left[x_1,\ x_2,\ \cdots,\ x_n\right]$ 及 m 维时间节点 t_i 上的随机变量 $\boldsymbol{y}(t_i)=\left[y_1(t_i),\ y_2(t_i),\ \cdots,\ y_m(t_i)\right]$，在各个时间节点 t_i 上，生成 N 个 r 维候选样本点 $\boldsymbol{z}_{t_i}=\left[\boldsymbol{z}_{t_i,\ 1},\ \boldsymbol{z}_{t_i,\ 2},\ \cdots,\ \boldsymbol{z}_{t_i,\ i_n},\ \cdots,\ \boldsymbol{z}_{t_i,\ N_{\text{DoE}}}\right]$。

（3）采用拉丁超立方采样方法生成各个时间节点 t_i 上的 $N_{0,\ \text{DoE}}$ 个初始实验设计样本点 $\boldsymbol{D}_{t_i}=\left[\boldsymbol{D}_{t_i,\ 1},\ \boldsymbol{D}_{t_i,\ 2},\ \cdots,\ \boldsymbol{D}_{t_i,\ N_{0,\ \text{DoE}}}\right]$，并计算时变极限状态函数值 $\boldsymbol{G}_{t_i}=\left[g\left(\boldsymbol{D}_{t_i,\ 1},\ t_i\right),\ g\left(\boldsymbol{D}_{t_1,\ 2},\ t_i\right),\ \cdots,\ g\left(\boldsymbol{D}_{t_i,\ N_{\text{DoE}}},\ t_i\right)\right]^{\text{T}}$。初始实验设计一般选取尽可能少的样本点，之后通过主动学习加入最佳样本点 $\boldsymbol{z}_{t_i}^*$ 以更新实验设计样本点。

（4）根据 $\boldsymbol{D}_{t_i}$ 和 $\boldsymbol{G}_{t_i}$，构建初始时间节点 t_i 的Kriging模型。由式（5.61）和式（5.62）计算候选样本集 $\boldsymbol{z}_{t_i}$ 中各个样本点在时间点 t_i 处的预测值 $\tilde{g}\left(\boldsymbol{z}_{t_i},\ t_i\right)=\mu_{G_{t_i}}\left(\boldsymbol{z}_{t_i}\right)$ 和方差 $\sigma_{G_{t_i}}^2\left(\boldsymbol{z}_{t_i}\right)$，并根据式（5.63）计算学习函数值 $U\left(\boldsymbol{z}_{t_i}\right)$。

（5）若对于所有候选样本点有 $\min U\left(\boldsymbol{z}_{t_i}\right)\geqslant 2$，则停止主动学习；否则，将 $\boldsymbol{z}_{t_i}$ 中的最佳样本点 $\boldsymbol{z}_{t_i}^*$ 加入到实验设计样本集 $\boldsymbol{D}_{t_i}$ 中，计算 $z_{t_i}^*$ 的时变极限状态函数值 $G_{t_i}^*=g\left(z_{t_i}^*,\ t_i\right)$ 并加入到 $\boldsymbol{G}_{t_i}$ 中，改进时间节点 t_i 处的Kriging模型，返回步骤（4）。

（6）若 $t_i=T$，则输出各时间节点的Kriging模型；反之，若 $i=i+1$，则返回步骤（4）。

（7）根据上述时间节点 t_i 和 t_{i+1} 处的Kriging模型，通过自适应的方法由候选样本集 $\boldsymbol{z}_{t_i}$ 确定时间区间 $\left[t_i,\ t_{i+1}\right]$ $(i=1,\ 2,\ \cdots,\ N_T-1)$ 内的第一层子集模拟失效事件 $F_1(t_i)=\left\{g\left(\boldsymbol{z}_{t_i},\ t_i\right)>0\right\}\cap\left\{g\left(\boldsymbol{z}_{t_i+1},\ t_{i+1}\right)\leqslant\left(t_{i+1}\right)\right\}$，若响应临界值 $b_1(t_{i+1})\leqslant 0$，则统计失效域中的样本点数，计算时间区间 $\left[t_i,\ t_{i+1}\right]$ 内的失效概率 $P_{\text{F}}(t_i)$，根据式（5.18）得到时间区间 $\left[0,\ t_{i+1}\right]$ 内的累积失效概率 $P_{\text{F},\ \text{c},\ \text{SS}}(0,\ t_{i+1})$。若响应临界值 $b_1(t_{i+1})>0$，则进行下一层模拟。

（8）采用马尔可夫链蒙特卡罗方法生成子集模拟第 $i_M+1(i_M=1,\ 2,\ \cdots,\ M-1)$ 层模拟的条件样本，自适应方法确定响应临界值 $b_{i_M+1}\left(t_{i+1}\right)$，若 $b_{i_M+1}\left(t_{i+1}\right)\leqslant 0$，即第 i_M+1 层为最后一层模拟，即 $i_M+1=M$。设 $b_{i_M+1}\left(t_{i+1}\right)=b_M\left(t_{i+1}\right)=0$，统计该层样本落入失效域

$F_{i_M+1}(t_i)=\{g(\boldsymbol{x},\ \boldsymbol{y}(t_i),\ t_i)>0\}\cap\{g(\boldsymbol{x},\ \boldsymbol{y}(t_{i+1}),\ t_{i+1})\leqslant b_{i_M+1}(t_{i+1})\}$中的个数，得到该层的条件概率$P(F_{i_M+1}(t_i)|F_{i_M}(t_i))=P(F_M(t_i)|F_{M-1}(t_i))$，将其与$P(F_1(t_i))=p_0$、$P(F_{i_M+1}(t_i)|F_{i_M}(t_i))=p_0$代入式（5.17），得到时间区间$[t_i,\ t_{i+1}]$内的失效概率$P_F(t_i)$，并计算时间区间$[0,\ t_{i+1}]$内的累积失效概率$P_{F,\ c,\ SS}(0,\ t_{i+1})$。若$b_{i_M+1}(t_{i+1})>0$，则$i_M=i_M+1$，重复步骤（8）。

（9）若$t_{i+1}=T$，则停止运算，得到$[0,\ T]$的累积失效概率$P_{F,\ c,\ SS}=\{P_{F,\ c,\ SS},\ i=1,\ 2,\ \cdots,\ N_T-1\}$，并由式（5.36）计算累积失效概率的变异系数$\delta(0,\ t_{N_T})$。否则，$i=i+1$，返回步骤（7）。

（10）预设$\delta_{\lim}=0.15\sim0.25$，如果$\delta\leqslant\delta_{\lim}$，那么迭代结束，输出累积失效概率$\boldsymbol{P}_{F,\ c,\ SS}$；反之，增加候选样本的数量，返回步骤（3）。

基于子集模拟的Kriging时变可靠性分析方法流程图如图5.6所示。

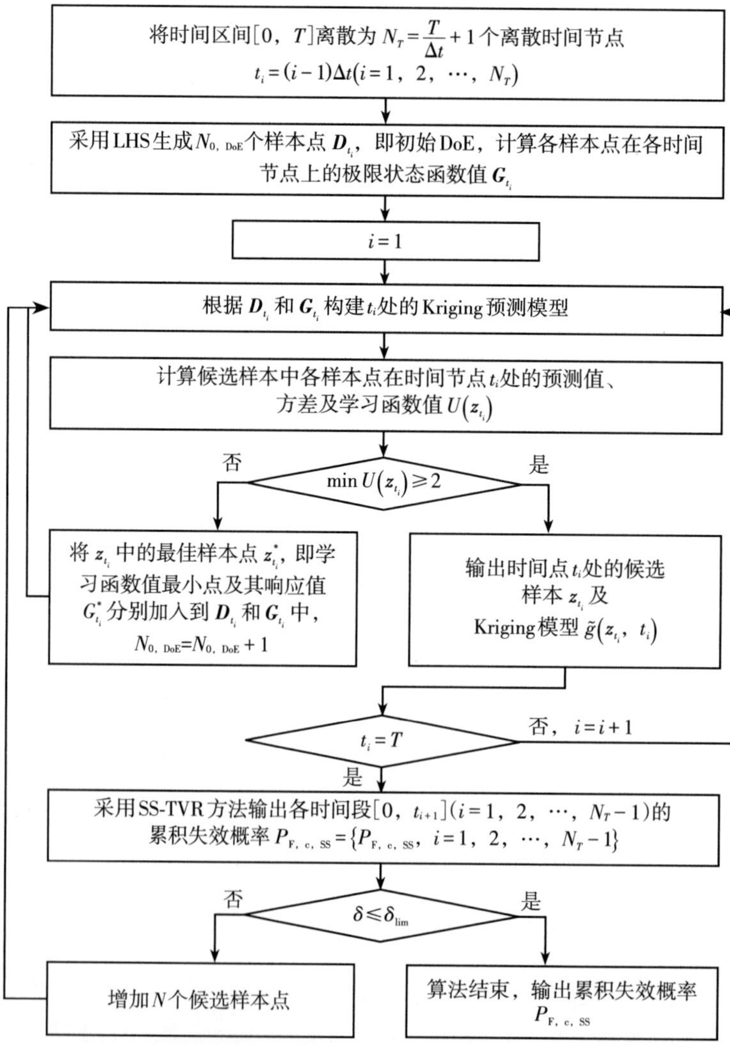

图5.6　基于子集模拟的Kriging时变可靠性分析方法流程图

5.4 考虑刀具磨损的车削刀具系统颤振时变可靠性分析

5.4.1 车削刀具系统时变稳定性分析

刀具磨损是一个典型的连续时间、连续状态的随机过程，并且其不可自我修复，也是一个增量非减的过程[16-17]。Gamma过程是一个具有独立、非减且时间和状态都是连续的随机过程，并且其增量服从Gamma分布[18]。因此，在考虑刀具磨损的情况下，切削力系数随加工时间的变化过程可用Gamma过程进行描述。将切削力系数时变过程引入车削刀具系统稳定性分析，可得到车削颤振时变稳定性模型。

5.4.1.1 Gamma过程

由刀具磨损引起的切削力系数的变化是一个时变过程，且切削力系数具有随机性。本书采用Gamma过程来描述切削力系数随时间的变化过程。$k_c(t)$描述切削力系数随时间t变化的过程，$\Delta k_c(t)$为0时刻到t时刻切削力系数的增量，Gamma过程的概率密度函数为

$$f_{\Delta k_c(t)}(\Delta k_c)=Ga\left(\Delta k_c\middle|\nu(t),\ u\right)=\frac{u^{\nu(t)}\Delta k_c^{\ \nu(t)-1}\exp(-u\Delta k_c)}{\Gamma(\nu(t))}I_{(0,\ +\infty)}(\Delta k_c)\tag{5.65}$$

式中，$I_{(0,\ +\infty)}(x)$为指示函数，当$x\in[0,\ +\infty)$时，其值为1，当$x\in[0,\ +\infty)$时，其值为0；$\nu(t)$和u分别为Gamma分布的形状参数和尺度参数；$\Gamma(\cdot)$为Gamma函数，即

$$\Gamma(a)=\int_0^{+\infty}x^{a-1}\mathrm{e}^{-x}\mathrm{d}x\quad(a>0)$$

$\Delta k_c(t)$的期望和方差分别为

$$E\left(\Delta k_c(t)\right)=\int_0^{+\infty}\Delta k_c f_{\Delta k_c(t)}(\Delta k_c)\mathrm{d}\Delta k_c=\frac{\nu(t)}{u}\tag{5.66}$$

$$\mathrm{Var}\left(\Delta k_c(t)\right)=\int_0^{+\infty}\left(\Delta k_c-E\left(\Delta k_c(t)\right)\right)^2 f_{\Delta k_c(t)}(\Delta k_c)\mathrm{d}\Delta k_c=\frac{\nu(t)}{u^2}\tag{5.67}$$

实验研究结果表明，期望的劣化值与能量规律成正比[18]，即车削系统切削力系数增量的变化过程的期望值为

$$E\left(\Delta k_c(t)\right)=\frac{\nu(t)}{u}=\frac{ct^b}{u}\propto t^b\tag{5.68}$$

式中，c，b，u均为正实数。

5.4.1.2 车削刀具系统时变稳定性模型

将$k_c(t)$引入车削刀具系统极限切削深度，得到时变极限切削深度为

$$a_{\mathrm{p\,lim}}(t)=\frac{k(\eta\cos\omega T-1)\left[\left(\omega_n^2-\omega^2\right)^2+\left(2\omega_n\omega\zeta\right)^2\right]}{k_c(t)\cos(\varphi-\alpha)\cos\alpha\left(1-2\eta\cos\omega T+\eta^2\right)\left(\omega_n^2-\omega^2\right)\omega_n^2} \tag{5.69}$$

式中，$\omega T=2\pi n+\arcsin\dfrac{2\omega_n\omega\zeta}{\eta\sqrt{\left(2\omega_n\omega\zeta\right)^2+\left(\omega_n^2-\omega^2\right)^2}}-\arctan\dfrac{2\omega_n\omega\zeta}{\omega_n^2-\omega^2}$。

对应的主轴转速依然表示为

$$\varOmega=\frac{60}{T}=\frac{60\omega}{2\pi n+\arcsin\dfrac{2\omega_n\omega\zeta}{\eta\sqrt{\left(2\omega_n\omega\zeta\right)^2+\left(\omega_n^2-\omega^2\right)^2}}-\arctan\dfrac{2\omega_n\omega\zeta}{\omega_n^2-\omega^2}} \tag{5.70}$$

式中，$n=0$，1，2，…，为一次切削过程中产生的整波数。

本章采用以台式车床为平台测得的模态参数[19-20]进行稳定性分析，试验装备振动信号采集系统为B&Ks3560-B、脉冲分析软件为B&Ks Pulse LabShops、力锤为PCBs086C01、加速度传感器为PCBs356A24，如图5.7所示。采集系统得到频率响应函数后，图5.8为频率响应函数的实频和虚频曲线，车削刀具系统的固有频率ω_n由图5.8中虚频曲线的峰值确定，进而识别出其他模态参数。

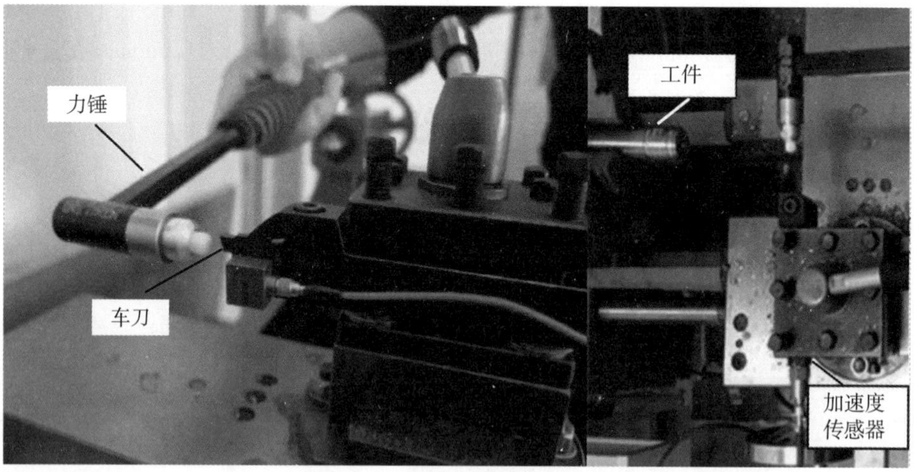

图5.7 台式车床试验平台

根据Kistler测力平台9257B，测得的采用刀具SNGN-120716S fg-300以0.08 mm的进给量和2 mm的切削深度车削50CrMo4硬化钢工件时的切削力[21]，切向切削刚度系数为$k_t=2560\ \mathrm{N/mm^2}$，径向切削刚度系数为$k_r=1625\ \mathrm{N/mm^2}$。台式车床车削刀具系统动力学参数如表5.3所列。

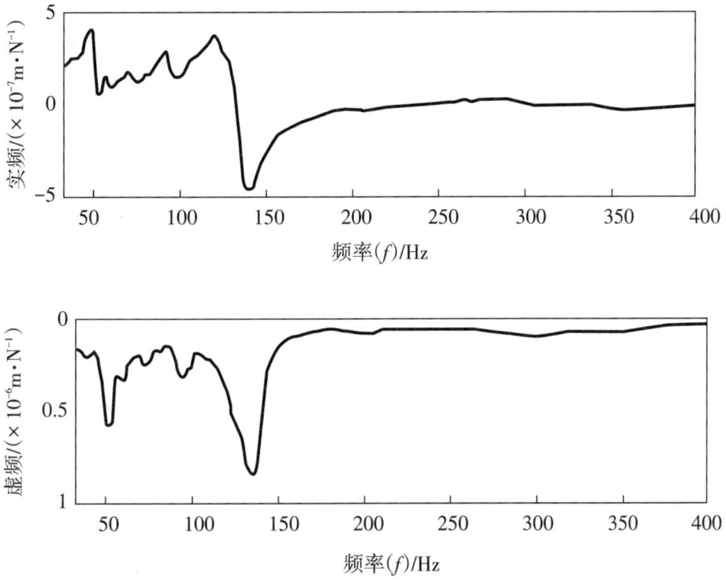

图5.8　频率响应函数的特征曲线

表5.3　车削刀具系统动力学参数

参数	参数意义	数值
$k/(\mathrm{N \cdot m^{-1}})$	等效刚度	7.34×10^6
$c/(\mathrm{N \cdot s \cdot m^{-1}})$	等效阻尼	1832.3
$m/(\mathrm{N \cdot s^2 \cdot m^{-1}})$	等效质量	10.061
$\varphi/(°)$	切削力夹角	60
$\alpha/(°)$	振动方向夹角	45
η	切削重叠系数	1
$k_t/(\mathrm{N \cdot mm^{-2}})$	切向切削刚度系数	2560
$k_r/(\mathrm{N \cdot mm^{-2}})$	径向切削刚度系数	1625

根据文献［21-22］中的实验数据拟合描述切削力系数增量变化的Gamma过程参数为$b=0.6158$，$c=0.9218$，$u=0.02741$，即Gamma过程的形状参数和尺寸参数分别为$\upsilon(t)=0.9218t^{0.6158}$，$u=0.02741$。合力切削力系数的表达式为

$$k_c(t)=\Delta k_c(t)+k_{c0} \tag{5.71}$$

式中，k_{c0}为刀具磨损前的合力切削力系数，由切向切削刚度系数和径向切削刚度系数根据式（3.4）计算；合力切削力系数$k_c(t)$的拟合结果与实验数据对比如图5.9所示。根据表5.3中的动力学参数及合力切削力系数$k_c(t)$的拟合结果，在时间轴上，由主轴转速与极限切削深度的叶瓣曲线形成的三维曲面如图5.10所示。

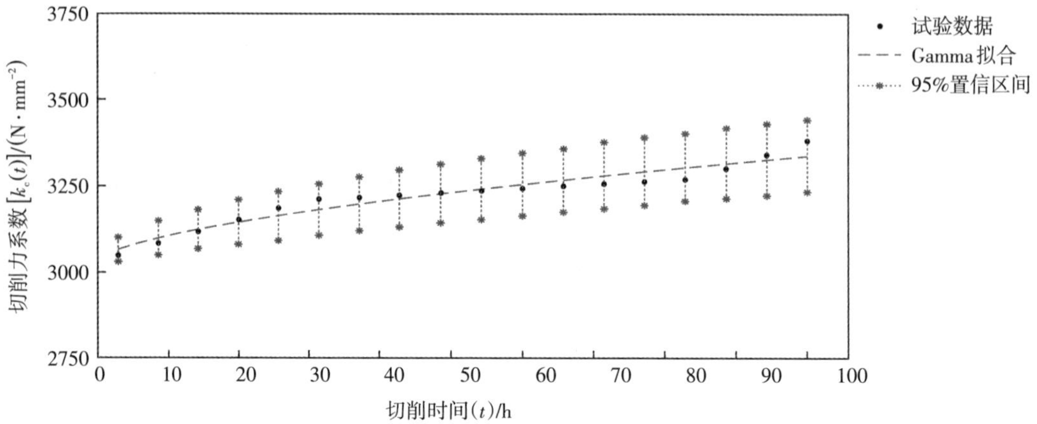

图5.9　车削切削力系数变化曲线

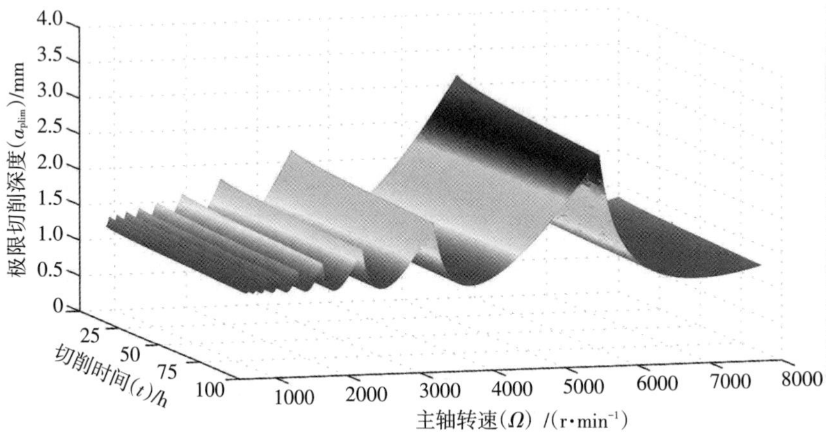

图5.10　车削刀具系统颤振时变稳定性叶瓣图

当主轴转速为$\Omega = 1600$ r/min时，分别以切削深度$a_p = 0.8$ mm和$a_p = 1.5$ mm加工工件，被加工表面状态如图5.11所示。图5.12为工业麦克风采集到的噪声信号和功率谱，表明当切削深度为0.8 mm时，频率344.7 Hz处的振幅为0.00112 Pa²，加工噪声正常；而当切削深度为1.5 mm时，频率346.1 Hz处的振幅为0.00603 Pa²，加工噪声异常，且为深度0.8 mm时振幅的5.38倍，达到了颤振的识别阈值。因此，在1600 r/min的主轴转速下，切削深度为0.8 mm时系统是稳定的，而当切削深度为1.5 mm时发生颤振，这与图5.10中的叶瓣图一致。

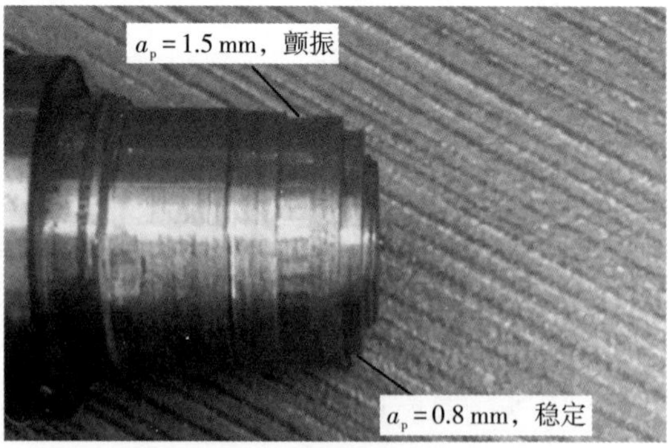

图5.11　工件的车削颤振振纹

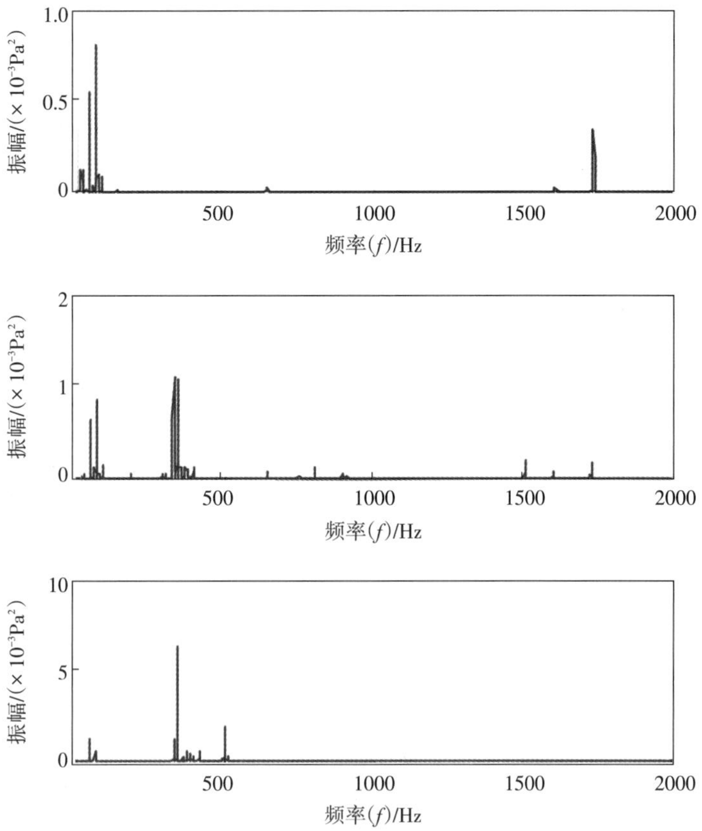

图5.12 噪声信号和功率谱

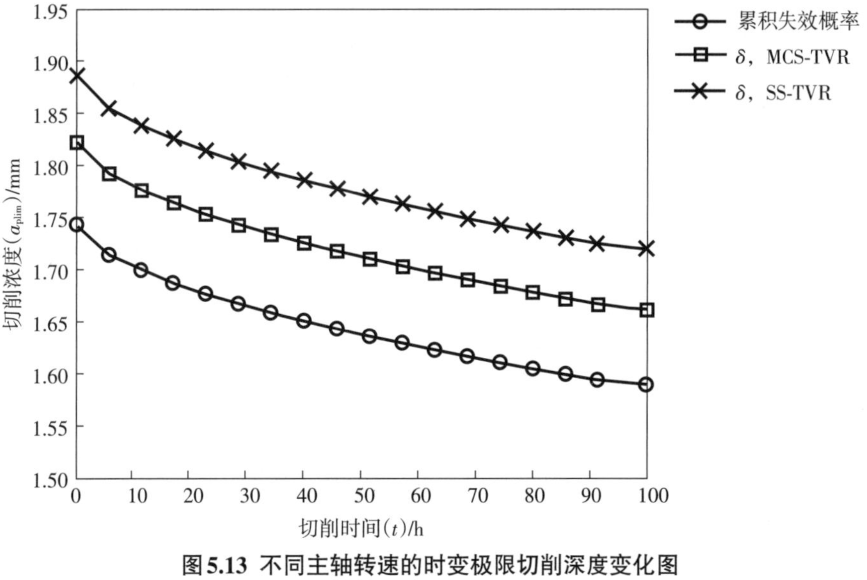

图5.13 不同主轴转速的时变极限切削深度变化图

在其他参数不变的情况下，对比主轴转速分别为2500，3300，5000 r/min时极限切削深度随切削时间的变化情况，如图5.13所示。图5.13表明了在任意主轴转速下，极限切削深度都随切削时间的增加而逐渐减小。而在同一时刻，不同主轴转速所对应的极限切削深度均不相同。而且由图5.10也可以看出，当主轴转速较高时，极限切削深度大的可能性更大，系统更稳定，失效的可能性小。

5.4.2 车削刀具系统颤振时变可靠性分析

根据车削系统颤振可靠度模型及时变极限切削深度$a_{\mathrm{p\,lim}}(t)$，车削刀具系统颤振时变可靠度的极限状态函数为

$$g\left(\boldsymbol{x},\ \boldsymbol{y}(t),\ t\right)=a_{\mathrm{p\,lim}}(t)-a_{\mathrm{p}} \tag{5.72}$$

式中，a_{p}为实际车削切削深度；$\boldsymbol{x}$和$\boldsymbol{y}(t)$分别为车削刀具系统动力学参数随机变量和随机过程。由于受车削加工工件时齿轮传动间隙与主轴转速波动的影响[23-24]，主轴转速会随时间而变化，则主轴转速为随机过程，设$\boldsymbol{x}=\left[m,\ k,\ c,\ \varphi,\ \alpha\right]^{\mathrm{T}}$，$\boldsymbol{y}(t)=\left[k_{\mathrm{c}}(t),\ \Omega(t)\right]^{\mathrm{T}}$，其统计特征如表5.4所列。

表5.4 车削刀具系统动力学参数的统计特征

参数	均值	变异系数	分布形式	自相关系数函数
$m/(\mathrm{N\cdot s^2\cdot m^{-1}})$	10.061	0.01	正态分布	—
$k/(\mathrm{N\cdot m^{-1}})$	7.34×10^6	0.01	正态分布	—
$c/(\mathrm{N\cdot s\cdot m^{-1}})$	1832.3	0.01	正态分布	—
$\varphi/(°)$	60	0.01	正态分布	—
$\alpha/(°)$	45	0.01	正态分布	—
$k_{\mathrm{c}}(t)/(\mathrm{N\cdot mm^{-2}})$	见式(5.70)	—	Gamma过程	—
$\Omega(t)/(\mathrm{r\cdot min^{-1}})$	2500，3300，5000	0.01	Gaussian过程	$\exp(-(\Delta t/60)^2)$
η	1	—	—	—

采用本章提出的基于子集模拟的Kriging时变可靠性（ALK-SS-TVR）分析方法，并与基于Monte Carlo模拟的Kriging时变可靠性（ALK-MCS-TVR）分析方法和Monte Carlo模拟时变可靠性（MCS-TVR）分析方法进行对比。由于Kriging模型回归多项式的选择对仿真精度不起决定性作用[25]，因此，本节中ALK-SS-TVR分析方法和ALK-MCS-TVR分析方法中的Kriging模型回归多项式$f\left(z_{t_i}\right)$取常数1，则回归系数向量$\boldsymbol{\beta}$简化为β，相关模型选为Gaussian函数，同时采用拉丁超立方采样方法生成少量初始实验设计样本点，本节取$N_{0,\ \mathrm{DoE}}$为12。同时，ALK-SS-TVR分析方法的初始样本数取为10^3，ALK-MCS-TVR分析方法的初始样本数取为10^4，MCS-TVR分析方法的样本数取为10^6。本节中的计算均在Intel Core i5处理器下运行，并且运行5次后取平均值，以降低计算结果的不确定性。在给定实际切削深度$a_{\mathrm{p}}=1.6$ mm，主轴转速的均值分别为2500，3300，5000 r/min的情况下，采用几种方法计算车削刀具系统颤振时变可靠度的结果如图5.14所示。在主轴转速分别为2500，3300，5000 r/min的情况下，表5.5列出了三种时变可靠性方法的车削刀具系统颤振时变可靠度结果、计算结果之间的相对误差、各时间区间的平均调用

真实极限状态函数次数和运算时长的对比结果。

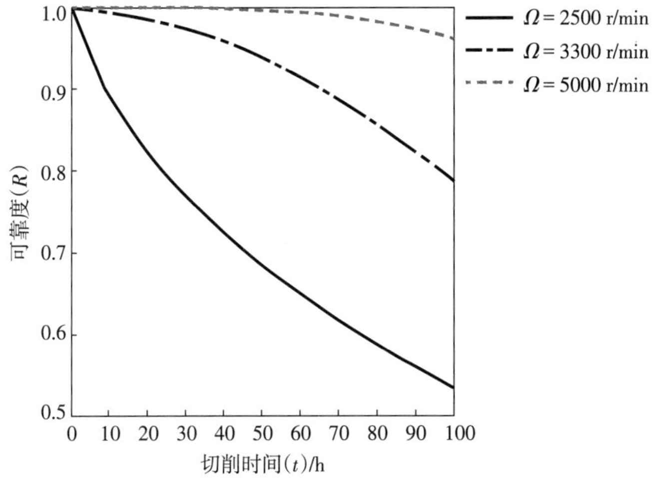

（a）各主轴转速下的时变可靠度曲线

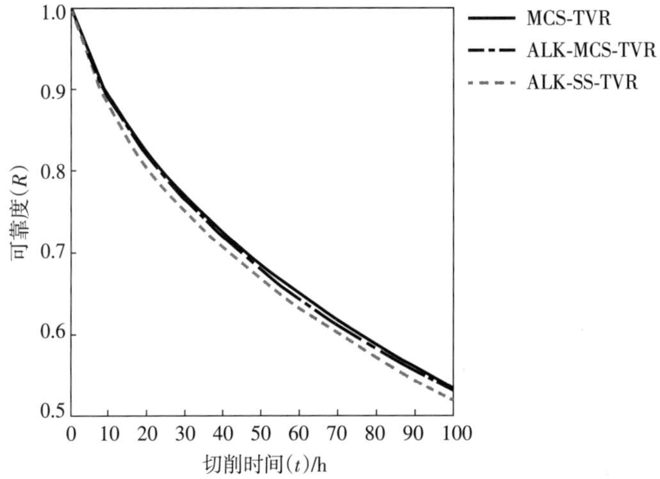

（b）$\Omega = 2500$ r/min

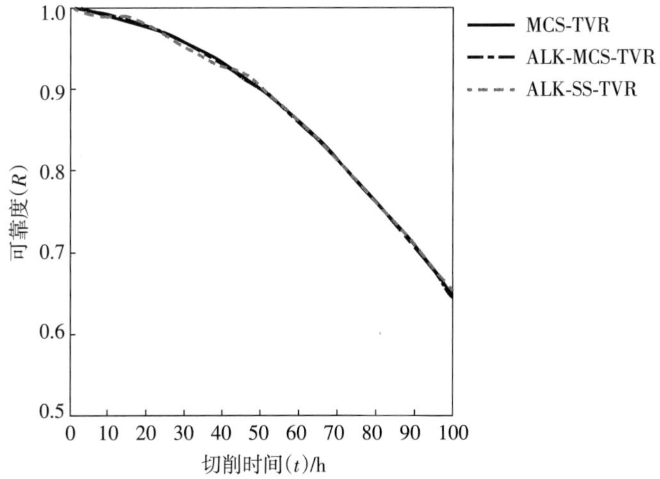

（c）$\Omega = 3300$ r/min

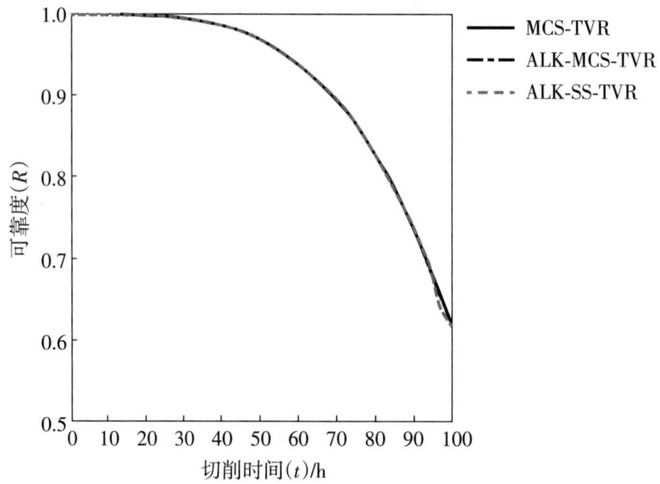

(d) $\Omega = 5000$ r/min

图5.14 车削刀具系统颤振时变可靠度

表5.5 不同主轴转速下的车削刀具系统颤振时变可靠性分析结果

项目			MCS-TVR	ALK-MCS-TVR		ALK-SS-TVR	
			可靠度	可靠度	相对误差	可靠度	相对误差
主轴转速 Ω= 2500 r/min	切削时间(t)/h	0	1	1	0%	1	0%
		10	0.9020	0.8988	0.3657%	0.8923	1.0854%
		20	0.8212	0.8186	0.3139%	0.8041	2.0789%
		30	0.7615	0.7583	0.4306%	0.7430	2.4304%
		40	0.7118	0.7071	0.6671%	0.6940	2.5058%
		50	0.6688	0.6630	0.8731%	0.6524	2.4559%
		60	0.6304	0.6241	1.0039%	0.6176	2.0421%
		70	0.6038	0.5985	0.8822%	0.5891	2.4526%
		80	0.5791	0.5751	0.6859%	0.5630	2.7755%
		90	0.5557	0.5525	0.5662%	0.5407	2.6986%
		100	0.5334	0.5318	0.3106%	0.5180	2.8925%
	平均调用次数		10^6	6984		5762	
主轴转速 Ω= 3300 r/min	切削时间(t)/h	0	1	1	0%	1	0%
		10	0.9954	0.9945	0.0924%	0.9942	0.1234%
		20	0.9860	0.9851	0.0948%	0.9867	0.06820%
		30	0.9723	0.9722	0.0083%	0.9680	0.4371%
		40	0.9529	0.9522	0.0781%	0.9546	0.1732%
		50	0.9295	0.9286	0.0937%	0.9292	0.0297%
		60	0.8995	0.8990	0.0580%	0.8999	0.0399%
		70	0.8744	0.8737	0.0796%	0.8737	0.0825%
		80	0.8472	0.8467	0.0627%	0.8469	0.0369%
		90	0.8181	0.8179	0.0204%	0.8209	0.3482%
		100	0.7863	0.7860	0.0431%	0.7909	0.5783%
	平均调用次数		10^6	4490		2969	

表5.5（续）

项目			MCS-TVR	ALK-MCS-TVR		ALK-SS-TVR	
			可靠度	可靠度	相对误差	可靠度	相对误差
主轴转速 $\Omega=4900$ r/min	切削时间 (t)/h	0	1	1	0%	1	0%
		10	0.999988	0.999991	0.000354%	0.999991	0.000276%
		20	0.999863	0.999859	0.000426%	0.999864	0.000130%
		30	0.999387	0.9994	0.001261%	0.999393	0.000585%
		40	0.998185	0.998184	0.000112%	0.998194	0.000886%
		50	0.995855	0.995805	0.005001%	0.995837	0.001833%
		60	0.991573	0.991556	0.001663%	0.991704	0.013280%
		70	0.986851	0.986805	0.004653%	0.987299	0.045336%
		80	0.980448	0.980426	0.002159%	0.980713	0.027059%
		90	0.972052	0.972065	0.001429%	0.972343	0.0003%
		100	0.961646	0.961611	0.003622%	0.961674	0.002932%
	平均调用次数		10^6	8530		2495	

图5.14中显示车削刀具系统颤振时变可靠度在0时刻为1，随着切削时间的增加，可靠度逐渐减少。在同一时刻，不同主轴转速下的可靠度也不同，即在同一时刻，$R_{\Omega=2500}<R_{\Omega=3300}<R_{\Omega=5000}$，与由图5.13推测的可靠度结论相符。从图5.14（b）（c）（d）中可以看出，在任一主轴转速下，由ALK-SS-TVR分析方法、ALK-MCS-TVR分析方法和MCS-TVR分析方法得到的时变可靠度变化趋势完全相同，且ALK-MCS-TVR分析方法和ALK-SS-TVR分析方法的计算结果与MCS-TVR分析方法计算结果的一致性都很好，均有较高的准确性。

由表5.5可知，在不同主轴转速下，采用ALK-MCS-TVR分析方法计算的车削刀具系统颤振时变可靠度与MCS-TVR分析方法计算结果吻合较好，相对误差较小；而ALK-MCS-TVR分析方法各时间区间的平均调用真实极限状态函数的次数明显少于MCS-TVR分析方法的调用次数，大幅提高了计算效率，但为了使失效概率的变异系数达到相应范围以满足精度要求，当采用ALK-MCS-TVR分析方法计算时，依然需要大量样本点作为候选样本或增加迭代次数，所以运算成本较大。而采用ALK-SS-TVR分析方法计算时，虽然其相对误差相比于ALK-MCS-TVR分析方法的相对误差较大，但均在工程允许范围内；但是ALK-SS-TVR分析方法的调用真实极限状态函数的次数和ALK-MCS-TVR分析方法的调用次数相比，都有很大程度的降低。因此，各个主轴转速下的结果均说明，在保证计算精度的前提下，采用本章提出的基于子集模拟的Kriging时变可靠性（ALK-SS-TVR）分析方法可以高效地解决车削刀具系统颤振时变可靠度问题，大幅提高运算效率。

5.5 本章小结

本章考虑刀具磨损对切削力系数的影响，使其在具有随机性因素的同时产生时变性，更符合车削加工的实际情况，在实际工程中具有重要意义。在传统可靠性理论基础上，结合了子集模拟时变可靠性分析方法和主动学习Kriging时变模型，提出了基于子集模拟的Kriging时变可靠性分析方法。通过采用Gamma过程对切削力系数的变化量进行描述，分析了车削刀具系统颤振时变稳定性。同时，建立了车削刀具系统颤振时变可靠性模型，并以台式车床为例，采用基于子集模拟的Kriging时变可靠性分析方法进行了车削刀具系统颤振时变可靠性分析。对比了其与基于Monte Carlo模拟的Kriging时变可靠性分析方法和Monte Carlo模拟时变可靠性分析方法的计算结果，证明了基于子集模拟的Kriging时变可靠性分析方法对于解决车削刀具系统颤振时变可靠度问题的准确性和高效性。

参考文献

[1] MADSEN H O, KRENK S, LIND N C.Methods of structural safety[M]. New York: Dover Pubns, 2006.

[2] DU X P, CHEN W.Towards a better understanding of modeling feasibility robustness in engineering design[J]. Journal of mechanical design, 2000, 122(4): 385-394.

[3] RICE S O.Mathematical analysis of random noise[J]. Bell system technical journal, 1944, 23(3): 282-332.

[4] MATHERON G.The intrinsic random functions and their applications[J]. Advances in applied probability, 1973, 5(3): 439-468.

[5] AU S K, BECK J L.Estimation of small failure probabilities in high dimensions by subset simulation[J]. Probabilistic engineering mechanics, 2001, 16(4): 263-277.

[6] SHINOZUKA M.Probability of structural failure under random loading[J]. Journal of the engineering mechanics division, 1964, 90(5): 147-170.

[7] 蒋水华，李典庆，方国光.结构可靠度分析的响应面法和随机响应面法的比较[J]. 武汉大学学报(工学版), 2012, 45(1): 46-53.

[8] 张崎，李兴斯.基于Kriging模型的结构可靠性分析[J]. 计算力学学报, 2006, 23(2): 175-179.

[9] KOEHLER J R, OWEN A B.Computer experiments[J]. Handbook of statistics, 1996, 13: 261-308.

[10] GIUNTA A A, BALABANOV V, HAIM D, et al.Multidisciplinary optimization of a

supersonic transport using design of experiments theory and response surface modeling [J]. Aeronautical journal,1997,101(1008):347-356.

[11] JONES D R, SCHONLAU M, WELCH W J.Efficient global optimization of expensive black-box functions[J]. Journal of global optimization,1998,13(4):455-492.

[12] SACKS J, SCHILLER S B, WELCH W J.Designs for computer experiments[J]. Technometrics,1989,31(1):41.

[13] LV Z Y, LU Z Z, WANG P.A new learning function for Kriging and its applications to solve reliability problems in engineering[J]. Computers and mathematics with applications,2015,70(5):1182-1197.

[14] PARK C, PADGETT W J.Accelerated degradation models for failure based on geometric Brownian motion and gamma processes[J]. Lifetime data analysis,2005,11(4):511-527.

[15] 谢延敏,于沪平,陈军,等.基于Kriging模型的可靠度计算[J]. 上海交通大学学报,2007,41(2):177-181.

[16] 李常有,张义民,王跃武.恒定加工条件及定期补偿下的刀具渐变可靠性灵敏度分析方法[J]. 机械工程学报,2012,48(12):162-168.

[17] WELCH W J, BUCK R J, SACKS J, et al. Screening, predicting, and computer experiments[J]. Technometrics,1992,34(1):15-25.

[18] NOORTWIJK J M V.A survey of the application of gamma processes in maintenance [J]. Reliability engineering and system safety,2009,94(1):2-21.

[19] LIU Y, LI T X, LIU K, et al.Chatter reliability prediction of turning process system with uncertainties[J]. Mechanical systems and signal processing,2016,66/67:232-247.

[20] 刘宇,李天翔,刘阔,等.基于四阶矩法车削颤振可靠性研究[J]. 机械工程学报,2016,52(20):193-200.

[21] NAVES V T G, DASILVA M B, DASILVA F J.Evaluation of the effect of application of cutting fluid at high pressure on tool wear during turning operation of AISI 316 austenitic stainless steel[J]. Wear,2013,302(1/2):1201-1208.

[22] 刘宇,王振宇,杨慧刚,等.车削颤振时变可靠性预测[J]. 东北大学学报(自然科学版),2017,38(5):684-689.

[23] SALTELLI A, RATTO M, ANDRES T, et al.Global sensitivity analysis: the primer[M]. Hoboken: John Wiley and Sons, Ltd,2008.

[24] SOBOL I M.Global sensitivity indices for nonlinear mathematical models and their Monte Carlo estimates[J]. Mathematics and computers in simulation,2001,55(1/2/3):271-280.

[25] 崔利杰. 不确定环境下的可靠性和重要性分析研究[D]. 西安:西北工业大学,2011.

第6章 车削刀具系统颤振矩独立时变全局灵敏度分析方法

对于车削系统而言，合理控制切削颤振是加工中迫切需要解决的重大问题。车削参数的不确定性和时变性对颤振稳定性的影响程度各不相同，因此，找出车削系统的薄弱环节并降低其敏感参数是避免车削过程中发生颤振的关键。本章针对时变复杂系统，提出了基于主动学习Kriging的矩独立时变全局灵敏度分析方法，采用主动学习Kriging时变模型代替时变极限状态函数，降低矩独立时变全局灵敏度的计算成本。在此基础上，根据车削刀具系统颤振时变稳定性模型及时变可靠性模型，分析了车削刀具系统参数对时变极限状态函数分布和累积失效概率的影响，为避免易导致系统在实际生产制造过程中发生颤振的因素提供了依据。

6.1 矩独立时变全局灵敏度分析方法

灵敏度分析可分为局部灵敏度分析（local sensitivity analysis，LSA）和全局灵敏度分析（global sensitivity analysis，GSA）[1]。局部灵敏度为传统灵敏度，由极限状态函数的统计特征对参数随机变量的偏导数来描述，仅考虑了参数在特定值处的局部变化对极限状态函数的统计特征的影响程度，不能反映参数完整分布范围的影响，并通常假定模型为线性或具有单调性[2]。然而，全局灵敏度可以从参数的整个分布范围来衡量其不确定性对极限状态函数的方差或分布的影响程度，同时不要求模型的形式[3]。

目前，常用的全局灵敏度分析方法主要分为基于方差的全局灵敏度和矩独立的全局灵敏度分析方法两类。基于方差的全局灵敏度分析方法以方差分析（analysis of variance，ANOVA）分解[4]为基础，通过极限状态函数的方差（即二阶矩）来反映参数对极限状态函数的影响程度，但仅通过方差并不能全面地反映参数对响应的影响。因此，在考虑系统时变性的情况下，本章采用矩独立时变全局灵敏度分析（moment-independent time-varying global sensitivity analysis，MI-TV-GSA）方法，在基于时变极限状态函数的概率密度函数和累积分布函数及累积失效概率的情况下，分析参数对时变极限状态函数的影响程度。

6.1.1　基于概率密度函数和累积分布函数的矩独立时变全局灵敏度

6.1.1.1　基于概率密度函数的矩独立时变全局灵敏度指标

设时间区间 [0，T] 内的 N_T 个离散的 $t_i=(i-1)\dfrac{T}{N_T-1}$（$i=1, 2, \cdots, N_T$），以及时间节点 t_i 上包含随机变量、随机过程及时间变量的时变极限状态函数 $G_{t_i}=g\left(\boldsymbol{X}, \boldsymbol{Y}(t_i), t_i\right)=g\left(\boldsymbol{Z}_{t_i}, t_i\right)$。其中，$t$ 为时间变量；$\boldsymbol{X}=\left[X_1, X_2, \cdots, X_n\right]$，为 n 维随机变量；$\boldsymbol{Y}(t_i)=\left[Y_1(t_i), Y_2(t_i), \cdots, Y_m(t_i)\right]$（$i=1, 2, \cdots, N_T$），为 m 维随机过程 $\boldsymbol{Y}(t)=\left[Y_1(t), Y_2(t), \cdots, Y_m(t)\right]$ 在各离散时间节点上的随机变量；$\boldsymbol{Z}_{t_i}$ 为时间节点 t_i 上的 r 维随机变量，$r=n+m$。

G_{t_i} 的概率密度函数为 $f_{G_{t_i}}\left(g_{t_i}\right)$，而其条件概率密度函数 $f_{G_{t_i}|Z_{t_i, i_r}}\left(g_{t_i}\right)$（$i_r=1, 2, \cdots, r$）为时间节点 t_i 上随机变量的第 i_r 个分量 Z_{t_i, i_r} 取固定值 $z^*_{t_i, i_r}$ 时极限状态函数的概率密度函数。

在 G_{t_i} 完整取值范围内，$f_{G_{t_i}|Z_{t_i, i_r}}$ 与 $f_{G_{t_i}}\left(g_{t_i}\right)$ 之间的差异表示了参数 Z_{t_i, i_r} 取固定值 $z^*_{t_i, i_r}$ 时对 G_{t_i} 的概率密度函数的累积影响[5]，其几何意义如图6.1中的阴影面积所示，采用积分形式表达为

$$s\left(Z_{t_i, i_r}\right)=\int_{-\infty}^{+\infty}\left|f_{G_{t_i}}\left(g_{t_i}\right)-f_{G_{t_i}|Z_{t_i, i_r}}\left(g_{t_i}\right)\right|\mathrm{d}g_{t_i} \tag{6.1}$$

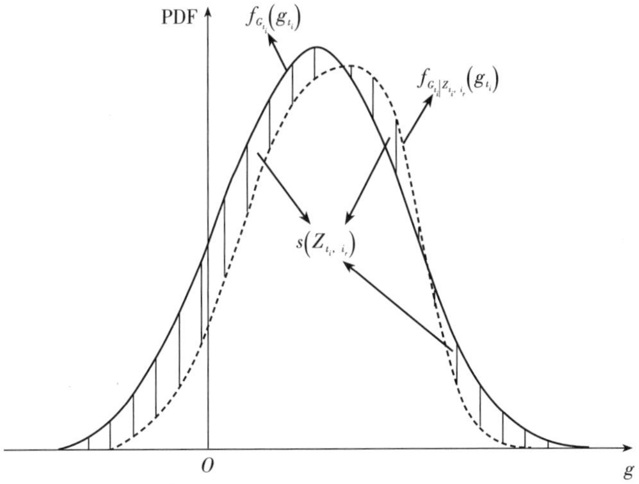

图6.1　$s\left(Z_{t_i, i_r}\right)$ 的几何意义

由各随机变量的概率密度函数 $f_{Z_{t_i, i_r}}\left(Z_{t_i, i_r}\right)$，生成 N 个时间节点 t_i 上的样本点 z_{t_i} 作为所有固定值，则参数 $\boldsymbol{Z}_{t_i, i_r}$ 对 G_{t_i} 的概率密度函数的累积影响的平均值由 $s\left(Z_{t_i, i_r}\right)$ 的数学期望表达，即

$$E_{Z_{t_i,\ i_r}}\left(s\left(Z_{t_i,\ i_r}\right)\right)=\int_{-\infty}^{+\infty}f_{Z_{t_i,\ i_r}}\left(z_{t_i,\ i_r}\right)s\left(Z_{t_i,\ i_r}\right)\mathrm{d}z_{t_i,\ i_r} \tag{6.2}$$

由于灵敏度指标应在[0，1]范围内[5]，因此，在时间节点t_i上，参数$Z_{t_i,\ i_r}$基于概率密度函数的矩独立全局灵敏度指标表示为

$$\delta_{t_i,\ i_r}=\frac{1}{2}E_{Z_{t_i,\ i_r}}\left(s\left(Z_{t_i,\ i_r}\right)\right) \tag{6.3}$$

考虑时间节点t_i上的多个参数$\boldsymbol{Z}_{t_i,\ M}=\left[Z_{t_i,\ M_1},\ Z_{t_i,\ M_2},\ \cdots,\ Z_{t_i,\ M_n}\right]$对$G_{t_i}$的概率密度函数的联合影响，则基于概率密度函数的矩独立全局灵敏度指标可以表示为

$$\begin{aligned}\delta_{t_i,\ M}&=\frac{1}{2}E_{Z_{t_i,\ M}}\left(s\left(\boldsymbol{Z}_{t_i,\ M}\right)\right)\\&=\frac{1}{2}\int_{-\infty}^{+\infty}f_{Z_{t_i,\ M}}\left(\boldsymbol{z}_{t_i,\ M}\right)s\left(\boldsymbol{Z}_{t_i,\ M}\right)\mathrm{d}\boldsymbol{z}_{t_i,\ M}\\&=\frac{1}{2}\int_{-\infty}^{+\infty}f_{Z_{t_i,\ M}}\left(\boldsymbol{z}_{t_i,\ M}\right)\int_{-\infty}^{+\infty}\left|f_{G_{t_i}}\left(g_{t_i}\right)-f_{G_{t_i}|Z_{t_i,\ M}}\left(g_{t_i}\right)\right|\mathrm{d}g_{t_i}\mathrm{d}\boldsymbol{z}_{t_i,\ M}\end{aligned} \tag{6.4}$$

式中，$f_{Z_{t_i,\ M}}\left(\boldsymbol{z}_{t_i,\ M}\right)$为$\boldsymbol{Z}_{t_i,\ M}$的联合概率密度函数；$f_{G_{t_i}|Z_{t_i,\ M}}\left(g_{t_i}\right)$为$\boldsymbol{Z}_{t_i,\ M}$取固定值向量$\boldsymbol{z}^*_{t_i,\ M}$时的条件概率密度函数。

6.1.1.2 基于累积分布函数的矩独立时变全局灵敏度指标

参数对极限状态函数的影响也可以采用基于累积分布函数的矩独立时变全局灵敏度来评估，设$F_{G_{t_i}}\left(g_{t_i}\right)$为$G_{t_i}$的累积分布函数、$F_{G_{t_i}|Z_{t_i,\ i_r}}\left(g_{t_i}\right)(i_r=1,\ 2,\ \cdots,\ r)$为条件累积分布函数，与条件概率密度函数类似，当时间节点t_i上的参数$Z_{t_i,\ i_r}$取固定值$z^*_{t_i,\ i_r}$时获得。而在G_{t_i}完整取值范围内，$F_{G_{t_i}|Z_{t_i,\ i_r}}\left(g_{t_i}\right)$与$F_{G_{t_i}}\left(g_{t_i}\right)$之间的差异如图6.2所示，反映了消除参数$Z_{t_i,\ i_r}$的随机性对极限状态函数的累积分布的影响[6]，其积分形式为

$$A\left(Z_{t_i,\ i_r}\right)=\int_{-\infty}^{+\infty}\left|F_{G_{t_i}}\left(g_{t_i}\right)-F_{G_{t_i}|Z_{t_i,\ i_r}}\left(g_{t_i}\right)\right|\mathrm{d}g_{t_i} \tag{6.5}$$

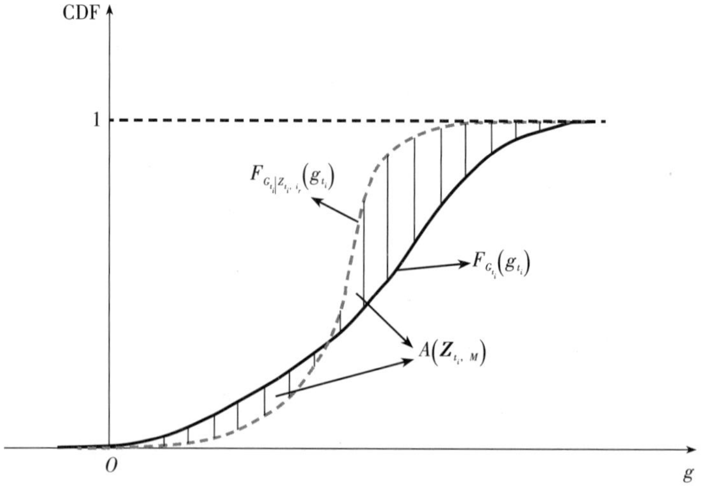

图6.2　$A\left(Z_{t_i,\ i_r}\right)$的几何意义

在参数 Z_{t_i, i_r} 的整个取值区域内，采用 $A\left(Z_{t_i, i_r}\right)$ 的数学期望来反映参数 Z_{t_i, i_r} 对 G_{t_i} 的累积分布函数的影响，即

$$E_{Z_{t_i, i_r}}\left(A\left(Z_{t_i, i_r}\right)\right)=\int_{-\infty}^{+\infty} fz_{t_i, i_r}\left(z_{t_i, i_r}\right)A\left(Z_{t_i, i_r}\right)\mathrm{d}z_{t_i, i_r} \tag{6.6}$$

则在时间节点 t_i 上，参数 Z_{t_i, j_r} 基于累积分布函数的矩独立全局灵敏度指标表示为

$$\varepsilon_{t_i, i_r}=E_{Z_{t_i, i_r}}\left(A\left(Z_{t_i, i_r}\right)\right) \tag{6.7}$$

同样地，为评估时间节点 t_i 上的多个参数 $\boldsymbol{Z}_{t_i, M}=\left[Z_{t_i, M_1}, Z_{t_i, M_2}, \cdots, Z_{t_i, M_n}\right]$ 对 G_{t_i} 的累积分布函数的联合影响，$A\left(\boldsymbol{Z}_{t_i, M}\right)$ 的数学期望表示为

$$\begin{aligned}E_{Z_{t_i, M}}\left(A\left(\boldsymbol{Z}_{t_i, M}\right)\right)&=\int_{-\infty}^{+\infty} f_{Z_{t_i, M}}\left(\boldsymbol{z}_{t_i, M}\right)A\left(\boldsymbol{Z}_{t_i, M}\right)\mathrm{d}\boldsymbol{z}_{t_i, M}\\&=\int_{-\infty}^{+\infty} f_{Z_{t_i, M}}\left(\boldsymbol{z}_{t_i, M}\right)\int_{-\infty}^{+\infty}\left|F_{G_{t_i}}\left(g_{t_i}\right)-F_{G_{t_i}|Z_{t_i, i_r}}\left(g_{t_i}\right)\right|\mathrm{d}g_{t_i}\mathrm{d}\boldsymbol{z}_{t_i, M}\end{aligned} \tag{6.8}$$

式中，$f_{Z_{t_i, M}}\left(\boldsymbol{z}_{t_i, M}\right)$ 为 $\boldsymbol{Z}_{t_i, M}$ 的联合概率密度函数；$F_{G_{t_i}|Z_{t_i, i_r}}\left(g_{t_i}\right)$ 为 $\boldsymbol{Z}_{t_i, M}$ 取固定值向量 $\boldsymbol{z}^*_{t_i, M}$ 时 G_{t_i} 的条件累积分布函数。

矩独立全局灵敏度指标 δ_{t_i, i_r} 和 ε_{t_i, i_r} 均能评估时间节点 t_i 上的参数 Z_{t_i, i_r} 在整个取值范围内对极限状态函数 G_{t_i} 的分布的影响，它们的物理意义相同，区别仅在于矩独立全局灵敏度指标基于概率密度函数或累积分布函数，且 δ_{t_i, i_r} 和 ε_{t_i, i_r} 越大，均说明 Z_{t_i, i_r} 对 G_{t_i} 分布的影响越大。矩独立全局灵敏度指标不受极限状态函数形式的影响，并且对于多维系统计算也相对简单，适用性强。

由式（6.3）和式（6.7）可以看出，为了估计矩独立全局灵敏度指标 δ_{t_i, i_r} 或 ε_{t_i, i_r}，需要先估计出极限状态函数的概率密度函数 $f_{G_{t_i}}\left(g_{t_i}\right)$ 或累积分布函数 $F_{G_{t_i}}\left(g_{t_i}\right)$，以及当参数 Z_{t_i, i_r} 取不同固定值时，极限状态函数的条件概率密度函数 $f_{G_{t_i}|Z_{t_i, i_r}}\left(g_{t_i}\right)$ 或条件累积分布函数 $F_{G_{t_i}|Z_{t_i, i_r}}\left(g_{t_i}\right)$。采用时变Monte Carlo模拟方法的估计过程如下。

（1）将时间区间 $[0, T]$ 离散为 N_T 个离散时间节点 $\left[t_1, t_2, \cdots, t_i, \cdots, T\right]$，其中 $\Delta t=\dfrac{T}{N_T-1}$ 为时间间隔。在各时间节点 $t_i(i=1, 2, \cdots, N_T)$ 上，将 m 维随机过程 $\boldsymbol{Y}(t)=\left[Y_1(t), Y_2(t), \cdots, Y_m(t)\right]$ 通过EOLE方法转化为随机变量 $\boldsymbol{Y}\left(t_i\right)=\left[Y_1\left(t_i\right), Y_2\left(t_i\right), \cdots, Y_m\left(t_i\right)\right]$ $\left(i=1, 2, \cdots, N_T\right)$。由 n 维随机变量 $\boldsymbol{X}=\left[X_1, X_2, \cdots, X_n\right]$ 及 m 维时间节点 t_i 上的随机变量 $\boldsymbol{Y}\left(t_i\right)=\left[Y_1\left(t_i\right), Y_2\left(t_i\right), \cdots, Y_m\left(t_i\right)\right]$ 组成时间节点 t_i 上的 r 维参数随机变量 $\boldsymbol{Z}_{t_i}=\left[Z_{t_i, 1}, Z_{t_i, 2}, \cdots, Z_{t_i, r}\right]$。

（2）根据随机变量 $\boldsymbol{Z}_{t_i}$ 的联合概率密度函数 $f_{Z_{t_i}}\left(\boldsymbol{z}_{t_i}\right)$ 产生 N 组样本 $\left[\boldsymbol{z}_{t_i}^{(1)}, \boldsymbol{z}_{t_i}^{(2)}, \cdots, \boldsymbol{z}_{t_i}^{(N)}\right]$，进而根据 $G_{t_i}=g\left(\boldsymbol{Z}_{t_i}, t_i\right)$ 计算极限状态函数值 $\left[g_{t_i}^{(1)}, g_{t_i}^{(2)}, \cdots, g_{t_i}^{(N)}\right]$，并估计其概率密度函

数 $f_{G_{t_i}}\left(g_{t_i}\right)$ 或累积分布函数 $F_{G_{t_i}}\left(g_{t_i}\right)$。

（3）根据 $\boldsymbol{Z}_{t_i}$ 的第 i_r 个参数 $Z_{t_i,\ i_r}$ 的概率密度函数 $f_{Z_{t_i,\ i_r}}\left(z_{t_i,\ i_r}\right)$ 产生 N 个样本 $z_{t_i,\ i_r}=\left[z_{t_i,\ i_r}^{(1)},\ z_{t_i,\ i_r}^{(2)},\ \cdots,\ z_{t_i,\ i_r}^{(N)}\right]$。设每一个样本点 $z_{t_i,\ i_r}^{(j)}(j=1,\ 2,\ \cdots,\ N)$ 为 $Z_{t_i,\ i_r}$ 的固定值，根据 $\boldsymbol{Z}_{t_i,\ i_r}=\left[Z_{t_i,\ 1},\ Z_{t_i,\ 2},\ \cdots,\ Z_{t_i,\ i_r-1},\ Z_{t_i,\ i_r+1},\ \cdots,\ Z_{t_i,\ r}\right]$ 的联合概率密度函数 $f_{\boldsymbol{Z}_{t_i,\ i_r}}\left(\boldsymbol{z}_{t_i,\ i_r}\right)$ 产生 N 组样本 $\left[\boldsymbol{z}_{t_i,\ i_r}^{(1)},\ \boldsymbol{z}_{t_i,\ i_r}^{(2)},\ \cdots,\ \boldsymbol{z}_{t_i,\ i_r}^{(N)}\right]$。

（4）计算条件极限状态函数值 $\left[g_{t_i,\ i_r}^{(1)},\ g_{t_i,\ i_r}^{(2)},\ \cdots,\ g_{t_i,\ i_r}^{(N)}\right]$，并估计其条件概率密度函数 $f_{G_{t_i}|Z_{t_i,\ i_r}}\left(g_{t_i}\right)$ 或条件累积分布函数 $F_{G_{t_i}|Z_{t_i,\ i_r}}\left(g_{t_i}\right)$。

（5）由式（6.3）或式（6.7）估计时间节点 t_i 上的参数 $Z_{t_i,\ i_r}$ 基于概率密度函数或累积分布函数的矩独立全局灵敏度指标 $\delta_{t_i,\ i_r}$ 或 $\varepsilon_{t_i,\ i_r}$。

（6）若 $i_r<r$，重复步骤（3）和步骤（4），直至 $i_r=r$，估计出时间节点 t_i 上的所有参数随机变量 $\boldsymbol{Z}_{t_i}$ 的 $\boldsymbol{\delta}_{t_i}=\left[\delta_{t_i,\ 1},\ \delta_{t_i,\ 2},\ \cdots,\ \delta_{t_i,\ r}\right]$ 或 $\boldsymbol{\varepsilon}_{t_i}=\left[\varepsilon_{t_i,\ 1},\ \varepsilon_{t_i,\ 2},\ \cdots,\ \varepsilon_{t_i,\ r}\right]$。

（7）若 $t_i<T$，则重复步骤（1）至步骤（6），直至 $t_i=T$，停止运算，得到基于概率密度函数或累积分布函数的所有时间节点的矩独立全局灵敏度指标 $\boldsymbol{\delta}=\left[\boldsymbol{\delta}_{t_1},\ \boldsymbol{\delta}_{t_2},\ \cdots,\ \boldsymbol{\delta}_T\right]$ 或 $\boldsymbol{\varepsilon}=\left[\boldsymbol{\varepsilon}_{t_1},\ \boldsymbol{\varepsilon}_{t_2},\ \cdots,\ \boldsymbol{\varepsilon}_T\right]$。

由上述过程可以看出，在每个时间节点上，首先调用极限状态函数 N 次估计其概率密度函数 $f_{G_{t_i}}\left(g_{t_i}\right)$ 或累积分布函数 $F_{G_{t_i}}\left(g_{t_i}\right)$。对于每个参数，分别取其 N 个样本中的每个样本点作为固定值，调用极限状态函数 N 次估计其条件概率密度函数 $f_{G_{t_i}|Z_{t_i,\ i_r}}\left(g_{t_i}\right)$ 或条件累积分布函数 $F_{G_{t_i}|Z_{t_i,\ i_r}}\left(g_{t_i}\right)$。因此，对于 r 维参数的模型，计算每个参数的矩独立全局灵敏度指标 $\delta_{t_i,\ i_r}$ 或 $\varepsilon_{t_i,\ i_r}$，均需要调用极限状态函数 $N+rN^2$ 次。而对于所有时间节点所有参数的矩独立全局灵敏度指标 $\boldsymbol{\delta}$ 或 $\boldsymbol{\varepsilon}$，共需要调用极限状态函数 $N_T(N+rN^2)$ 次。显然，采用这种双回路嵌套抽样法，需要调用极限状态函数的次数相当多，计算量极大。

6.1.2 基于累积失效概率的矩独立时变全局灵敏度

对于可靠性分析问题，参数对极限状态函数分布的影响程度并不能完全反映其对失效概率的影响程度[7-8]。为了全面衡量参数在分布全域内对失效概率的影响程度，分析基于累积失效概率的矩独立时变全局灵敏度，可直接为可靠性分析和优化设计提供依据。

根据各离散时间节点 $t_i(i=1,\ 2,\ \cdots,\ N^T)$ 上的 r 维参数随机变量 $\boldsymbol{Z}_{t_i}$ 及各时刻的时变极限状态函数 $G_{t_i}=g\left(\boldsymbol{X},\ \boldsymbol{Y}(t_i),\ t_i\right)=g\left(\boldsymbol{Z}_{t_i},\ t_i\right)\ (i=1,\ 2,\ \cdots,\ N_T)$，由式（5.5）所示的时变系统累积失效概率定义，估计时间区间 $\left[0,\ t_i\right]\ (i=2,\ 3,\ \cdots,\ N_T)$ 的累积失效概率 $P_{\mathrm{f,\ c}}$

$(0,\ t_i)(i=2,\ 3,\ \cdots,\ N_T)$。同时，在参数 $\boldsymbol{Z}_{i_r}$ 取一组固定值向量 $\boldsymbol{z}_{t_i}^*=\left[\boldsymbol{z}_{t_1,\ i_r}^*,\ \boldsymbol{z}_{t_2,\ i_r}^*,\ \cdots,\ \boldsymbol{z}_{T,\ i_r}^*\right]$ 的情况下，各时间区间 $[0,\ t_i]$ $(i=2,\ 3,\ \cdots,\ N_T)$ 的条件累积失效概率 $P_{\mathrm{f}|Z_{i_r},\ \mathrm{c}}(0,\ t_i)$ $(i=2,\ 3,\ \cdots,\ N_T)$ 为

$$
\begin{aligned}
P_{\mathrm{f}|Z_{i_r},\ \mathrm{c}}(0,\ t_i)&=P\left(g(\boldsymbol{Z}_0,\ 0)\leqslant 0\cup N_{Z_{i_r}}^+(0,\ t_i)>0\right)\\
&=P_{\mathrm{f},\ i}(0)+\int_0^{t_i}\nu_{Z_{i_r}}^+(t)\mathrm{d}t\approx P_{\mathrm{f},\ i}(0)+\sum_{j=1}^{i-1}\nu_{Z_{i_r}}^+\left(t_j\right)\cdot\Delta t
\end{aligned}
\tag{6.9}
$$

式中，$P_{\mathrm{f},\ i}(0)$为0时刻的瞬时失效概率；$N_{Z_{i_r}}^+(0,\ t_i)$为样本点在时间区间$[0,\ t_i]$中跨越到失效域的次数；$\nu_{Z_{i_r}}^+\left(t_j\right)$为时间区间$\left[t_j,\ t_{j+1}\right]$的条件跨越率，当参数$\boldsymbol{Z}_{i_r}$取固定值$\boldsymbol{z}_{i_r}^*=\left[\boldsymbol{z}_{t_1,\ i_r}^*,\ \boldsymbol{z}_{t_2,\ i_r}^*,\ \cdots,\ \boldsymbol{z}_{T,\ i_r}^*\right]$时获得。

类似地，参数$\boldsymbol{Z}_{i_r}$对累积失效概率的影响可用时变极限状态函数的累积失效概率与条件累积失效概率之间的差异来描述[9]。为了评估参数$\boldsymbol{Z}_{i_r}$对累积失效概率的影响程度，采用累积失效概率与条件累积失效概率之差的数学期望来表达，则各时间区间$[0,\ t_i]$$(i=2,\ 3,\ \cdots,\ N_T)$的基于累积失效概率的矩独立全局灵敏度指标表示为

$$
\begin{aligned}
\eta_{t_i,\ i_r}&=\frac{1}{2}E_{Z_{i_r}}\left(P_{\mathrm{f},\ \mathrm{c}}(0,\ t_i)-P_{\mathrm{f}|Z_{i_r},\ \mathrm{c}}(0,\ t_i)\right)\\
&=\frac{1}{2}\int_{-\infty}^{+\infty}f_{Z_{i_r}}\left(z_{i_r}\right)\left|P_{\mathrm{f},\ \mathrm{c}}(0,\ t_i)-P_{\mathrm{f}|Z_{i_r},\ \mathrm{c}}(0,\ t_i)\right|\mathrm{d}z_{i_r}
\end{aligned}
\tag{6.10}
$$

式中，$f_{Z_{i_r}}\left(z_{i_r}\right)$为参数随机变量$\boldsymbol{Z}_{i_r}$的联合概率密度函数。

对于多个参数$Z_M=\left[\boldsymbol{Z}_{M_1},\ \boldsymbol{Z}_{M_2},\ \cdots,\ \boldsymbol{Z}_{M_i},\ \cdots,\ \boldsymbol{Z}_{M_n}\right]$，其中$\boldsymbol{Z}_M=\left[Z_{t_1,\ M_i},\ Z_{t_2,\ M_i},\ \cdots,\ Z_{T,\ M}\right]$，与基于极限状态函数分布的矩独立全局灵敏度类似，则各时间区间$[0,\ t_i]$$(i=2,\ 3,\ \cdots,\ N_T)$的基于累积失效概率的全局灵敏度指标可以定义为

$$
\begin{aligned}
\eta_M&=\frac{1}{2}E_{Z_M}\left(\left|P_{\mathrm{f},\ \mathrm{c}}(0,\ t_i)-P_{\mathrm{f}|Z_M,\ \mathrm{c}}(0,\ t_i)\right|\right)\\
&=\frac{1}{2}\int_{-\infty}^{+\infty}f_{Z_M}\left(\boldsymbol{z}_M\right)\left|P_{\mathrm{f},\ \mathrm{c}}(0,\ t_i)-P_{\mathrm{f}|Z_M,\ \mathrm{c}}(0,\ t_i)\right|\mathrm{d}\boldsymbol{z}_M
\end{aligned}
\tag{6.11}
$$

式中，$f_{Z_M}\left(\boldsymbol{z}_M\right)$为$\boldsymbol{Z}_M$的联合概率密度函数；$P_{\mathrm{f}|Z_M,\ \mathrm{c}}(0,\ t_i)$为各时间区间$[0,\ t_i]$$(i=2,\ 3,\ \cdots,\ N_T)$的条件累积失效概率，由$\boldsymbol{Z}_M$取固定值向量$\boldsymbol{z}_M^*$获得。

根据基于累积失效概率的矩独立全局灵敏度指标的定义，需要分别估计各时间区间$[0,\ t_i]$$(i=2,\ 3,\ \cdots,\ N_T)$的累积失效概率$P_{\mathrm{f},\ \mathrm{c}}(0,\ t_i)$和条件累积失效概率$P_{\mathrm{f}|Z_{i_r},\ \mathrm{c}}(0,\ t_i)$，采用Monte Carlo模拟时变可靠性分析方法的估计过程如下。

（1）由各时间节点$t_i(i=1,\ 2,\ \cdots,\ N_T)$上的$r$维参数随机变量$\boldsymbol{Z}_{t_i}=\left[Z_{t_i,\ 1},\ Z_{t_i,\ 2},\ \cdots,\ Z_{t_i,\ r}\right]$及联合概率密度函数$f_{Z_{t_i}}\left(z_{t_i}\right)$产生$N$组样本$\left[\boldsymbol{z}_{t_i}^{(1)},\ \boldsymbol{z}_{t_i}^{(2)},\ \cdots,\ \boldsymbol{z}_{t_i}^{(N)}\right]$。

（2）根据各时间节点$t_i(i=1, 2, \cdots, N_T)$的时变极限状态函数$G_{t_i}=g\left(\boldsymbol{Z}_{t_i}, t_i\right)$ $(i=1, 2, \cdots, N_T)$，计算极限状态函数值$\left[g_{t_i}^{(1)}, g_{t_i}^{(2)}, \cdots, g_{t_i}^{(N)}\right]$。设$N_{f_i}$ $(i=1, \cdots, N_T-1)$为在时间区间$\left[t_i, t_{i+1}\right]$内极限状态函数跨向失效状态的次数，即在时间区间$\left[t_i, t_{i+1}\right]$内落在失效域$\left\{g\left(\boldsymbol{x}, \boldsymbol{y}(t_i), t_i\right)>0\right\}\cap\left\{g\left(\boldsymbol{x}, \boldsymbol{y}(t_{i+1}), t_{i+1}\right)\leqslant 0\right\}$内的样本数，估计各时间区间$\left[0, t_i\right]$ $(i=2, 3, \cdots, N_T)$的累积失效概率为

$$P_{\mathrm{f, c}}(0, t_i)=\frac{1}{N}\sum_{j=1}^{i-1}N_{f_j} \tag{6.12}$$

（3）根据$\boldsymbol{Z}_{t_i}$的第i_r个参数Z_{t_i, i_r}的概率密度函数$f_{Z_{t_i, i_r}}\left(z_{t_i, i_r}\right)$，在时间节点$t_i(i=1, 2, \cdots, N_T)$上，产生$N$个样本$\boldsymbol{z}_{t_i, i_r}=\left[z_{t_i, i_r}^{(1)}, z_{t_i, i_r}^{(2)}, \cdots, z_{t_i, i_r}^{(N)}\right]$。设每个样本点$z_{t_i, i_r}^{(j)}=$ $(j=1, 2, \cdots, N)$为Z_{t_i, i_r}的固定值，由$G_{t_i}=g\left(\boldsymbol{Z}_{t_i}, t_i\right)$ $(i=1, 2, \cdots, N_T)$计算条件极限状态函数值$\left[g_{t_i, i_r}^{(1)}, g_{t_i, i_r}^{(2)}, \cdots, g_{t_i, i_r}^{(N)}\right]$，设$N_{f_j|Z_{i_r}}$ $(i=1, \cdots, N_T-1)$为在时间区间$\left[t_i, t_{i+1}\right]$内条件极限状态函数跨向失效状态的次数，即在时间区间$\left[t_i, t_{i+1}\right]$内落在失效域$\left\{g_{i_r}\left(\boldsymbol{x}, \boldsymbol{y}(t_i), t_i\right)>0\right\}\cap\left\{g_{i_r}\left(\boldsymbol{x}, \boldsymbol{y}(t_{i+1}), t_{i+1}\right)\leqslant 0\right\}$内的样本数，则各时间区间$\left[0, t_i\right]$ $(i=2, 3, \cdots, N_T)$的条件累积失效概率为

$$P_{\mathrm{f}|Z_{i_r}, \mathrm{c}}(0, t_i)=\frac{1}{N}\sum_{j=1}^{i-1}N_{\mathrm{f}_j|Z_{i_r}} \tag{6.13}$$

（4）由式（6.10）估计参数$\boldsymbol{Z}_{i_r}$对于各时间区间$\left[0, t_i\right]$ $(i=2, 3, \cdots, N_T)$的基于累积失效概率的矩独立全局灵敏度指标$\boldsymbol{\eta}_{t_i, i_r}$。

（5）若$i_r<r$，重复步骤（3）和步骤（4），直至$i_r=r$，估计所有参数随机变量对于各时间区间$\left[0, t_i\right]$ $(i=2, 3, \cdots, N_T)$的基于累积失效概率的矩独立全局灵敏度指标$\boldsymbol{\eta}=\left[\boldsymbol{\eta}_1, \boldsymbol{\eta}_2, \cdots, \boldsymbol{\eta}_{i_r}, \cdots, \boldsymbol{\eta}_r\right]$，其中$\boldsymbol{\eta}_{i_r}=\left[\eta_{t_1, i_r}, \eta_{t_2, i_r}, \cdots, \eta_{T, i_r}\right]$。

由此可见，需要调用极限状态函数N_TN次来估计各时间区间$\left[0, t_i\right]$ $(i=2, 3, \cdots, N_T)$的累积失效概率$P_{\mathrm{f, c}}(0, t_i)$。而对于每个参数，分别取其$N$个样本中的每个样本点作为固定值，则估计各时间区间$\left[0, t_i\right]$ $(i=2, 3, \cdots, N_T)$的条件失效概率$P_{\mathrm{f}|Z_{i_r}, \mathrm{c}}(0, t_i)$需要调用极限状态函数$N_TrN^2$次，因而估计基于累积失效概率的矩独立全局灵敏度指标η同样需要调用极限状态函数$N_T(N+rN^2)$次，计算量也相当大。

6.2 基于主动学习Kriging的矩独立时变全局灵敏度分析方法

由于采用双回路嵌套抽样法估计高维积分和条件失效概率需要调用极限状态函数的

次数极多，尤其对于复杂的高维非线性时变系统而言，计算量巨大。采用主动学习Kriging时变模型代替复杂的真实时变极限状态函数可以弥补这一缺点，从而提高计算效率。基于主动学习Kriging的矩独立时变全局灵敏度分析方法流程如图6.3所示，其具体计算过程如下。

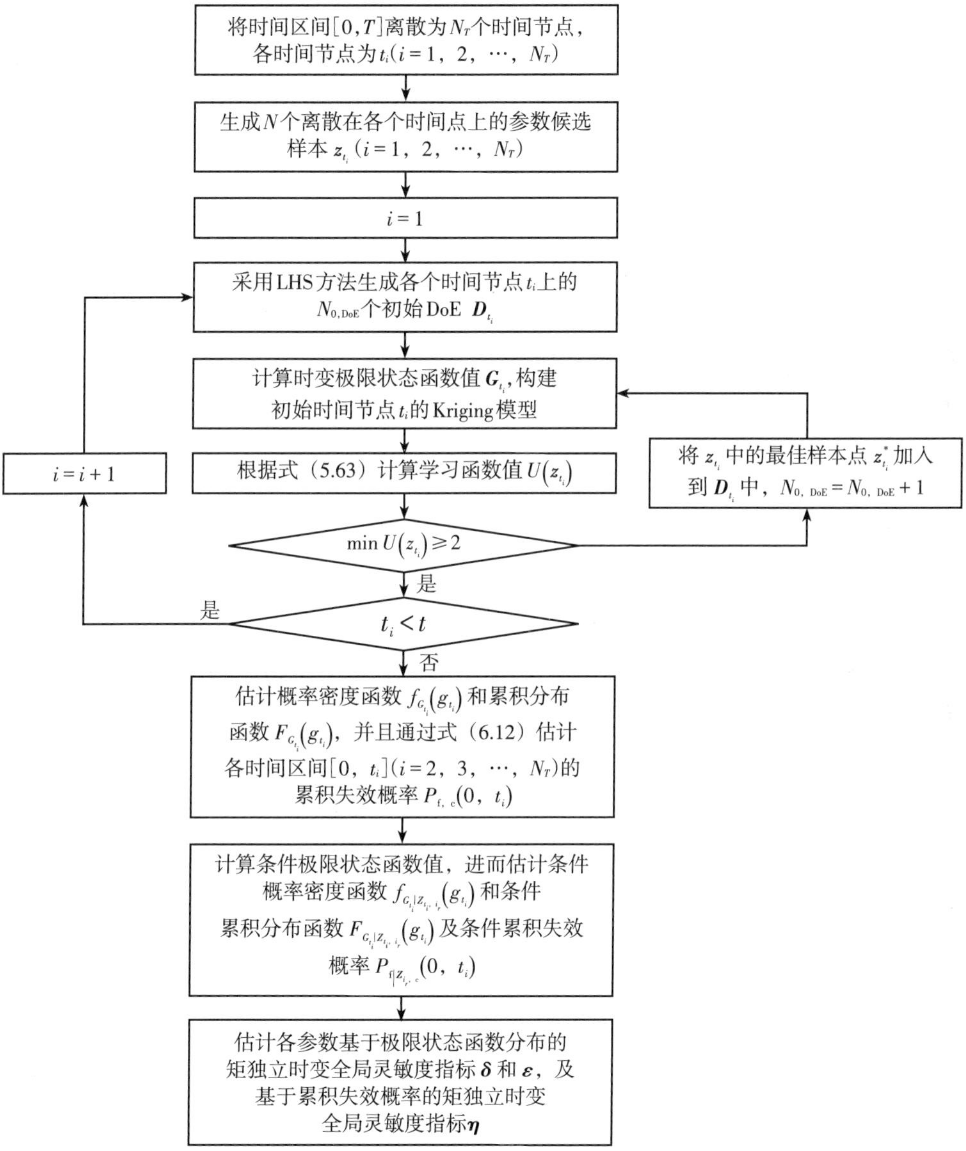

图6.3 基于主动学习Kriging的矩独立时变全局灵敏度分析方法流程图

（1）将时间区间[0，T]离散为N_T个时间节点，各时间节点为t_i($i=1$，2，…，N_T)，时间间隔为$\Delta t=\dfrac{T}{N_T-1}$。在各时间节点$t_i$上，将$m$维随机过程$Y(t)=[Y_1(t),\ Y_2(t),\ \cdots,\ Y_m(t)]$通过EOLE方法转化为随机变量$\boldsymbol{Y}(t_i)=[Y_1(t_i),\ Y_2(t_i),\ \cdots,\ Y_m(t_i)]$ ($i=1$，2，…，N_T)。

（2）由n维随机变量$\boldsymbol{X}=\left[X_1,\ X_2,\ \cdots,\ X_n\right]$及$m$维时间节点$t_i$上的随机变量$\boldsymbol{Y}(t_i)=\left[Y_1(t_i),\ Y_2(t_i),\ \cdots,\ Y_m(t_i)\right]$组成时间节点$t_i$上的$r$维参数随机变量$\boldsymbol{Z}_{t_i}=\left[Z_{t_i,\ 1},\ Z_{t_i,\ 2},\ \cdots,Z_{t_i,\ r}\right]$，并生成$N$个离散在各个时间点上的参数候选样本$\boldsymbol{z}_{t_i}=\left[\boldsymbol{z}_{t_i,\ 1},\ \boldsymbol{z}_{t_i,\ 2},\ \cdots,\ \boldsymbol{z}_{t_i,\ i_n},\ \cdots,\ \boldsymbol{z}_{t_i,\ N}\right]$。

（3）采用拉丁超立方采样(LHS)方法生成各个时间节点t_i上的$N_{0,\ \mathrm{DoE}}$个初始实验设计样本点$\boldsymbol{D}_{t_i}=\left[\boldsymbol{D}_{t_i,\ 1},\ \boldsymbol{D}_{t_i,\ 2},\ \boldsymbol{D}_{t_i,\ N_{0,\ \mathrm{DoE}}}\right]^{\mathrm{T}}$，并计算时变极限状态函数值$\boldsymbol{G}_{t_i}=\left[g\left(\boldsymbol{D}_{t_i,\ 1},\ t_i\right),\ g\left(\boldsymbol{D}_{t_i,\ 2},\ t_i\right),\ \cdots,\ g\left(\boldsymbol{D}_{t_i,\ N_{\mathrm{DoE}}},\ t_i\right)\right]^{\mathrm{T}}$。初始实验设计一般选取尽可能少的样本点，之后通过主动学习加入最佳样本点$\boldsymbol{z}_{t_i}^*$以更新实验设计样本点。

（4）根据$\boldsymbol{D}_{t_i}$和$\boldsymbol{G}_{t_i}$，构建初始时间节点t_i的Kriging模型。由式（5.62）和式（5.63）计算候选样本集$\boldsymbol{z}_{t_i}$中各个样本点在时间点t_i处的预测值$\tilde{g}\left(\boldsymbol{z}_{t_i},\ t_i\right)=\mu_{G_{t_i}}\left(\boldsymbol{z}_{t_i}\right)$和方差$\sigma_{\hat{G}_{t_i}}^2\left(\boldsymbol{z}_{t_i}\right)$，并根据式（5.64）计算学习函数值$U\left(\boldsymbol{z}_{t_i}\right)$。

（5）若对于所有候选样本点有$\min U\left(\boldsymbol{z}_{t_i}\right)\geqslant 2$，则停止主动学习；否则，将$\boldsymbol{z}_{t_i}$中的最佳样本点$\boldsymbol{z}_{t_i}^*$加入到实验设计样本集$\boldsymbol{D}_{t_i}$中，计算$\boldsymbol{z}_{t_i}^*$的时变极限状态函数值$G_{t_i}^*=g\left(\boldsymbol{z}_{t_i}^*,\ t_i\right)$并加入到$\boldsymbol{G}_{t_i}$中，改进时间节点$t_i$处的Kriging模型，返回步骤（4）。

（6）若$t_i=T$，则输出各时间节点的Kriging模型；反之，$i=i+1$，返回步骤（4）。

（7）根据各时间节点的Kriging模型，计算参数候选样本$\boldsymbol{z}_{t_i}(i=1,\ 2,\ \cdots,\ N_T)$的极限状态函数值$\left[g_{t_i}^{(1)},\ g_{t_i}^{(2)},\ \cdots,\ g_{t_i}^{(N)}\right]$ $(i=1,\ 2,\ \cdots,\ N_T)$，并估计各时间节点的概率密度函数$f_{G_{t_i}}\left(g_{t_i}\right)(i=1,\ 2,\ \cdots,\ N_T)$和累积分布函数$F_{G_{t_i}}\left(g_{t_i}\right)(i=1,\ 2,\ \cdots,\ N_T)$，并且通过式（6.12）估计各时间区间$[0,\ t_i]$ $(i=2,\ 3,\ \cdots,\ N_T)$的累积失效概率$P_{\mathrm{f,\ c}}(0,\ t_i)$。

（8）根据$\boldsymbol{Z}_{t_i}$的第i_r个参数$Z_{t_i,\ i_r}$的概率密度函数$f_{Z_{t_i,\ i_r}}\left(z_{t_i,\ i_r}\right)$产生$N$个样本$z_{t_i,\ i_r}=\left[z_{t_i,\ i_r}^{(1)},\ z_{t_i,\ i_r}^{(2)},\ \cdots,\ z_{t_i,\ i_r}^{(N)}\right]$。设每个样本点$z_{t_i,\ i_r}^{(j)}(j=1,\ 2,\ \cdots,\ N)$为$Z_{t_i,\ i_r}$的固定值，根据$\boldsymbol{Z}_{t_i,\ i_r}=\left[Z_{t_i,\ 1},\ Z_{t_i,\ 2},\ \cdots,\ Z_{t_i,\ i_r-1},\ Z_{t_i,\ i_r+1},\ \cdots,\ Z_{t_i,\ r}\right]$的联合概率密度函数$f_{\boldsymbol{Z}_{t_i,\ i_r}}\left(\boldsymbol{z}_{t_i,\ i_r}\right)$产生$N$组样本$\left[\boldsymbol{z}_{t_i,\ i_r}^{(1)},\ \boldsymbol{z}_{t_i,\ i_r}^{(2)},\ \cdots,\ \boldsymbol{z}_{t_i,\ i_r}^{(N)}\right]$。

（9）计算条件极限状态函数值$\left[g_{t_i,\ i_r}^{(1)},\ g_{t_i,\ i_r}^{(2)},\ \cdots,\ g_{t_i,\ i_r}^{(N)}\right]$，进而估计各时间节点的条件概率密度函数$f_{G_{t_i}|Z_{t_i,\ i_r}}\left(g_{t_i}\right)$ $(i=1,\ 2,\ \cdots,\ N_T)$和条件累积分布函数$F_{G_{t_i}|Z_{t_i,\ i_r}}\left(g_{t_i}\right)$ $(i=1,\ 2,\ \cdots,\ N_T)$，并且通过式（6.13）估计各时间区间$[0,\ t_i]$ $(i=2,\ 3,\ \cdots,\ N_T)$的条件累积失效概率$P_{\mathrm{f}|Z_{i_r},\ \mathrm{c}}(0,\ t_i)$。

（10）由式（6.3）和式（6.7）估计在各时间节点$t_i(i=1,\ 2,\ \cdots,\ N_T)$上的参数$\boldsymbol{Z}_{i_r}$基于概率密度函数和累积分布函数的矩独立全局灵敏度指标$\delta_{t_i,\ i_r}$和$\varepsilon_{t_i,\ i_r}$，并且由式

(6.10) 估计参数对于各时间区间 $[0,\ t_i]$ $(i=2,\ 3,\ \cdots,\ N_T)$ 的基于累积失效概率的矩独立全局灵敏度指标 $\eta_{t_i,\ i_r}$。

(11) 若 $i_r<r$，则返回步骤 (8)，直至 $i_r=r$，估计出各时间节点的所有参数随机变量基于极限状态函数分布的矩独立全局灵敏度指标 $\boldsymbol{\delta}=\left[\boldsymbol{\delta}_{t_1},\ \boldsymbol{\delta}_{t_2},\ \cdots,\ \boldsymbol{\delta}_T\right]$ 和 $\boldsymbol{\varepsilon}=\left[\boldsymbol{\varepsilon}_{t_1},\ \boldsymbol{\varepsilon}_{t_2},\ \cdots,\ \boldsymbol{\varepsilon}_T\right]$，并且估计所有参数随机变量对于各时间区间 $[0,\ t_i]$ $(i=2,\ 3,\ \cdots,\ N_T)$ 的基于累积失效概率的矩独立全局灵敏度指标 $\boldsymbol{\eta}=\left[\boldsymbol{\eta}_1,\ \boldsymbol{\eta}_2,\ \cdots,\ \boldsymbol{\eta}_{i_r},\ \cdots,\boldsymbol{\eta}_r\right]$。

6.3　车削刀具系统颤振时变全局灵敏度分析

本节根据以台式车床为平台的车削参数，即表5.4中所列的车削刀具系统参数随机变量 $\boldsymbol{X}=\left[m,\ k,\ c,\ \varphi,\ \alpha\right]^{\mathrm{T}}$ 及随机过程 $Y(t)=\left[k_c(t),\ \Omega(t)\right]^{\mathrm{T}}$ 的统计特征，分析车削参数的不确定性对车削刀具时变系统的影响程度。根据车削刀具系统颤振时变稳定性模型及时变可靠性模型，在实际车削切削深度 a_p 为1.6 mm，主轴转速 Ω 均值为2500 r/min的情况下，采用基于主动学习Kriging(ALK)的矩独立时变全局灵敏度（moment-independent time-varying global sensitivity，MI-TV-GS）分析方法，分别计算各参数基于概率密度函数（PDF）、累积分布函数（CDF）和累积失效概率（cumulative failure probability，CFP）的矩独立时变全局灵敏度指标，并与基于Monte Carlo模拟（MCS）的矩独立时变全局灵敏度分析方法进行对比。图6.4、图6.5和图6.6分别显示了车削刀具系统各个参数的三种矩独立时变全局灵敏度指标 $\boldsymbol{\delta}$、$\boldsymbol{\varepsilon}$ 和 $\boldsymbol{\eta}$，在100 h切削时间内的演化过程。同时，图6.7、图6.8和图6.9分别显示了三种矩独立时变全局灵敏度指标在15，40，70，100 h时刻的对比结果，具体数值如表6.1所列。

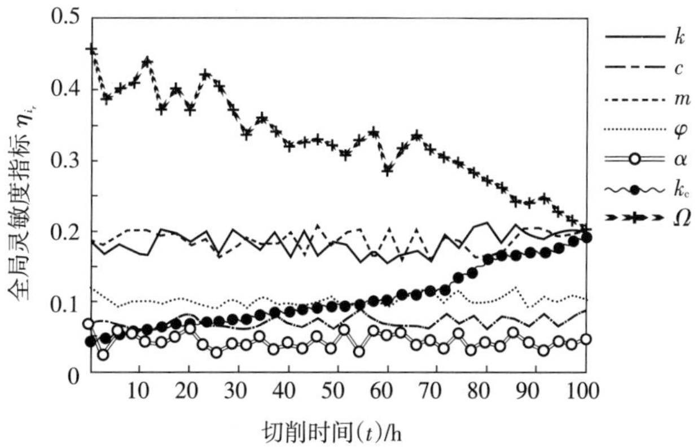

(a) 各个参数

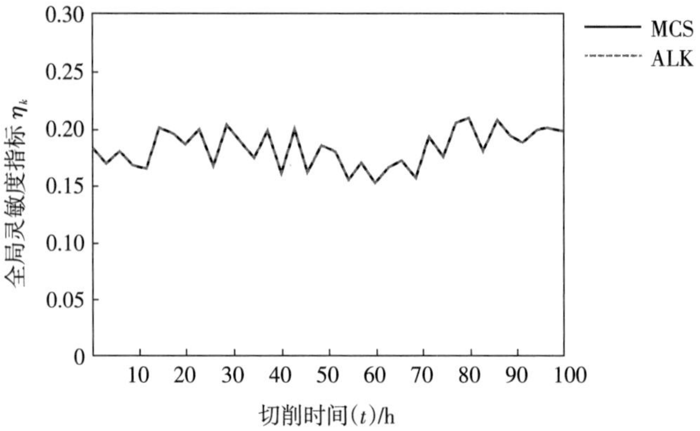

（b）参数k

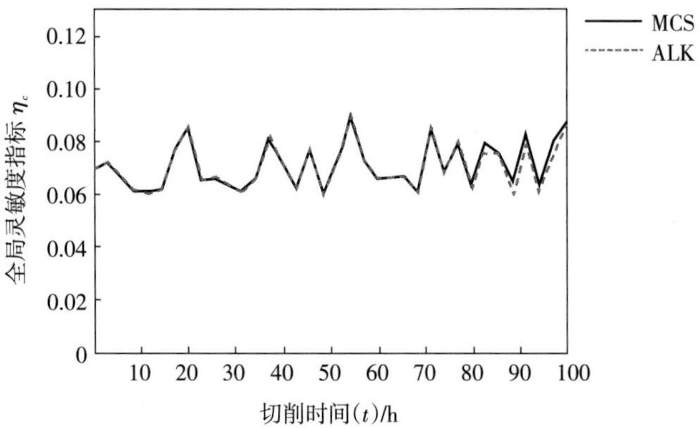

（c）参数c

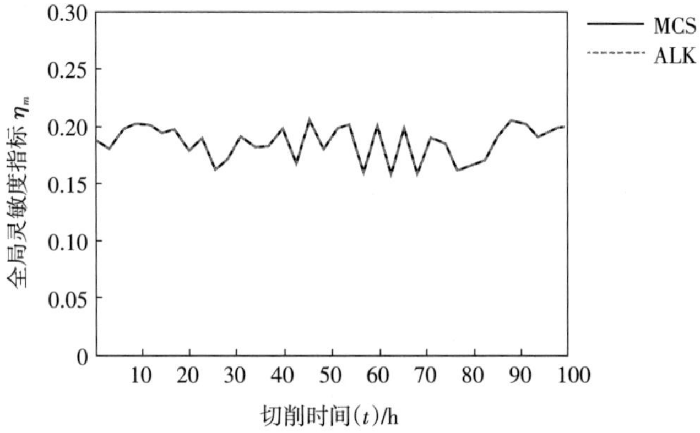

（d）参数m

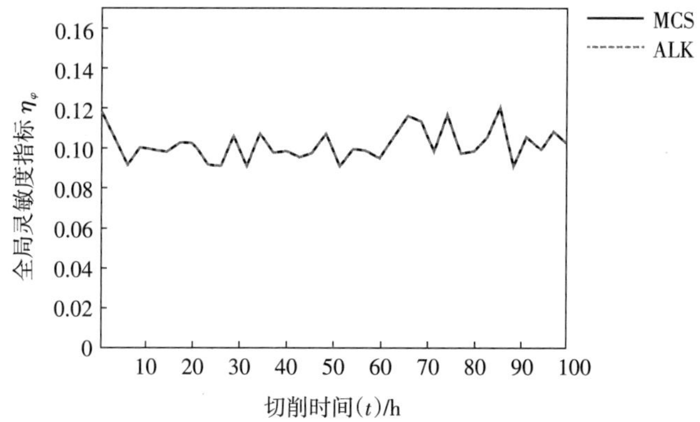

(e) 参数φ

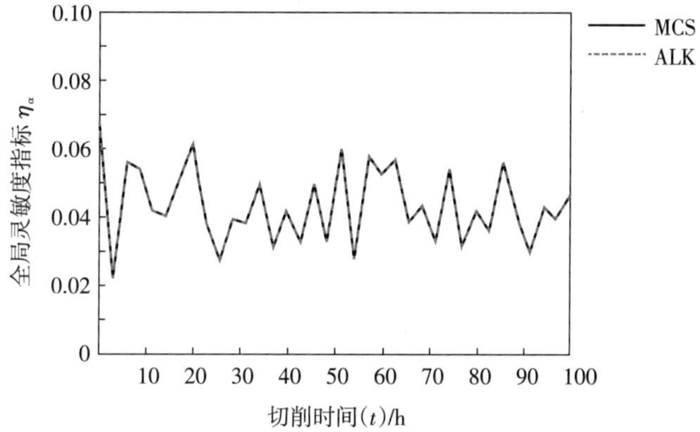

(f) 参数α

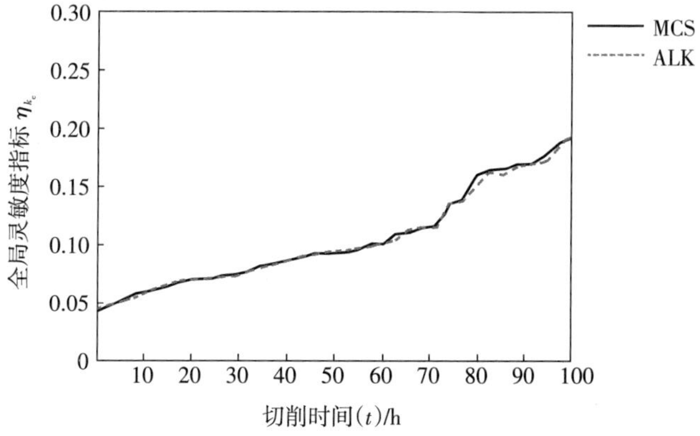

(g) 参数k_c

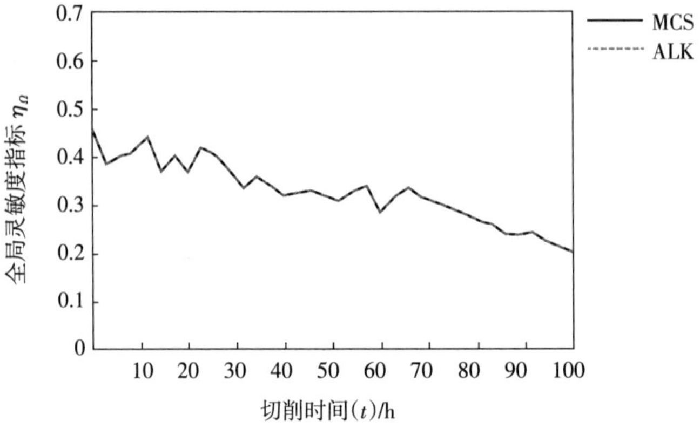

（h）参数Ω

图6.4　各车削刀具系统参数基于概率密度函数的矩独立时变全局灵敏度随时间变化曲线

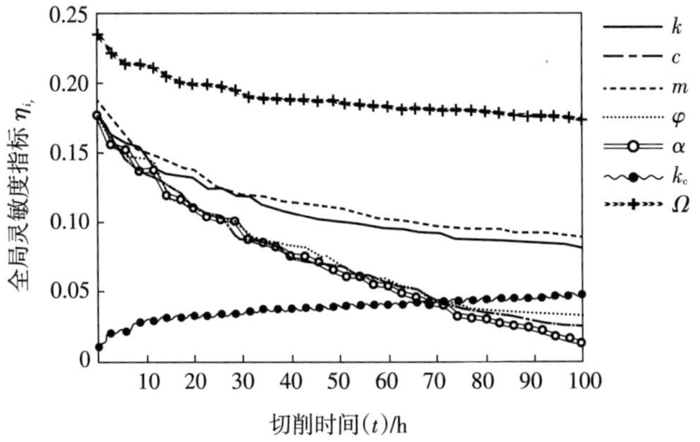

（a）各个参数

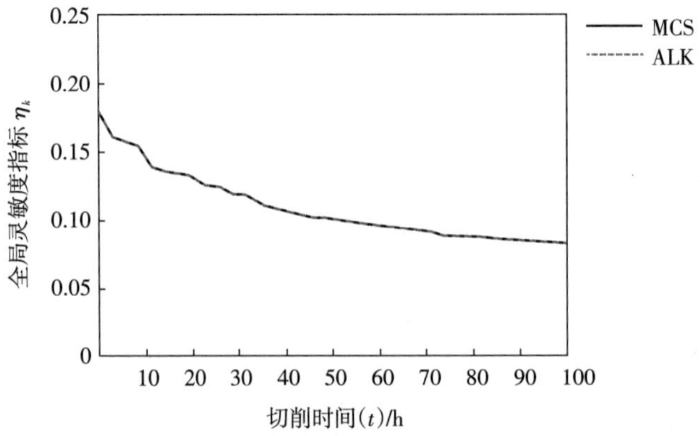

（b）参数k

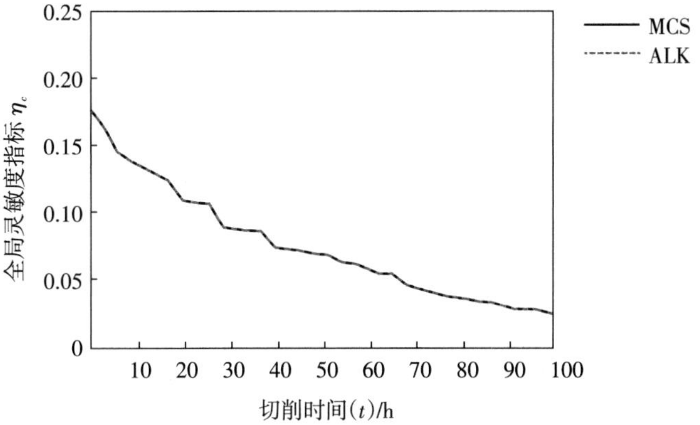

(c) 参数c

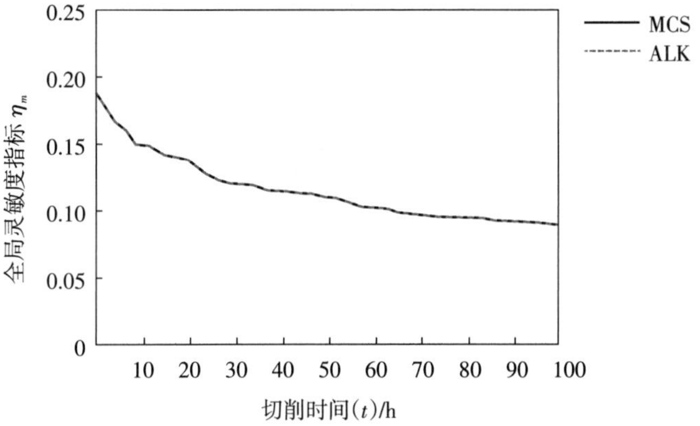

(d) 参数m

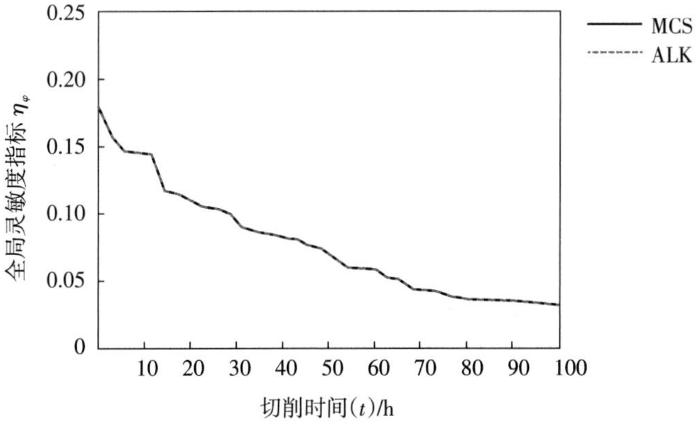

(e) 参数φ

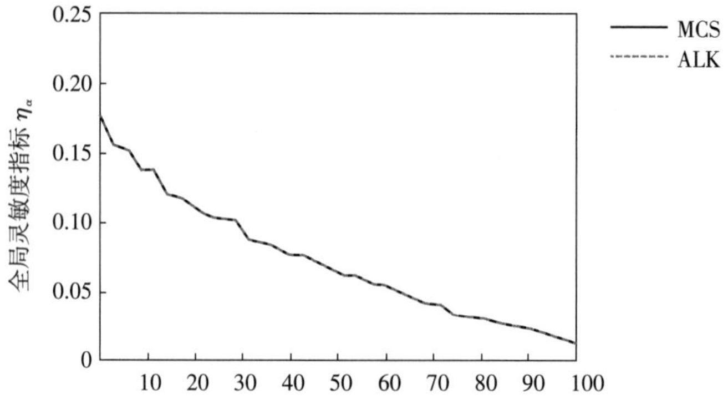

(f) 参数α

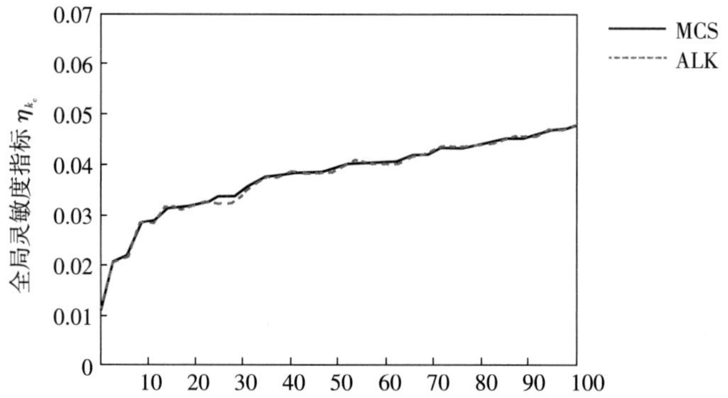

(g) 参数k_c

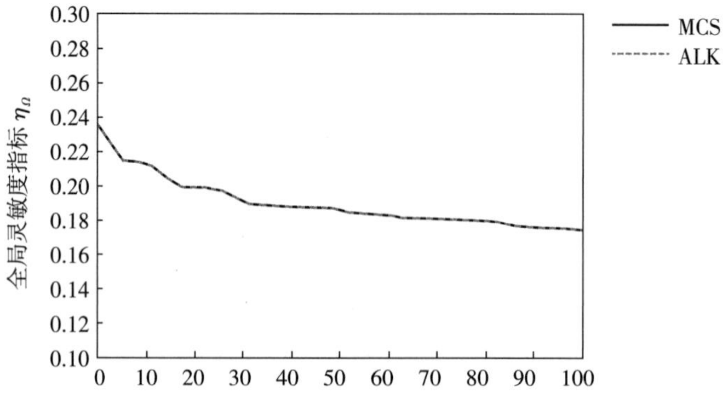

(h) 参数Ω

图6.5 各车削刀具系统参数基于累积分布函数的矩独立时变全局灵敏度随时间变化曲线

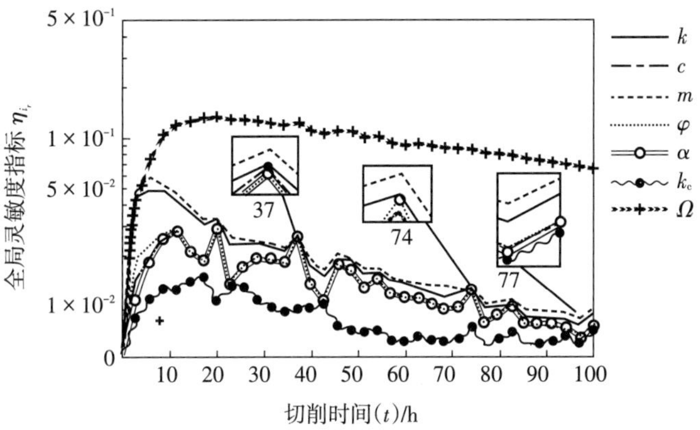

(a) 各个参数

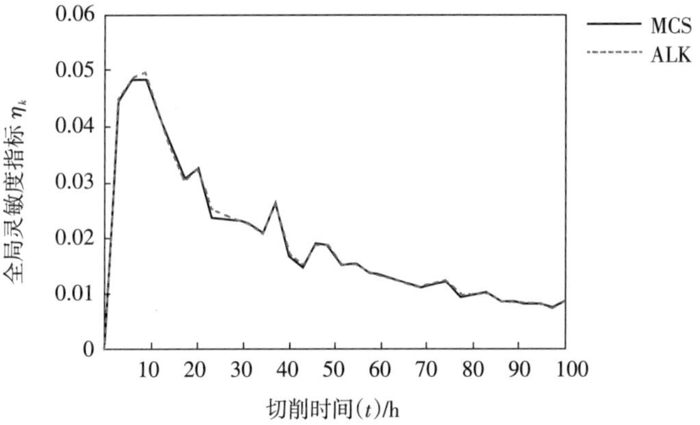

(b) 参数k

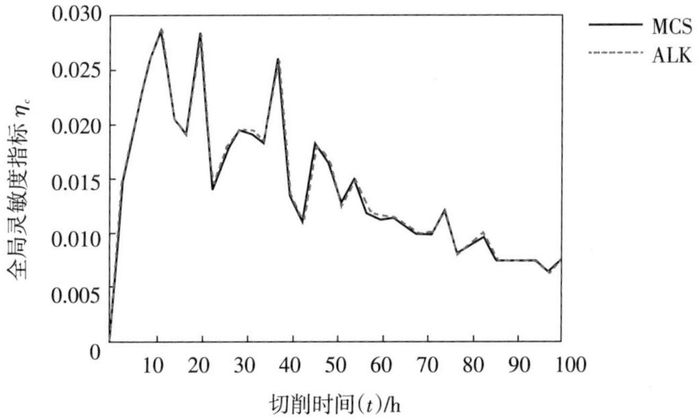

(c) 参数c

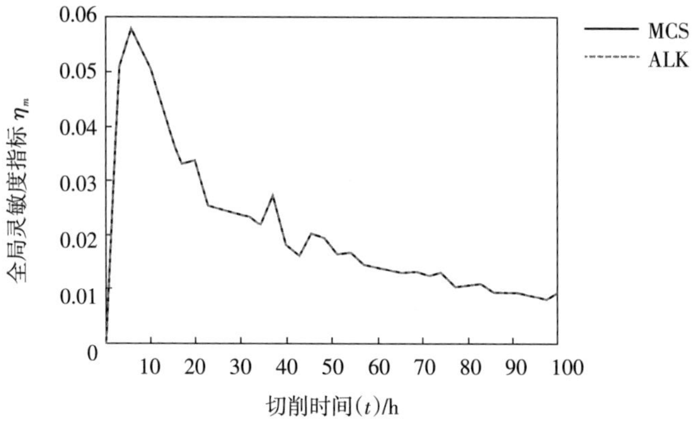

(d) 参数m

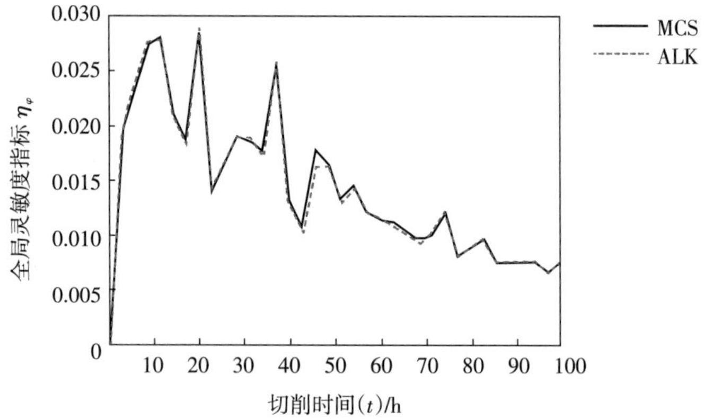

(e) 参数φ

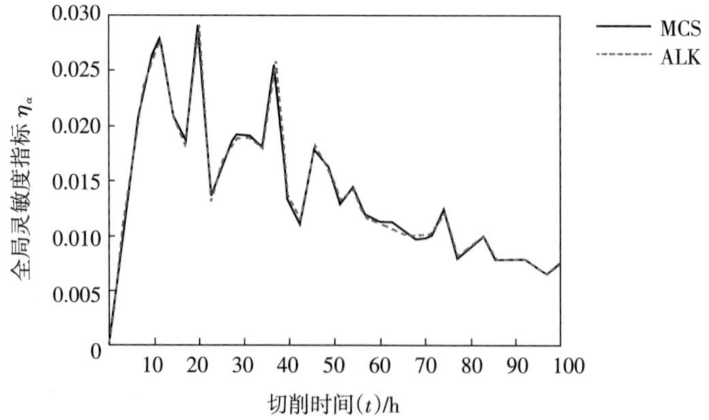

(f) 参数α

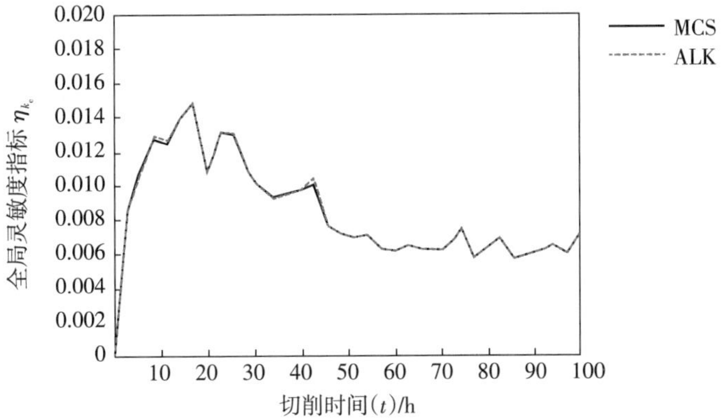

（g）参数k_c

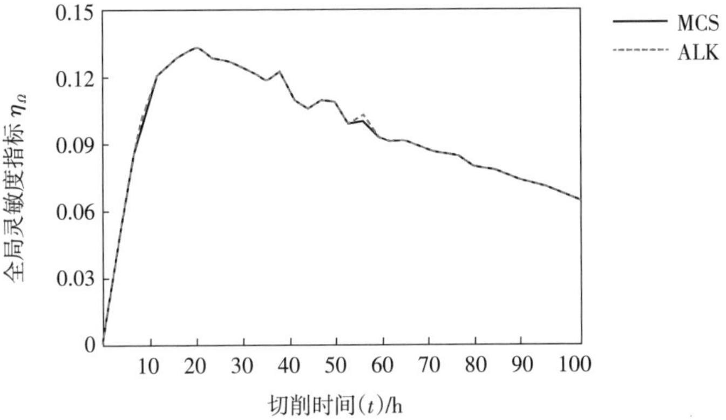

（h）参数Ω

图6.6　各车削刀具系统参数基于累积失效概率的矩独立时变全局灵敏度随时间变化曲线

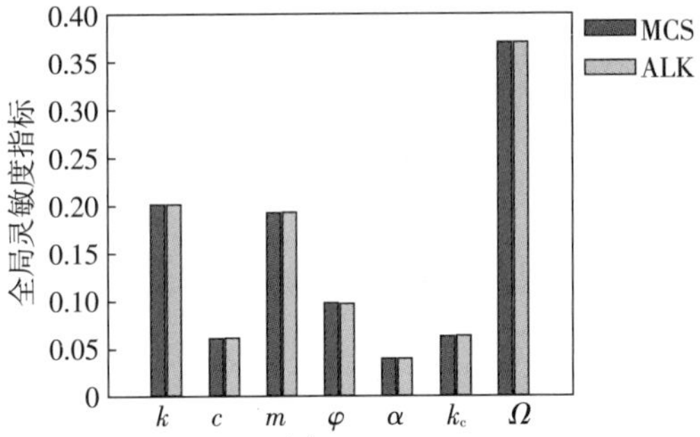

（a）15 h

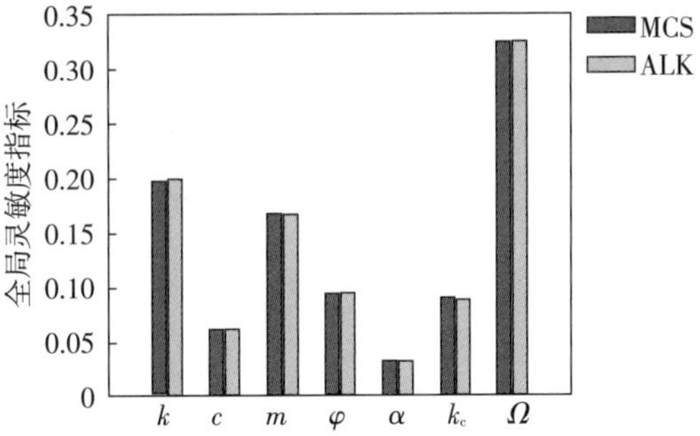

（b）40 h

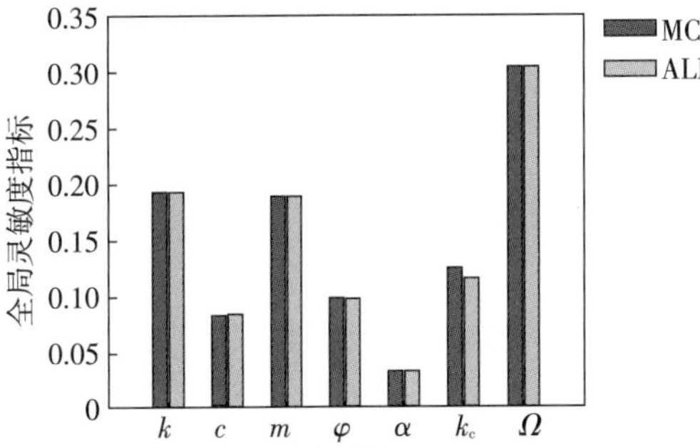

（c）70 h

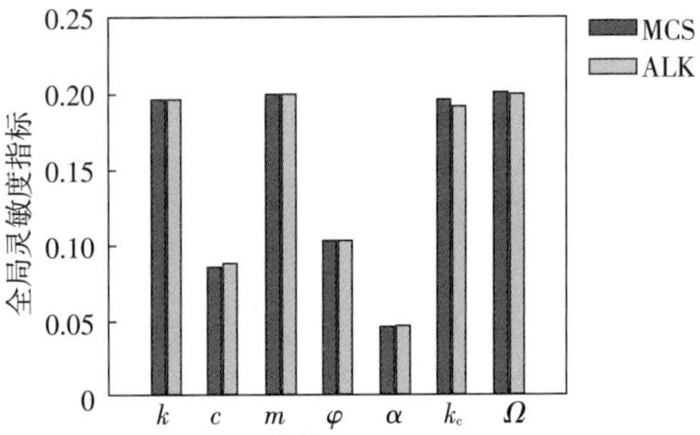

（d）100 h

图6.7　各车削刀具系统参数基于概率密度函数的矩独立时变全局灵敏度在不同时刻的对比

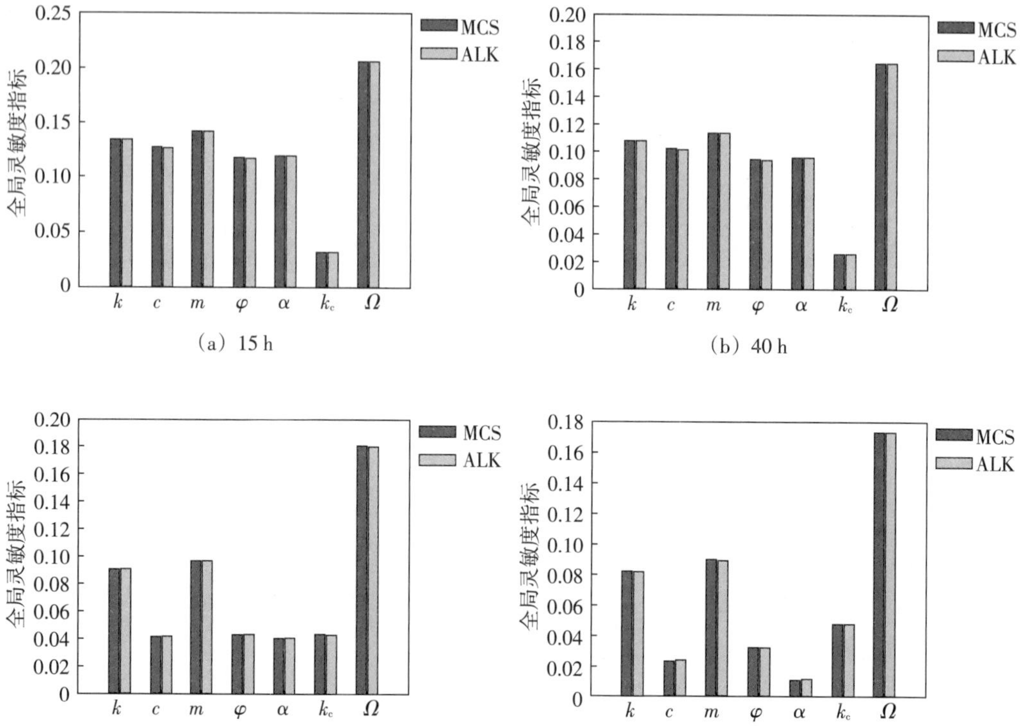

(a) 15 h (b) 40 h (c) 70 h (d) 100 h

图6.8 各车削刀具系统参数基于累积分布函数的矩独立时变全局灵敏度在不同时刻的对比

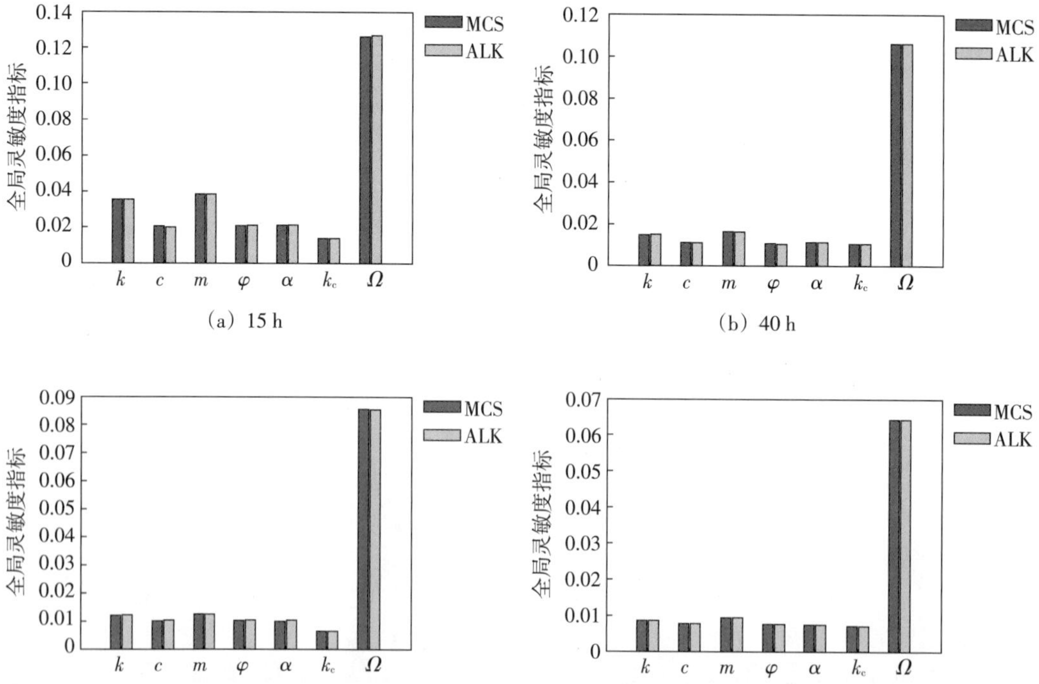

(a) 15 h (b) 40 h (c) 70 h (d) 100 h

图6.9 各车削刀具系统参数基于累积失效概率的矩独立时变全局灵敏度在不同时刻的对比

表6.1 各车削刀具系统参数的矩独立时变全局灵敏度在不同时刻的对比

项目		15 h		40 h		70 h		100 h	
		ALK	MCS	ALK	MCS	ALK	MCS	ALK	MCS
δ	k	0.20147	0.20103	0.19931	0.19953	0.19331	0.19322	0.19694	0.19691
	c	0.06188	0.06167	0.06277	0.06223	0.08449	0.08485	0.08557	0.08805
	m	0.19392	0.19318	0.16765	0.16733	0.18983	0.18982	0.20010	0.20004
	φ	0.09767	0.09793	0.09576	0.09523	0.09898	0.09824	0.10276	0.10299
	α	0.04011	0.04036	0.03309	0.03305	0.03352	0.03356	0.04609	0.04691
	k_c	0.06335	0.06373	0.09044	0.08903	0.12521	0.11624	0.19636	0.19199
	Ω	0.37041	0.37040	0.32451	0.32491	0.30492	0.30433	0.20088	0.20033
ε	k	0.13492	0.13450	0.10458	0.10409	0.09059	0.09069	0.08197	0.08162
	c	0.12792	0.12707	0.07109	0.07145	0.04149	0.04175	0.02312	0.02378
	m	0.14236	0.14225	0.11366	0.11305	0.09660	0.09629	0.08973	0.08899
	φ	0.11793	0.11756	0.08194	0.08134	0.04308	0.04313	0.03226	0.03224
	α	0.11937	0.11925	0.07439	0.07483	0.04001	0.04038	0.01130	0.01197
	k_c	0.03185	0.03110	0.03805	0.03835	0.04333	0.04307	0.04759	0.04773
	Ω	0.20583	0.20506	0.18743	0.18722	0.18058	0.18014	0.17333	0.17366
η	k	0.03541	0.03549	0.01511	0.01483	0.01199	0.01186	0.00865	0.00871
	c	0.02005	0.02059	0.01119	0.01101	0.01008	0.00982	0.00759	0.00756
	m	0.03875	0.03857	0.01609	0.01642	0.01246	0.01247	0.00929	0.00931
	φ	0.02114	0.02104	0.01040	0.01080	0.01042	0.01004	0.00762	0.00763
	α	0.02124	0.02111	0.01132	0.01090	0.01014	0.00985	0.00752	0.00757
	k_c	0.01399	0.01393	0.01041	0.01006	0.00638	0.00634	0.00711	0.00715
	Ω	0.12690	0.12607	0.10581	0.10566	0.08546	0.08565	0.06411	0.06446

由图6.4至图6.9均可以看出，采用基于主动学习Kriging的矩独立时变全局灵敏度分析方法计算的结果与基于Monte Carlo模拟的矩独立时变全局灵敏度分析方法计算的结果有很好的一致性。而通过12个初始实验设计样本建立各时间节点的Kriging模型，迭代不超过489次。在取36个时间节点的情况下，采用基于主动学习Kriging的矩独立时变全局灵敏度分析方法最多调用极限状态函数18023次，远小于Monte Carlo模拟中因为双回路嵌套抽样所需调用极限状态函数的次数（2.52036×10^9）。由此可见，利用少量样本建立Kriging模型代替真实的极限状态函数，在保证计算精度的前提下，降低了调

用原极限状态函数的计算成本，提高了计算效率。

如图6.4、图6.5和图6.6所示，由于参数的时变性，全局灵敏度指标也呈现了随时间变化的状态。由图6.4（a）可以看出，对于基于概率密度函数矩独立时变全局灵敏度指标来说，全局灵敏度指标并不随时间具有单调性，但参数的重要性排序随时间变化发生改变，车削参数中Ω随时间呈下降趋势，而k_c呈上升趋势，与因刀具磨损采用Gamma过程描述的k_c随切削时间递增的情况相符。因此，k_c在前期对系统的影响最小，而当切削时间超过70 h后，k_c对系统的影响程度超过φ，α和c。

由图6.5（a）可知，基于累积分布函数的矩独立时变全局灵敏度分析得到的车削参数的重要性排序，与基于概率密度函数的矩独立时变全局灵敏度分析得到的结果是一致的。但基于累积分布函数的矩独立时变全局灵敏度指标基本随时间具有单调性，可以明显看出车削参数中m，k，c，φ，α，Ω均随时间呈下降趋势，而k_c呈上升趋势，同样地，在切削时间到达70 h后，参数的重要性排序发生变化。

而对于图6.6（a）所示的基于累积失效概率的矩独立时变全局灵敏度指标而言，各参数随时间变化的趋势大体相同，且在任意时刻，参数的重要性排序基本不变，不随时间变化而发生改变。同时，随着切削时间的增加，与其他参数相比，k_c的下降程度不大，说明k_c对系统累积失效概率的影响随时间变化并不明显。

由图6.4、图6.5和图6.6可知，在整个车削期间内，参数Ω对系统和累积失效概率都有较大影响，且无论是对响应分布函数还是对累积失效概率而言，φ、c和α的影响程度基本相同。由图6.7、图6.8和图6.9列出的三种矩独立时变全局灵敏度指标在4个时刻的结果也可明显看出，当车削时间小于70 h时，各参数对于响应分布函数的重要性排序基本为$\Omega > m > k > \varphi > c > \alpha > k_c$；而当超过70 h后，排序变化为$\Omega > m > k > k_c > \varphi > c > \alpha$。而各参数对于累积失效概率的重要性排序在整个车削时间内基本未发生变化，始终为$\Omega > m > k > \varphi > c > \alpha > k_c$。同时，表6.1列出了三种矩独立时变全局灵敏度指标在4个时刻上的对比数值，由此可见，参数Ω在整个车削期间对响应分布函数和累积失效概率的影响显著，即Ω为敏感参数，而其余参数对响应分布函数和累积失效概率都不敏感。

三种矩独立时变全局灵敏度指标分别反映了不同情况下车削参数在完整分布范围内对系统的影响，本书主要考虑各车削参数对累积失效概率的影响。如果降低主轴转速Ω的随机波动性，即变异系数从0.01调整到0.005，那么基于累积失效概率的矩独立时变全局灵敏度指标的变化结果如图6.10所示，且主轴转速改变前后车削刀具系统时变可靠度对比结果如表6.2所列。对比图6.10和表6.2可以看出，控制主轴转速Ω可以降低其对累积失效概率的影响，在一定程度上提高车削系统的可靠性。由此可见，对车削刀具系统进行时变全局灵敏度分析，可以为可靠性设计提供优化方向。

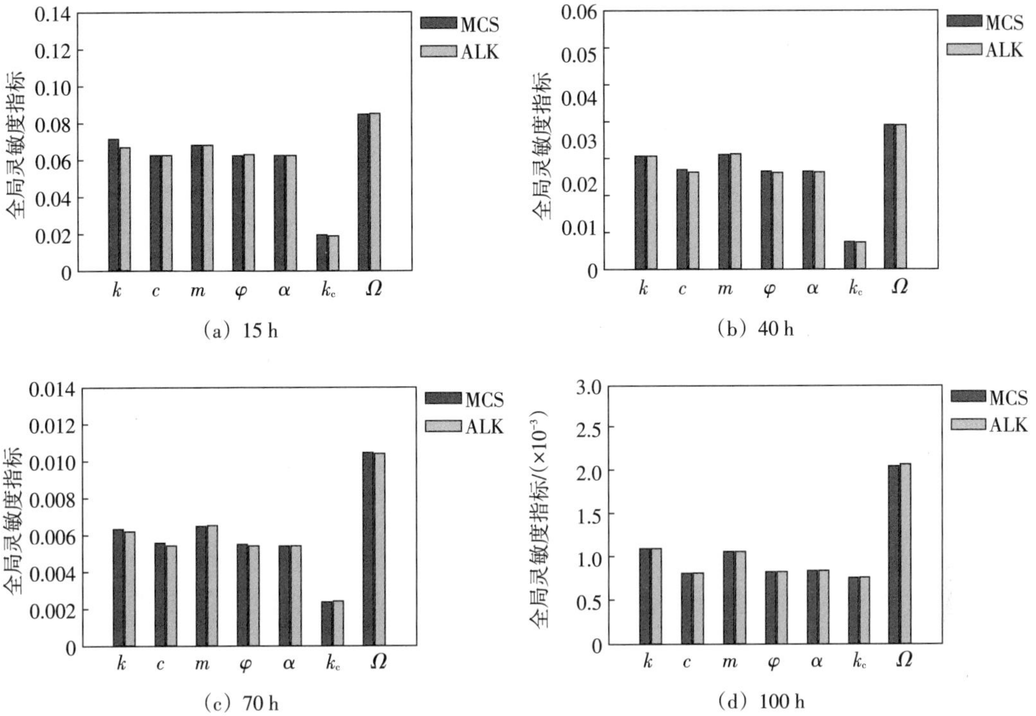

图6.10　调整Ω后各车削刀具系统参数基于累积失效概率的矩独立时变全局灵敏度在不同时刻的对比

表6.2　主轴转速改变前后车削刀具系统时变可靠度对比结果

主轴转速变异系数		0.01	0.005
切削时间(t)/h	0	1	1
	10	0.9020	0.9184
	20	0.8212	0.8509
	30	0.7615	0.8014
	40	0.7118	0.7601
	50	0.6688	0.7243
	60	0.6304	0.6923
	70	0.6038	0.6701
	80	0.5791	0.6494
	90	0.5557	0.6299
	100	0.5334	0.6113

6.4　本章小结

对于考虑刀具磨损的车削刀具时变系统，为了更好地控制颤振，本章定量地研究了整个车削过程中各参数的不确定性在完整分布范围内对系统的影响。针对复杂的非线性高维车削刀具时变系统，在矩独立时变全局灵敏度分析理论的基础上，采用了Kriging时变模型替代时变极限状态函数，提出了基于主动学习Kriging的矩独立时变全局灵敏度分析方法，大幅减少调用原时变极限状态函数的次数，很大程度地降低了运算成本，克服了基于Monte Carlo模拟的矩独立时变全局灵敏度分析方法在计算效率上的不足。采用基于主动学习Kriging的矩独立时变全局灵敏度分析方法分析了车削刀具系统基于概率密度函数的矩独立时变全局灵敏度、基于累积分布函数的矩独立时变全局灵敏度及基于累积失效概率的矩独立时变全局灵敏度，并且对比了基于Monte Carlo模拟的矩独立时变全局灵敏度分析方法的结果，计算结果具有良好的一致性，验证了所提出方法的准确性。根据三种矩独立时变全局灵敏度指标，对参数重要性进行了排序，有助于在系统设计和优化过程中调整参数，集中注意灵敏度高的参数，以控制车削颤振的发生。

参考文献

[1] HELTON J C, JOHNSON J D, SALLABERRY C J, et al.Survey of sampling-based methods for uncertainty and sensitivity analysis[J]. Reliability engineering and system safety,2006,91(10/11):1175-1209.

[2] SALTELLI A, ANNONI P.How to avoid a perfunctory sensitivity analysis[J]. Environmental modelling and software,2010,25(12):1508-1517.

[3] EN X N,ZHANG Y M,HUANG X Z,et al.Time-varying reliability and global sensitivity analysis of regenerative chatter stability in turning considering tool wear[J]. Mechanics based design of structures and machines,2020,50(12):4084-4104.

[4] DREVES A,FACCHINEI F,KANZOW C,et al.On the solution of the KKT conditions of generalized Nash equilibrium problems[J]. SIAM journal on optimization,2011,21(3):1082-1108.

[5] BORGONOVO E.A new uncertainty importance measure[J]. Reliability engineering and system safety,2007,92(6):771-784.

[6] LIU Q, HOMMA T.A new importance measure for sensitivity analysis[J]. Journal of nuclear science and technology,2010,47(1):53-61.

[7] CUI L J,LUE Z Z,ZHAO X P.Moment-independent importance measure of basic random variable and its probability density evolution solution[J]. Science China technological sciences,2010,53(4):1138-1145.

[8] DUTTA J, DEB K, TULSHYAN R, et al.Approximate KKT points and a proximity measure for termination[J]. Journal of global optimization,2013,56(4):1463-1499.

[9] MANOHARAN P S,KANNAN P S,BASKAR S,et al.Evolutionary algorithm solution and KKT based optimality verification to multi-area economic dispatch[J]. International journal of electrical power and energy systems,2009,31(7/8):365-373.

第7章　车削颤振可靠性优化设计方法

在实际车削问题中，由于车削系统的高非线性，系统参数的不确定性因素会导致系统性能产生较大的波动，对车削颤振的预测产生极大影响。为了处理不确定性因素的影响，可以对系统进行灵敏度分析，找出车削系统的敏感参数，尽量提高精度，减小其变化范围。除此之外，还应对系统进行优化设计，从而降低不确定性因素对系统的影响，并满足系统对高可靠性的需求。在传统优化设计中，为了简化设计计算过程，通常假设目标函数、约束条件和设计变量中的载荷、环境、结构等参数为确定性的。然而，车削系统参数的不确定性使确定性优化结果无法满足设计需求。因此，为了弥补确定性优化设计的不足，本书对车削系统进行可靠性优化设计。本章在序列优化与可靠性评定方法的基础上，结合一阶控制变量方法，改进了逆可靠性分析优化模型，并提出了基于一阶控制变量的可靠性优化设计方法。根据车削系统颤振稳定性模型，对车削刀具系统和车削加工系统进行可靠性优化设计，在满足可靠性要求的前提下，得到使系统加工效率最高的最优方案，对实际生产制造具有极高的参考价值。

7.1　可靠性优化设计基本方法

可靠性优化设计（reliability-based design optimization，RBDO）从概率方面考虑参数不确定性的影响，在确定性优化设计的基础上，在约束条件或目标函数中增加系统对于可靠性的要求。目标函数通常采用可以衡量系统性能优劣的函数，即生产率、费用、质量、体积等。设计变量为对系统性能有显著影响的参数，通常为目标函数中的变量。传统确定性优化设计模型可以表示为

$$\begin{aligned}&\min f(\boldsymbol{d})\\&\text{s.t.}\begin{cases}L_i(\boldsymbol{d})\leqslant 0,\ i=1,\ 2,\ \cdots,\ r\\\boldsymbol{d}^{\mathrm{L}}\leqslant\boldsymbol{d}\leqslant\boldsymbol{d}^{\mathrm{U}}\end{cases}\end{aligned}\tag{7.1}$$

式中，$f(\boldsymbol{d})$为确定性优化的目标函数；$L_i(\boldsymbol{d})$为第i个约束条件；r为约束条件的个数；$\boldsymbol{d}=\left[d_1,\ d_2,\ \cdots,\ d_{n_d}\right]$为确定性设计变量，其中$n_d$为确定性设计变量的个数；$\boldsymbol{d}^{\mathrm{L}}$和$\boldsymbol{d}^{\mathrm{U}}$分别

为各设计变量$\boldsymbol{d}$取值范围的上界和下界。

确定性优化设计中的目标函数、约束条件、设计变量等都是确定性的，当变量发生波动时，确定性优化结果可能难以满足约束条件。因此，当参数具有不确定性时，采用可靠性优化设计能得到参数的最优解。通常将系统的可靠性要求作为优化模型中的约束条件，其具体模型可以表达为

$$\min f(\boldsymbol{d},\ \boldsymbol{x})$$
$$\text{s.t.}\begin{cases} P\left(g_i(\boldsymbol{d},\ \boldsymbol{x},\ \boldsymbol{p})>0\right)\geqslant R_i,\ i=1,\ 2,\ \cdots,\ n \\ L_i(\boldsymbol{d},\ \boldsymbol{x},\ \boldsymbol{p})\leqslant 0,\ i=1,\ 2,\ \cdots,\ r \\ \boldsymbol{d}^{\mathrm{L}}\leqslant \boldsymbol{d}\leqslant \boldsymbol{d}^{\mathrm{U}} \end{cases} \tag{7.2}$$

式中，$\boldsymbol{d}$为可靠性优化模型中的确定性设计变量；$\boldsymbol{x}$为优化模型中的随机设计变量；$\boldsymbol{p}$为优化模型中的随机参数变量；$f(\boldsymbol{d},\ \boldsymbol{x})$为目标函数；$P(\cdot)$表示概率；$g_i(\boldsymbol{d},\ \boldsymbol{x},\ \boldsymbol{p})$为第$i$个极限状态函数；$R_i$为第$i$个可靠度约束；$n$为可靠度约束的个数；$L_i(\boldsymbol{d},\ \boldsymbol{x},\ \boldsymbol{p})$为第$i$个确定性约束函数；$r$为约束条件的个数。

对于可靠性优化问题，还可以采用将系统可靠度作为目标函数的形式，即通过调整参数，使系统在一定的约束条件下可靠度最大化。本章采用将可靠性要求作为约束条件的优化模型，在考虑系统参数不确定性的情况下，分析在使系统性能最好的参数最优解的同时，满足系统对可靠性的需求。目前，可靠性优化设计方法主要分为双层法、单层法及解耦法三类。

7.1.1 双层法

双层法是求解可靠性优化设计问题最直接的方法，将可靠性分析嵌套在优化过程中，内层为可靠性估计，外层为优化过程，可采用惩罚函数法、可行方向法、智能算法等优化方法求解在可靠性约束下的最优解。为了节约计算成本，通常采用可靠度指标方法（reliability index approach，RIA）进行计算，则式（7.2）中的可靠性优化设计模型转化为

$$\min f(\boldsymbol{d},\ \boldsymbol{x})$$
$$\text{s.t.}\begin{cases} \beta_i(\boldsymbol{d},\ \boldsymbol{x},\ \boldsymbol{p})\geqslant \beta_i^*,\ i=1,\ 2,\ \cdots,\ n \\ L_i(\boldsymbol{d},\ \boldsymbol{x},\ \boldsymbol{p})\leqslant 0,\ i=1,\ 2,\ \cdots,\ r \\ \boldsymbol{d}^{\mathrm{L}}\leqslant \boldsymbol{d}\leqslant \boldsymbol{d}^{\mathrm{U}} \end{cases} \tag{7.3}$$

式中，$\beta_i(\boldsymbol{d},\ \boldsymbol{x},\ \boldsymbol{p})$ 为第i个极限状态函数$g_i(\boldsymbol{d},\ \boldsymbol{x},\ \boldsymbol{p})$ 的可靠度指标函数； β_i^* 为第i个可靠度指标约束。

通过Nataf转换将随机变量转换为标准正态空间$\boldsymbol{U}$中的独立随机变量$\boldsymbol{u}$，则设计点$\boldsymbol{u}^*$及可靠度指标 β_i^* 通过迭代优化求解，即

$$\begin{aligned}&\min \beta_i^* = \|\boldsymbol{u}\| \\ &\text{s.t.}\ g(\boldsymbol{u}) = 0\end{aligned} \tag{7.4}$$

此方法求解过程简单，是实际工程中比较常用的双层可靠性优化设计方法。

7.1.2 单层法

由于嵌套优化环的存在，双层法计算量较大，而单层法利用最优条件（KKT条件）[1-5]，将嵌套优化过程转换为单层优化过程。为了提高运算效率，采用一阶可靠性分析方法对可靠度约束进行求解，进而求解确定性优化模型，反复迭代，直至随机变量和设计变量同时满足收敛条件，从而得到最优解。SLA方法[6-10]的优化模型可以表示为

$$\begin{aligned}&\min f(\boldsymbol{d},\ \boldsymbol{x}) \\ &\text{s.t.}\begin{cases} g_i\left(\boldsymbol{d}^{(k)},\ \boldsymbol{x}_i^{(k)},\ \boldsymbol{p}_i^{(k)}\right) > 0,\ i = 1,\ 2,\ \cdots,\ n \\ L_i(\boldsymbol{d},\ \boldsymbol{x},\ \boldsymbol{p}) \leqslant 0,\ i = 1,\ 2,\ \cdots,\ r \\ \boldsymbol{d}^{\mathrm{L}} \leqslant \boldsymbol{d} \leqslant \boldsymbol{d}^{\mathrm{U}} \end{cases} \\ &\text{where}\begin{cases} \boldsymbol{x}_i^{(k)} = \boldsymbol{\mu}_x^{(k)} + \lambda_i^{(k)} \boldsymbol{\sigma}_x^{(k)} \boldsymbol{\beta}_i^* \\ \lambda_i^{(k)} = \dfrac{-\boldsymbol{\sigma}_x^{(k)} \nabla g_i\left(\boldsymbol{d}^{(k)},\ \boldsymbol{x}_i^{(k-1)},\ \boldsymbol{p}_i^{(k-1)}\right)}{\left\|\boldsymbol{\sigma}_x^{(k)} \nabla g_i\left(\boldsymbol{d}^{(k)},\ \boldsymbol{x}_i^{(k-1)},\ \boldsymbol{p}_i^{(k-1)}\right)\right\|} \end{cases}\end{aligned} \tag{7.5}$$

式中，$\boldsymbol{x}_i^{(k)}$为第i个极限状态函数$g_i(\boldsymbol{d},\ \boldsymbol{x},\ \boldsymbol{p})$的第$k$次迭代优化设计点；$\boldsymbol{\mu}_x^{(k)}$为第$k$次循环时$\boldsymbol{x}_i^{(k)}$的均值；$\boldsymbol{\sigma}_x^{(k)}$为第$k$次循环时$\boldsymbol{x}_i^{(k)}$的标准差；$\nabla g_i\left(\boldsymbol{d}^{(k)},\ \boldsymbol{x}_i^{(k-1)},\ \boldsymbol{p}_i^{(k-1)}\right)$为第$i$个极限状态函数$g_i(\boldsymbol{d},\ \boldsymbol{x},\ \boldsymbol{p})$在$\left[\boldsymbol{d}^{(k)},\ \boldsymbol{x}_i^{(k-1)},\ \boldsymbol{p}_i^{(k-1)}\right]$处的一阶偏导；$\|\cdot\|$为范数。

7.1.3 解耦法

解耦法将嵌套的可靠性分析与优化过程分离，将可靠性优化问题转化成确定性优化问题，进而采用确定性优化算法进行求解，有效降低了计算成本。目前，序列优化与可靠性评定方法（sequential optimization and reliability assessment，SORA）由于其通用性强且易于实现，而被广泛应用到各领域的实际工程中。该方法将可靠性优化设计拆分成一系列的确定性优化问题与可靠性问题，其优化模型及具体过程在下面内容中详细阐述。

7.2 序列优化与可靠性评定方法基本理论

为了保证可靠性优化求解的稳定和高效，采用序列优化与可靠性评定方法，将可靠度约束采用单层循环，依序分别进行确定性优化设计和可靠度的评定[11]。序列优化与

可靠性评定方法中，通过把可靠度约束 $P(g_i(\boldsymbol{d},\ \boldsymbol{x},\ \boldsymbol{p})>0)\geqslant R_i$ 转化为约束函数 $g_i(\boldsymbol{d},\ \boldsymbol{x}_{\mathrm{MPP},\ i},\ \boldsymbol{p}_{\mathrm{MPP},\ i})\geqslant 0$，使优化模型建立了可靠性优化和确定性优化之间的等效关系，则式（7.2）中的优化模型转换为

$$
\min f(\boldsymbol{d},\ \boldsymbol{x})
$$
$$
\text{s.t.}\begin{cases} g_i(\boldsymbol{d},\ \boldsymbol{x}_{\mathrm{MPP},\ i},\ \boldsymbol{p}_{\mathrm{MMP},\ i})\geqslant 0,\ i=1,\ 2,\ \cdots,\ n \\ L_i(\boldsymbol{d},\ \boldsymbol{x},\ \boldsymbol{p})\leqslant 0,\ i=1,\ 2,\ \cdots,\ r \\ \boldsymbol{d}^{\mathrm{L}}\leqslant \boldsymbol{d}\leqslant \boldsymbol{d}^{\mathrm{U}} \end{cases} \tag{7.6}
$$

设随机设计变量 $\boldsymbol{x}=[x_1,\ x_2]$，$\boldsymbol{x}_{\mathrm{opt}}=[x_{\mathrm{opt},\ 1},\ x_{\mathrm{opt},\ 2}]$ 为最优点，可靠度约束转化为等效确定性约束的过程如图7.1所示。在不考虑不确定性因素的情况下，$g(x_{\mathrm{opt},\ 1},\ x_{\mathrm{opt},2})=0$ 为确定性约束边界；而当考虑不确定性因素时，可靠度约束边界为 $P\big(g(x_1,\ x_2)\geqslant 0\big)=R$。由于 $P(g(x_1,\ x_2)\geqslant 0)=R$ 与 $g(x_{\mathrm{MPP},\ 1},\ x_{\mathrm{MPP},\ 2})=0$ 等效（其中 $[x_{\mathrm{MPP},\ 1},\ x_{\mathrm{MPP},\ 2}]$ 是设计点），由逆可靠性分析求得，在最优点 $\boldsymbol{x}_{\mathrm{opt}}$ 的可靠度约束与在设计点 $[x_{\mathrm{MPP},\ 1},\ x_{\mathrm{MPP},\ 2}]$ 的确定性约束等价。为了保证 $g(x_{\mathrm{MPP},\ 1},\ x_{\mathrm{MPP},\ 2})=0$，则与可靠度约束边界上的最优点 $\boldsymbol{x}_{\mathrm{opt}}$ 相对应的设计点 $[x_{\mathrm{MPP},\ 1},\ x_{\mathrm{MPP},\ 2}]$ 应该恰好落在确定性约束的边界上。因此，在序列优化与可靠性评定方法进行可靠性优化设计过程中，要确保每个可靠度约束的设计点都在确定性约束可行域内。

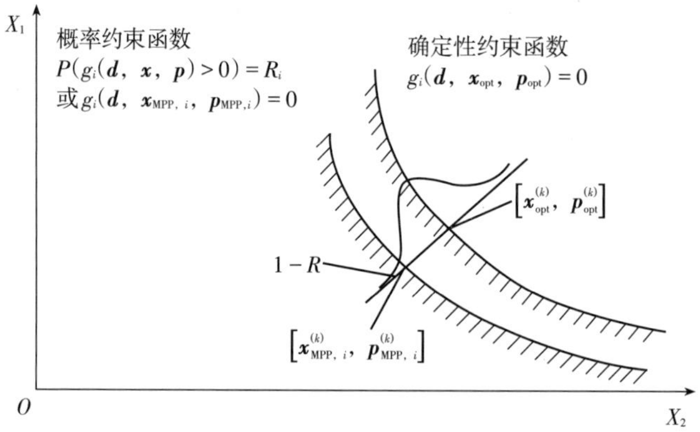

图7.1　序列优化与可靠性评定方法的可靠度约束

序列优化与可靠性评定方法中，在每一循环中依次进行确定性优化设计和可靠度的评定，当前循环中，确定性优化设计中的设计变量为上一循环的设计点，经过优化过程得到新的设计点，进而通过逆可靠性分析进行可靠性判定，得到新的设计点，并判断其是否在可行域内。若不能满足可靠度要求，则通过移动确定性约束函数边界进行下一循环。序列优化与可靠性评定方法可以通过较少的循环过程逐步接近要求的可靠度，这在很大程度上减少了计算成本。

设可靠性优化模型中的随机设计变量 $\boldsymbol{x}$ 和随机参数变量 $\boldsymbol{p}$ 的初始值分别为其均值 $\boldsymbol{\mu}_x$

和$\boldsymbol{\mu}_p$，通过优化得到最优点$\left[\boldsymbol{x}_{\mathrm{opt}}^{(1)}, \boldsymbol{p}_{\mathrm{opt}}^{(1)}\right]$，则首次循环的优化模型为

$$\begin{aligned}&\min f(\boldsymbol{d}, \boldsymbol{\mu}_x)\\&\text{s.t.}\begin{cases}g_i(\boldsymbol{d}, \boldsymbol{\mu}_x, \boldsymbol{\mu}_p)\geqslant 0, & i=1, 2, \cdots, m\\L_i(\boldsymbol{d}, \boldsymbol{x}, \boldsymbol{p})\leqslant 0, & i=1, 2, \cdots, r\\\boldsymbol{d}^{\mathrm{L}}\leqslant\boldsymbol{d}\leqslant\boldsymbol{d}^{\mathrm{U}}\end{cases}\end{aligned}\tag{7.7}$$

进而，由最优点$\left[\boldsymbol{x}_{\mathrm{opt}}^{(1)}, \boldsymbol{p}_{\mathrm{opt}}^{(1)}\right]$，采用逆可靠性分析进行可靠度评估，得到第$i$个可靠度约束条件的设计点$\left[\boldsymbol{x}_{\mathrm{MPP},\ i}^{(1)}, \boldsymbol{p}_{\mathrm{MPP},\ i}^{(1)}\right]$。

若设计点$\left[\boldsymbol{x}_{\mathrm{MPP},\ i}^{(1)}, \boldsymbol{p}_{\mathrm{MPP},\ i}^{(1)}\right]$未落在可行域内，即$g_i\left(\boldsymbol{d}, \boldsymbol{x}_{\mathrm{MPP},\ i}^{(1)}, \boldsymbol{p}_{\mathrm{MPP},\ i}^{(1)}\right)\geqslant 0$不成立，则进行第二次循环，并修正优化模型的确定性约束条件，移动式（7.6）中的确定性约束函数$g_i(\boldsymbol{d}, \boldsymbol{x}, \boldsymbol{p})\geqslant 0$，使$\left[\boldsymbol{x}_{\mathrm{MPP},\ i}^{(1)}, \boldsymbol{p}_{\mathrm{MPP},\ i}^{(1)}\right]$至少落在约束边界上，即至少使$g_i\left(\boldsymbol{d}, \boldsymbol{x}_{\mathrm{MPP},\ i}^{(1)}, \boldsymbol{p}_{\mathrm{MPP},\ i}^{(1)}\right)=0$，则以$\boldsymbol{s}_i^{(2)}$为向量移动确定性约束函数，即

$$g_i\left(\boldsymbol{d}, \boldsymbol{x}-\boldsymbol{s}_i^{(2)}, \boldsymbol{p}\right)\geqslant 0\tag{7.8}$$

式中，移动向量$\boldsymbol{s}_i^{(2)}=\left[\boldsymbol{x}_{\mathrm{opt}}^{(1)}, \boldsymbol{p}_{\mathrm{opt}}^{(1)}\right]-\left[\boldsymbol{x}_{\mathrm{MPP},\ i}^{(1)}, \boldsymbol{p}_{\mathrm{MPP},\ i}^{(1)}\right]=\left[\boldsymbol{x}_{\mathrm{opt}}^{(1)}-\boldsymbol{x}_{\mathrm{MPP},\ i}^{(1)}, \boldsymbol{p}_{\mathrm{opt}}^{(1)}-\boldsymbol{p}_{\mathrm{MPP},\ i}^{(1)}\right]$。

由各确定性约束函数形成比前一次循环更窄的可行域，在此基础上进行优化，其优化模型表示为

$$\begin{aligned}&\min f(\boldsymbol{d}, \boldsymbol{x})\\&\text{s.t.}\begin{cases}g_i\left(\boldsymbol{d}, \boldsymbol{x}-\boldsymbol{s}_i^{(2)}, \boldsymbol{p}_{\mathrm{MPP},\ i}^{(1)}\right)\geqslant 0, & i=1, 2, \cdots, n\\L_i(\boldsymbol{d}, \boldsymbol{x}, \boldsymbol{p})\leqslant 0, & i=1, 2, \cdots, r\\\boldsymbol{d}^{\mathrm{L}}\leqslant\boldsymbol{d}\leqslant\boldsymbol{d}^{\mathrm{U}}\end{cases}\end{aligned}\tag{7.9}$$

由第二次循环得到的最优点$\left[\boldsymbol{x}_{\mathrm{opt}}^{(2)}, \boldsymbol{p}_{\mathrm{opt}}^{(2)}\right]$进行可靠度评估，获得设计点$\left[\boldsymbol{x}_{\mathrm{MPP},\ i}^{(1)}, \boldsymbol{p}_{\mathrm{MPP},\ i}^{(1)}\right]$，并判断优化是否满足收敛条件，是否要进行下一循环。与第二次循环类似，第$k(k=2, 3, \cdots)$次循环的优化模型为

$$\begin{aligned}&\min f(\boldsymbol{d}, \boldsymbol{x})\\&\text{s.t.}\begin{cases}g_i\left(\boldsymbol{d}, \boldsymbol{x}-\boldsymbol{s}_i^{(k)}, \boldsymbol{p}_{\mathrm{MPP},\ i}^{(k-1)}\right)\geqslant 0, & i=1, 2, \cdots, n\\L_i(\boldsymbol{d}, \boldsymbol{x}, \boldsymbol{p})\leqslant 0, & i=1, 2, \cdots, r\\\boldsymbol{d}^{\mathrm{L}}\leqslant\boldsymbol{d}\leqslant\boldsymbol{d}^{\mathrm{U}}\end{cases}\end{aligned}\tag{7.10}$$

式中，$\boldsymbol{s}_i^{(k)}=\left[\boldsymbol{x}_{\mathrm{opt}}^{(k-1)}, \boldsymbol{p}_{\mathrm{opt}}^{(k-1)}\right]-\left[\boldsymbol{x}_{\mathrm{MPP},\ i}^{(k-1)}, \boldsymbol{p}_{\mathrm{MPP},\ i}^{(k-1)}\right]$，其中$\left[\boldsymbol{x}_{\mathrm{opt}}^{(k-1)}, \boldsymbol{p}_{\mathrm{opt}}^{(k-1)}\right]$为第$k-1$次循环的最优点，并进行可靠度评估得到$k-1$次循环的设计点$\left[\boldsymbol{x}_{\mathrm{MPP},\ i}^{(k-1)}, \boldsymbol{p}_{\mathrm{MPP},\ i}^{(k-1)}\right]$。

序列优化与可靠性评定方法的收敛条件如下：① 目标函数趋于稳定，即前后两次循环的目标函数值之间的差值小于规定值，如$f^{(k)}-f^{(k-1)}|10^{-6}$；② 满足所有可靠度约

束，即所有确定性约束函数均在可行域内，$g_i(\boldsymbol{d}, \boldsymbol{x}_{\mathrm{MPP},i}, \boldsymbol{p}_{\mathrm{MPP},i}) \geqslant 0$。当满足以上条件时，结束循环过程，完成优化。

7.3 逆可靠性分析方法

序列优化与可靠性评定方法中，通常采用逆可靠性分析方法来确定与各可靠度约束R_i水平相对应的设计点$[\boldsymbol{x}_{\mathrm{MPP},i}, \boldsymbol{p}_{\mathrm{MPP},i}]$，通过判断其是否在可行域内来评估是否满足可靠度要求。逆可靠性分析优化模型是基于一次二阶矩方法建立的，对于复杂的高非线性高维极限状态函数来说，由该优化模型求得的最优解误差较大，导致可靠性优化结果无法满足设计需求，且优化过程不易收敛，循环次数增多，计算量增大。因此，本节结合一阶控制变量方法（first-order control variable method，FOCM），对逆可靠性分析优化模型进行改进，提出了基于一阶控制变量的逆可靠性分析方法。

7.3.1 一阶控制变量方法

根据第4章所提的基于Monte Carlo模拟的控制变量方法的理论，由式（4.15），可靠度R可以表示为

$$R = \rho_R R_{\mathrm{c}} \tag{7.11}$$

式中，R_{c}为强相关极限状态函数$g_{\mathrm{c}}(x)$的可靠度；ρ_R为修正系数，表示为

$$\rho_R = \frac{1 - \dfrac{1}{N}\sum_{i=1}^{N} I_F(\boldsymbol{x}_i)}{1 - \dfrac{1}{2}\sum_{i=1}^{N} I_{F_{\mathrm{c}}}(\boldsymbol{x}_i)} \tag{7.12}$$

式中，$I_F(\boldsymbol{x})$为极限状态函数$g(\boldsymbol{x})$的失效域指示函数，失效域$F = \{\boldsymbol{x}: g(\boldsymbol{x}) \leqslant 0\}$；$I_{F_{\mathrm{c}}}(\boldsymbol{x})$为强相关的极限状态函数$g_{\mathrm{c}}(\boldsymbol{x})$的失效域指示函数，失效域$F_{\mathrm{c}} = \{\boldsymbol{x}: g_{\mathrm{c}}(\boldsymbol{x}) \leqslant 0\}$。

将任意随机变量$\boldsymbol{x}$通过Nataf转换为标准正态空间U中的独立随机变量$\boldsymbol{u}$，则强相关极限状态函数$g_{\mathrm{c}}(\boldsymbol{x})$转换到标准正态空间中表示为$g_{\mathrm{c}}(\boldsymbol{u})$，设$g_{\mathrm{c}}(\boldsymbol{u})$为设计点$\boldsymbol{u}^*$处的一阶Taylor展开式，即

$$g_{\mathrm{c}}(\boldsymbol{u}) = G_U = g(\boldsymbol{u}^*) + (\boldsymbol{u} + \boldsymbol{u}^*)^{\mathrm{T}} \nabla g(\boldsymbol{u}^*) \tag{7.13}$$

式中，$\nabla g(\boldsymbol{u}^*)$为$g(\boldsymbol{u})$在设计点$\boldsymbol{u}^*$处的一阶偏导。

根据一次二阶矩方法，强相关极限状态函数的可靠度R_{c}由可靠度指标β_{c}求得，即

$$R_{\mathrm{c}} = \Phi(\beta_{\mathrm{c}}) \tag{7.14}$$

而可靠度指标β_{c}及设计点$\boldsymbol{u}^*$可通过迭代优化求解，随机变量$\boldsymbol{u}$的均值作为初始搜索点，即

$$\begin{aligned} &\min \beta = \|\boldsymbol{u}\| \\ &\text{s.t.}\ g(\boldsymbol{u}) = 0 \end{aligned} \tag{7.15}$$

式中，$\|\boldsymbol{u}\|$ 为标准正态空间坐标原点到极限状态曲面的距离。

同时，为了降低计算量，根据转换到标准正态空间中的极限状态函数$g(\boldsymbol{u})$和强相关极限状态函数$g_c(\boldsymbol{u})$，采用拉丁超立方采样生成少量样本估计修正系数ρ_R，具体过程如下。

（1）通过Nataf转换，将n维随机变量$\boldsymbol{x} = [x_1, x_2, \cdots, x_n]$转换为标准正态空间$U$中的独立随机变量$\boldsymbol{u} = [u_1, u_2, \cdots, u_n]$。

（2）对每个随机变量$u_i (i = 1, 2, \cdots, n)$，抽取$N$个服从[0，1]均匀分布的独立样本，并将每个随机变量u_i的概率分布按照等概率分层，分为N个互不重叠的区间，进而将随机变量u_i的N个样本分别分到N个区间，得到各样本$U_{i,j} (i = 1, \cdots, n;\ j = 1, \cdots, N)$的累积概率。

（3）根据相应的累积分布函数$F_U(u_i)(i = 1, 2, \cdots, n)$，得到每个随机变量$u_i$的$N$个样本$\boldsymbol{U}_i = [U_{i,1}, U_{i,2}, \cdots, U_{i,N}] (i = 1, 2, \cdots, n)$。

（4）分别将每个随机变量的N个样本$\boldsymbol{U}_i$重新进行随机组合，得到N个随机变量$\boldsymbol{u}$的样本$\boldsymbol{U} = [U_1, U_2, \cdots, U_j, \cdots, U_N]$，其中$\boldsymbol{U}_j = [U_{1,j}, U_{2,j}, \cdots, U_{n,j}]$。

（5）由样本集$\boldsymbol{U}$，分别计算极限状态函数$g(\boldsymbol{u})$和强相关极限状态函数$g_c(\boldsymbol{u})$，并统计使$g(\boldsymbol{u}) < 0$的样本数N_f，若$N_f < 20$，则返回步骤（2），抽取N_{add}个样本添加到样本集$\boldsymbol{U}$中，直至$N_f \geqslant 20$。

（6）由式（7.12）计算修正系数ρ_R。

7.3.2 基于一阶控制变量的逆可靠性分析方法

基于一次二阶矩方法（FORM），在标准正态空间U中，由可靠度约束R可以计算出相应的可靠度指标β。根据可靠度指标的几何意义，逆可靠性分析可以通过优化问题来描述，具体优化模型为

$$\begin{aligned} &\min g(\boldsymbol{u}) \\ &\text{s.t.}\ \|\boldsymbol{u}\| = \beta = \Phi^{-1}(R) \end{aligned} \tag{7.16}$$

式中，$\boldsymbol{u} = [\boldsymbol{u}_x, \boldsymbol{u}_p]$，为独立标准正态随机变量；$\Phi(\cdot)$为标准正态分布的累积分布函数。

该优化问题的最优解$\boldsymbol{u}^*$为标准正态空间中半径为β的曲面上使极限状态函数值最小的点，进而通过Nataf逆转换，可以得到设计点$(\boldsymbol{x}_{MPP}, \boldsymbol{p}_{MPP})$。

根据一阶控制变量方法，可靠度约束R可以表示为

$$R = \rho_R R_{FORM} \tag{7.17}$$

式中，R_{FORM}为采用一次二阶矩方法估计的可靠度。因此，式（7.16）中的逆可靠性分析的优化模型可转化为

$$\begin{aligned}&\min g(\boldsymbol{u})\\&\text{s.t. }\ \|\boldsymbol{u}\|=\beta=\Phi^{-1}(R_{\mathrm{FORM}})\\&\text{where }\ R_{\mathrm{FORM}}=\frac{R}{\rho_R}\end{aligned}\tag{7.18}$$

由一阶控制变量方法计算原理可知，修正系数ρ_R可以消除可靠度约束R与R_{FORM}之间的差异。因此，在优化模型中，将可靠度约束R转化为R_{FORM}，并由R_{FORM}优化求解最优解$\boldsymbol{u}^*$，由此得到与R相对应的设计点$[x_{\mathrm{MPP}},\ p_{\mathrm{MPP}}]$，消除了基于一次二阶矩方法的逆可靠性分析优化模型所产生的误差。

7.4 基于一阶控制变量的可靠性优化设计方法

以序列优化与可靠性评定方法为基础，结合一阶控制变量方法及改进的逆可靠性分析优化模型，提出了一种基于一阶控制变量的可靠性优化设计方法。该方法的流程如图7.2所示，其具体计算过程如下。

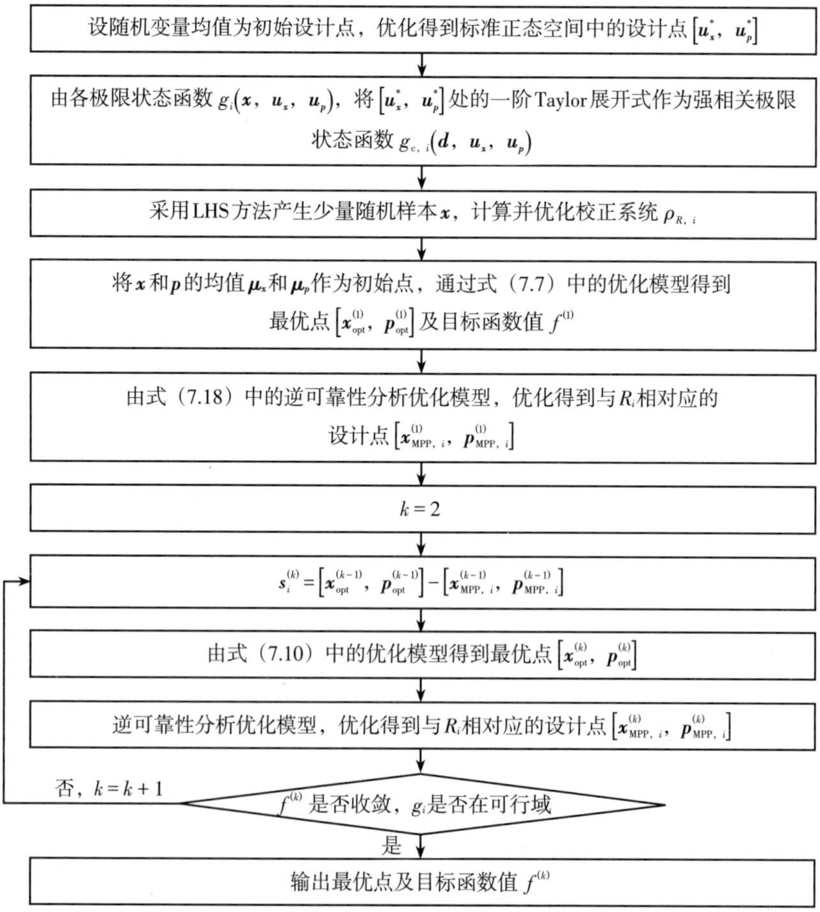

图7.2　基于一阶控制变量的可靠性优化设计方法流程图

（1）通过Nataf转换，将随机设计变量$\boldsymbol{x}$和随机参数变量$\boldsymbol{p}$的均值$\boldsymbol{\mu}_x$和$\boldsymbol{\mu}_p$转换到标准正态空间中，并作为式（7.15）中优化问题的初始设计点$\left[\boldsymbol{u}_{x_0}^*,\ \boldsymbol{u}_{p_0}^*\right]$，优化更新$\left[\boldsymbol{u}_x^*,\ \boldsymbol{u}_p^*\right]$。

（2）由各极限状态函数$g_i(\boldsymbol{d},\ \boldsymbol{u}_x,\ \boldsymbol{u}_p)(i=1,\ 2,\ \cdots,\ m)$，将$\left[\boldsymbol{u}_x^*,\ \boldsymbol{u}_p^*\right]$处的一阶Taylor展开式作为强相关极限状态函数$g_{c,\ i}(\boldsymbol{d},\ \boldsymbol{u}_x,\ \boldsymbol{u}_p)(i=1,\ 2,\ \cdots,\ m)$。

（3）根据各极限状态函数$g_i(\boldsymbol{d},\ \boldsymbol{u}_x,\ \boldsymbol{u}_p)$和相应的强相关极限状态函数$g_{c,\ i}(\boldsymbol{d},\ \boldsymbol{u}_x,\ \boldsymbol{u}_p)$，采用拉丁超立方采样生成少量样本估计修正系数$\rho_{R,\ i}(i=1,\ 2,\ \cdots,\ m)$。

（4）将随机设计变量$\boldsymbol{x}$和随机参数变量$\boldsymbol{p}$的均值$\boldsymbol{\mu}_x$和$\boldsymbol{\mu}_p$作为初始点，进行首次循环，通过式（7.7）中的优化模型得到最优点$\left[\boldsymbol{x}_{\text{opt}}^{(1)},\ \boldsymbol{p}_{\text{opt}}^{(1)}\right]$及目标函数值$f^{(1)}$。

（5）通过Nataf转换，将最优点$\left[\boldsymbol{x}_{\text{opt}}^{(1)},\ \boldsymbol{p}_{\text{opt}}^{(1)}\right]$转换到标准正态空间中得到$\left[\boldsymbol{u}_{x,\ \text{opt}}^{(1)},\ \boldsymbol{u}_{p,\ \text{opt}}^{(1)}\right]$，根据$\left[\boldsymbol{u}_{x,\ \text{opt}},\ \boldsymbol{u}_{p,\ \text{opt}}\right]$及$\rho_{R,\ i}$，由式（7.18）中的逆可靠性分析优化模型，优化得到$\left[\boldsymbol{u}_x^{*(1)},\ \boldsymbol{u}_p^{*(1)}\right]$，进而通过Nataf逆转换得到与$R_i$相对应的设计点$\left[\boldsymbol{x}_{\text{MPP},\ i}^{(1)},\ \boldsymbol{p}_{\text{MPP},\ i}^{(1)}\right](i=1,\ 2,\ \cdots,\ m)$。

（6）由第$k-1(k=2,\ 3,\ \cdots)$次循环的最优点$\left[\boldsymbol{x}_{\text{opt}}^{(k-1)},\ \boldsymbol{p}_{\text{opt}}^{(k-1)}\right]$及设计点$\left[\boldsymbol{x}_{\text{MPP},\ i}^{(k-1)},\ \boldsymbol{p}_{\text{MPP},\ i}^{(k-1)}\right]$$(i=1,\ 2,\ \cdots,\ m)$，得到第$k$次循环的移动向量$\boldsymbol{s}_i^{(k)}$，由式（7.10）中的优化模型进行第$k$次循环，得到最优点$\left[\boldsymbol{x}_{\text{opt}}^{(k)},\ \boldsymbol{p}_{\text{opt}}^{(k)}\right]$及目标函数值$f^{(k)}$。

（7）判断优化是否收敛，若第$k-1$次循环与第k次循环的目标函数值之差小于规定值，且所有可靠度约束均在可行域内，则结束循环过程，完成优化；否则，返回步骤（6），更新优化结果。

7.5 车削颤振可靠性优化设计

现代制造往往对切削精度和加工效率有较高的要求，因此，提高生产率对机械加工至关重要。在机械加工系统的优化设计中，通常以生产效率或经济效益作为优化目标。对于车削加工而言，在保证车削过程稳定性的前提下，使车削加工生产率最大化，即在车削系统不发生颤振的情况下，材料去除率（material removal rate，MRR）最大为车削系统优化的主要目的。

车削过程中的材料去除率为单位时间内被去除的加工零件的体积，是衡量加工效率的重要标准[12]。根据材料去除率的定义，其公式为

$$Q=10^3 f a_{\text{p}} v_{\text{c}} \tag{7.19}$$

式中，f为进给量，指工件和刀具回转一周沿进给方向的相对位移，mm/r；a_{p}为切削深度，mm；v_{c}为切削速度，指切削刃指定点相对工件主运动的瞬时速度，m/min。

工件最大直径处的切削速度为

$$v_{\text{c}}=10^{-3}\pi d\Omega \tag{7.20}$$

式中，d为刀具指定点或工件的旋转切削直径，mm；Ω为主轴转速，r/min。

为了在车削系统不发生颤振的情况下，尽量提高车削加工生产率，缩短加工时间，节约生产成本，设材料去除率为车削颤振可靠性优化设计的优化目标函数。

由材料去除率公式［式（7.19）］和式（7.20）可以看出，影响车削加工的主要变量为切削用量三要素，即切削深度a_p、进给量f和主轴转速Ω（或切削速度v_c），因此，将a_p、f和Ω作为车削颤振可靠性优化设计的随机设计变量，即$\boldsymbol{x}=[a_p, f, \Omega]$。而车削系统的其他动力学参数，如车削系统固有频率$\omega_n$、等效刚度$k$、阻尼比$\zeta$、切削刚度系数$k_c$等，则为优化设计中的随机参数变量。

实际车削过程中，由于受到机床的使用限制，在车削系统优化设计中，需要进行切削力约束和切削功率约束。根据经验公式[13-14]，切削力约束条件可以表示为

$$L_1=F_d-F_{d\max}=k_c a_p f-F_{d\max} \tag{7.21}$$

式中，k_c为切削刚度系数，N/mm²；F_d为瞬时切削力，N；$F_{d\max}$为最大切削力，N。

而由切削功率计算公式[12]，切削功率约束为

$$L_2=P_c-P_{c\max}=\frac{10^{-3}F_d v_c}{60}-P_{c\max} \tag{7.22}$$

式中，P_c为瞬时切削功率，kW；$P_{c\max}$为最大切削功率，kW；v_c为切削速度，m/min。

在考虑参数不确定性的情况下，为了保证车削系统稳定切削，且过程中不发生颤振，在车削系统优化设计中，除了设计变量边界约束外，还要进行颤振可靠性约束。因此，车削颤振可靠性优化设计的具体优化模型为

$$\min f(\boldsymbol{x}, \boldsymbol{p})=\frac{1}{Q}=\frac{1}{\pi x_1 x_2 x_3 p_1}$$

$$\text{s.t.}\begin{cases}P\big(g(\boldsymbol{x}, \boldsymbol{p})>0\big)\geqslant R\\ L_1\leqslant 0\\ L_2\leqslant 0\\ a_{p\min}<x_1<a_{p\max}\\ f_{\min}<x_2<f_{\max}\\ \Omega_{\min}<x_3<\Omega_{\max}\end{cases} \tag{7.23}$$

$$\text{where } g(\boldsymbol{x}, \boldsymbol{p})=a_{p\lim}(\boldsymbol{p})-x_1$$

式中，$\boldsymbol{x}=[a_p, f, \Omega]$为随机设计变量；$\boldsymbol{p}$为车削系统动力学参数变量；$a_{p\min}$和$a_{p\max}$分别为最小和最大许用切削深度；$f_{\min}$和$f_{\max}$分别为车削过程中最低和最高允许进给量；$\Omega_{\min}$和$\Omega_{\max}$分别为某一叶瓣范围内的最低和最高主轴转速；$P(g(\boldsymbol{x}, \boldsymbol{p})>0)$为车削系统的可靠性模型；$g(\boldsymbol{x}, \boldsymbol{p})$为车削系统颤振可靠度的极限状态函数；$R$为目标可靠度，本章取$R=0.99$。

根据式（7.23）中的优化模型，本节以数控车床为例，采用基于一阶控制变量的可

靠性优化设计方法（SORA-FOCM），对车削刀具系统和车削加工系统进行可靠性优化设计，并与序列优化与可靠性评定方法（SORA）的优化结果进行对比。可靠性优化中的确定性优化环节均采用序列二次规划（sequential quadratic programming，SQP）算法[15-16]。

7.5.1 车削刀具系统颤振可靠性优化设计

对于车削刀具系统，随机设计变量为 $\boldsymbol{x}=[a_p, f, \Omega]$，$a_p$和 f 的均值分别为0.62 mm和0.05 mm，而Ω在不同区间的均值分别为3000，4000，6000 r/min，变异系数均为0.01。随机参数变量 $\boldsymbol{p}=[d, f_n, \zeta, k, \varphi, \alpha, k_t, k_r]$，其统计特征如表7.1所列。根据车削刀具系统稳定性模型，优化模型中的极限切削深度$a_{p\lim}(\boldsymbol{p})$表示为

$$\begin{aligned} a_{p\lim}(\boldsymbol{p}) &= \frac{\eta\cos\omega T-1}{\sqrt{p_7^2+p_8^2}R_G\cos(p_5-p_6)\cos p_6(1-2\eta\cos\omega T+\eta^2)} \\ &= \frac{p_4(\eta\cos\omega T-1)\left[(p_2^2-\omega^2)^2+(2p_2p_3\omega)^2\right]}{\sqrt{p_7^2+p_8^2}\cos(p_5-p_6)\cos p_6(1-2\eta\cos\omega T+\eta^2)(p_2^2-\omega^2)p_2^2} \end{aligned} \tag{7.24}$$

式中，$\omega T=2\pi n+\arcsin\dfrac{2p_2p_3\omega}{\eta\sqrt{(2p_2p_3\omega)^2+(p_2^2-\omega^2)^2}}\arctan\dfrac{2p_2p_3\omega}{p_2^2-\omega^2}$。相对应的主轴转速$\Omega$表示为

$$\begin{aligned} \Omega &= \frac{60}{T} = \frac{60\omega}{2\pi n+\arcsin\dfrac{I_G}{\eta\sqrt{I_G^2+R_G^2}}-\arctan\dfrac{I_G}{R_G}} \\ &= \frac{60\omega}{2\pi n+\arcsin\dfrac{2p_2p_3\omega}{\eta\sqrt{(2p_2p_3\omega)^2+(p_2^2-\omega^2)^2}}\arctan\dfrac{2p_2p_3\omega}{p_2^2-\omega^2}} \end{aligned} \tag{7.25}$$

式中，$n=0，1，2，3，\cdots$，为一次切削过程中产生的整波数。

表7.1　车削刀具系统随机参数的统计特征

参数		参数意义	均值	标准差	分布形式
p_1	d/mm	刀具切削直径	50	0.5	正态分布
p_2	f_n/Hz	固有频率	185.77	4.11	正态分布
p_3	ζ	阻尼比	0.0956	0.00381	正态分布
p_4	$k/(\mathrm{N\cdot m^{-1}})$	等效刚度	4.035×10^6	4.54×10^4	正态分布
p_5	$\varphi/(°)$	切削力夹角	78.47	3.20	正态分布
p_6	$\alpha/(°)$	振动方向夹角	15	0.15	正态分布
p_7	$k_t/(\mathrm{N\cdot mm^{-2}})$	切向切削刚度系数	3003.67	122.02	正态分布
p_8	$k_r/(\mathrm{N\cdot mm^{-2}})$	径向切削刚度系数	934.49	34.93	正态分布

在不同主轴转速范围内，即当n分别取2，3，4时，车削刀具系统可靠性优化前后的对比结果如表7.2所列。

表7.2　车削刀具系统可靠性优化对比结果

叶瓣数(n)		a_p/mm	f/(mm·r^{-1})	Ω/(r·min^{-1})	MRR/(mm^3·min^{-1})	R	循环次数
$n=2$	优化前	0.62	0.05	6000	29216.8	0.9569	—
	SORA	0.51	0.18	4343.7	62410.3	0.9777	3
	SORA-FOCM	0.55	0.23	3475.2	69054.3	0.9998	2
$n=3$	优化前	0.62	0.05	4000	19477.9	0.8443	—
	SORA	0.55	0.13	4838.3	54339.8	0.9666	5
	SORA-FOCM	0.56	0.21	3577.2	66080.5	0.9949	2
$n=4$	优化前	0.62	0.05	3000	14608.4	0.7404	—
	SORA	0.55	0.27	3270.8	76295.2	0.9740	2
	SORA-FOCM	0.53	0.25	3665.7	76295.1	1	2

7.5.2　车削加工系统颤振可靠性优化设计

考虑车削加工系统在1阶模态失效，设随机设计变量为$\boldsymbol{x}=\left[a_p,\ f,\ \Omega\right]$，$a_p$和$f$的均值分别为0.054 mm和0.5 mm，而$\Omega$在不同区间的均值分别为2500，4300 r/min，变异系数均为0.01。随机参数变量$\boldsymbol{p}=\left[d,\ f_{n_{ct}},\ \zeta,\ k,\ f_{n_{cw}}^{(1)},\ \zeta_1,\ f_{n_{cw}}^{(2)},\ \zeta_2,\ f_{n_{cw}}^{(3)},\ \zeta_3,\ \varphi,\ \alpha,\ k_t,\ k_r\right]$，车削加工系统颤振可靠性分析的参数变量统计特征如表7.3所列。根据车削加工系统稳定性模型，优化模型中的极限切削深度$a_{p\lim}$表示为

$$a_{p\lim}(\boldsymbol{p})=\frac{\eta\cos\omega T-1}{\sqrt{p_{13}^2+p_{14}^2}R_{G_c}^{(1)}\cos(p_{11}-p_{12})\cos p_{12}\left(1-2\eta\cos\omega T+\eta^2\right)} \tag{7.26}$$

相对应的主轴转速Ω表示为

$$\Omega=\frac{60}{T}=\frac{60\omega}{2\pi n+\arcsin\dfrac{I_{G_c}}{\eta\sqrt{I_{G_c}^2+R_{G_c}^2}}-\arctan\dfrac{I_{G_c}}{R_{G_c}}} \tag{7.27}$$

式中，$n=0$，1，2，3，…，为一次切削过程中产生的整波数；R_{G_c}和I_{G_c}分别表示为

$$R_{G_c}=\frac{\omega_n^2\left(\omega_n^2-\omega^2\right)}{k\left[\left(\omega_n^2-\omega^2\right)^2+\left(2\omega_n\omega\zeta\right)^2\right]}+\sum_{i=1}^{3}\frac{\omega_{n_{cw}}^{(i)2}\left(\omega_{n_{cw}}^{(i)2}-\omega^2\right)u_{cw}^{(i,\ n_c)2}}{\left(\omega_{n_{cw}}^{(i)2}-\omega^2\right)^2+\left(2\zeta_{cw}^{(i)}\omega_{n_{cw}}^{(i)}\omega\right)^2} \tag{7.28}$$

$$I_{G_c}=\frac{-2\omega_n^3\omega\zeta}{k\left[\left(\omega_n^2-\omega^2\right)^2+\left(2\omega_n\omega\zeta\right)^2\right]}+\sum_{i=1}^{3}\frac{-2\omega_{n_{cw}}^{(i)}\omega\zeta_{cw}^{(i)}u_{cw}^{(i,\ n_c)2}}{\left(\omega_{n_{cw}}^{(i)2}-\omega^2\right)^2+\left(2\zeta_{cw}^{(i)}\omega_{n_{cw}}^{(i)}\omega\right)^2} \tag{7.29}$$

表7.3 车削加工系统随机参数的统计特征

参数		参数意义	均值	标准差	分布形式
p_1	d/mm	刀具切削直径	50	0.5	正态分布
p_2	$f_{n_{ct}}$/Hz	刀具系统固有频率	185.77	4.11	正态分布
p_3	ζ	刀具系统阻尼比	0.0956	0.00381	正态分布
p_4	$k/(\mathrm{N\cdot m^{-1}})$	刀具系统等效刚度	4.035×10^6	4.54×10^4	正态分布
p_5	$f_{n_{cw}}^{(1)}$/Hz	工件系统1阶固有频率	317.38	1.66	正态分布
p_6	ζ_1	工件系统1阶阻尼比	0.0230	0.00519	正态分布
p_7	$f_{n_{cw}}^{(2)}$/Hz	工件系统2阶固有频率	1262.24	28.64	正态分布
p_8	ζ_2	工件系统2阶阻尼比	0.0224	0.00590	正态分布
p_9	$f_{n_{cw}}^{(3)}$/Hz	工件系统3阶固有频率	2113.41	27.37	正态分布
p_{10}	ζ_3	工件系统3阶阻尼比	0.0225	0.00588	正态分布
p_{11}	$\varphi/(^\circ)$	切削力夹角	78.47	3.20	正态分布
p_{12}	$\alpha/(^\circ)$	振动方向夹角	15	0.15	正态分布
p_{13}	$k_t/(\mathrm{N\cdot mm^{-2}})$	切向切削刚度系数	3003.67	122.02	正态分布
p_{14}	$k_r/(\mathrm{N\cdot mm^{-2}})$	径向切削刚度系数	934.49	34.93	正态分布

在主轴转速 Ω 分别为2500，4300 r/min，即当 $n=7$ 和 $n=4$ 时，表7.4显示了不同主轴转速下各切削位置上，车削加工系统可靠性优化前后的对比结果。

表7.4 车削加工系统可靠性优化对比结果

切削位置	n	方法	a_p/mm	$f/(\mathrm{mm\cdot r^{-1}})$	$\Omega/(\mathrm{r\cdot min^{-1}})$	$MRR/(\mathrm{mm^3\cdot min^{-1}})$	R	循环次数
$0.1L_{cw}$	7	优化前	0.054	0.50	2500.0	10602.9	1	—
		SORA	0.290	0.64	2581.3	75256.0	1	4
		SORA-FOCM	0.290	0.64	2581.3	75256.0	1	4
	4	优化前	0.054	0.50	4300.0	18236.9	1	—
		SORA	0.309	0.37	4248.3	76295.2	1	2
		SORA-FOCM	0.309	0.37	4248.3	76295.2	1	2
$0.2L_{cw}$	7	优化前	0.054	0.50	2500.0	10602.9	1	—
		SORA	0.290	0.65	2528.9	74877.2	1	2
		SORA-FOCM	0.290	0.65	2528.9	74877.2	1	2
	4	优化前	0.054	0.50	4300.0	18236.9	1	—
		SORA	0.273	0.41	4339.4	76295.2	1	2
		SORA-FOCM	0.273	0.41	4339.4	76295.2	1	2
$0.3L_{cw}$	7	优化前	0.054	0.50	2500.0	10602.9	0.9948	—
		SORA	0.150	0.90	2552.1	54118.5	1	3
		SORA-FOCM	0.150	0.90	2536.9	53796.7	1	2

表7.4（续）

切削位置	n	方法	a_p/mm	f/(mm·r^{-1})	Ω/(r·min^{-1})	MRR/(mm^3·min^{-1})	R	循环次数
$0.3L_{cw}$	4	优化前	0.054	0.50	4300.0	18236.9	1	—
		SORA	0.200	0.57	4260.6	76295.1	0.9910	2
		SORA-FOCM	0.150	0.76	4260.6	76294.3	1	2
$0.4L_{cw}$	7	优化前	0.054	0.50	2500.0	10602.9	0.8913	—
		SORA	0.110	0.90	2467.2	38367.8	0.9870	6
		SORA-FOCM	0.059	0.90	2536.4	21156.0	0.9920	2
	4	优化前	0.054	0.50	4300.0	18236.9	0.9993	—
		SORA	0.100	0.90	4330.0	61213.4	0.9900	2
		SORA-FOCM	0.100	0.90	4330.0	61213.4	0.9960	2
$0.5L_{cw}$	7	优化前	0.054	0.50	2500.0	10602.9	0.6811	—
		SORA	0.039	0.89	2496.7	13612.8	0.9300	66
		SORA-FOCM	0.040	0.90	2548.4	14411.0	0.9900	6
	4	优化前	0.054	0.50	4300.0	18236.9	0.9586	—
		SORA	0.079	0.89	4433.9	48969.3	0.9190	2
		SORA-FOCM	0.065	0.90	4329.8	39787.6	0.9940	2
$0.6L_{cw}$	7	优化前	0.054	0.50	2500.0	10602.9	0.5307	—
		SORA	0.030	0.68	2382.3	10838.3	0.9760	3
		SORA-FOCM	0.025	0.77	3572.4	10802.2	0.9820	3
	4	优化前	0.054	0.50	4300.0	18236.9	0.8643	—
		SORA	0.049	0.89	4466.7	30598.1	0.9580	2
		SORA-FOCM	0.043	0.90	4328.8	26314.4	0.9950	2
$0.7L_{cw}$	7	优化前	0.054	0.50	2500.0	10602.9	0.5485	—
		SORA	0.030	0.90	2536.1	10756.0	0.9750	2
		SORA-FOCM	0.030	0.90	2536.1	10756.0	0.9910	2
	4	优化前	0.054	0.50	4300.0	18236.9	0.8793	—
		SORA	0.059	0.89	4452.3	36723.5	0.9350	2
		SORA-FOCM	0.045	0.90	4810.8	30605.0	0.9960	2
$0.8L_{cw}$	7	优化前	0.054	0.50	2500.0	10602.9	0.7496	—
		SORA	0.035	0.89	2578.5	12616.7	0.9120	2
		SORA-FOCM	0.032	0.90	2546.2	11518.6	0.9930	2
	4	优化前	0.054	0.50	4300.0	18236.9	0.9815	—
		SORA	0.054	0.89	4464.6	33704.6	0.9200	2
		SORA-FOCM	0.045	0.90	4328.5	27536.6	0.9920	2
$0.9L_{cw}$	7	优化前	0.054	0.50	2500.0	10602.9	0.9995	—
		SORA	0.058	0.89	1701.3	13794.9	0.9630	2
		SORA-FOCM	0.055	0.60	2548.9	13212.5	0.9910	2

表7.4（续）

切削位置	n	方法	a_p/mm	f/(mm·r^{-1})	Ω/(r·min^{-1})	MRR/(mm^3·min^{-1})	R	循环次数
$0.9L_{cw}$	4	优化前	0.054	0.50	4300.0	18236.9	1	—
		SORA	0.064	0.89	4446.9	39787.6	0.9240	2
		SORA-FOCM	0.050	0.90	4329.8	30605.8	0.9960	2
L_{cw}	7	优化前	0.054	0.50	2500.0	10602.9	1	—
		SORA	0.089	0.59	2608.5	21515.5	0.9550	2
		SORA-FOCM	0.070	0.60	2536.5	16734.3	0.994	2
	4	优化前	0.054	0.50	4300.0	18236.9	1	—
		SORA	0.136	0.83	4302.9	76295.1	0.9400	2
		SORA-FOCM	0.120	0.90	4330.0	73457.0	0.9950	2

由表7.2和表7.4均可看出，采用基于一阶控制变量的可靠性优化设计方法和序列优化与可靠性评定方法优化后的材料去除率对比优化前的均有较大提升。相比之下，采用基于一阶控制变量可靠性优化设计方法的结果较好，在使材料去除率最大化的同时，基本都能满足车削系统对可靠度R大于0.99的要求，而序列优化与可靠性评定方法的结果有一定误差。同时，基于一阶控制变量的可靠性优化设计方法的循环次数略少于采用序列优化与可靠性评定方法优化的循环次数。由此可见，本章所提的可靠性优化设计方法，在一定程度上提高了优化精度，降低了运算成本。

7.6 本章小结

由于车削系统中不确定性因素的影响，为了在满足系统高可靠度需求的同时最大限度地提升车削加工生产率，对车削系统进行了可靠性优化设计。以材料去除率作为目标函数，在车削颤振可靠度约束条件下，建立了车削颤振可靠性优化模型。以序列优化与可靠性评定方法为基础，结合一阶控制变量方法，提出了基于一阶控制变量的可靠性优化设计方法。采用基于一阶控制变量的可靠性优化设计方法和序列优化与可靠性评定方法，分别对车削刀具系统和车削加工系统进行了可靠性优化设计，实现了车削系统参数的优化，为实际车削加工中的参数选取提了供理论依据。同时，通过两种方法的对比结果，验证了基于一阶控制变量的可靠性优化设计方法的高效性。

参考文献

[1] YE J J.Constraint qualifications and KKT conditions for bilevel programming problems [J]. Mathematics of operations research,2006,31(4):811-824.

[2] FACCHINEI F, FISCHER A, KANZOW C, et al.A simply constrained optimization reformulation of KKT systems arising from variational inequalities [J]. Applied mathematics and optimization, 1999, 40(1): 19-37.
[3] MENG Z, YANG D X, ZHOU H L, et al.Convergence control of single loop approach for reliability-based design optimization [J]. Structural and multidisciplinary optimization, 2018, 57(3): 1079-1091.
[4] LI X L, MENG Z, CHEN G H, et al.A hybrid self-adjusted single-loop approach for reliability-based design optimization [J]. Structural and multidisciplinary optimization, 2019, 60(5): 1867-1885.
[5] HUANG Z L, JIANG C, LI X M, et al.A single-loop approach for time-variant reliability-based design optimization[J]. IEEE transactions on reliability, 2017, 66(3): 651-661.
[6] KESHTEGAR B, HAO P.A hybrid loop approach using the sufficient descent condition for accurate, robust, and efficient reliability-based design optimization [J]. Journal of mechanical design, 2016, 138(12): 121401.
[7] LI G, MENG Z, HU H.An adaptive hybrid approach for reliability-based design optimization[J]. Structural and multidisciplinary optimization, 2015, 51(5): 1051-1065.
[8] BOGGS P T, TOLLE J W.Sequential quadratic programming[J]. Acta numerica, 1995, 4: 1-51.
[9] LAWRENCE C T, TITS A L.Nonlinear equality constraints in feasible sequential quadratic programming[J]. Optimization methods and software, 1996, 6(4): 265-282.
[10] NOCEDAL J, WRIGHT S J.Sequential quadratic programming [J]. Numerical optimization, 2006, 1: 529-562.
[11] DU X P, CHEN W.Sequential optimization and reliability assessment method for efficient probabilistic design[J]. Journal of mechanical design, 2004, 126(2): 225-233.
[12] 武文革.金属切削原理及刀具[M]. 2版.北京:电子工业出版社,2017.
[13] ALTINTAS Y, BER A A.Manufacturing automation: metal cutting mechanics, machine tool vibrations, and CNC design[J]. Applied mechanics reviews, 2001, 54(5): B84.
[14] MERRITT H E.Theory of self-excited machine-tool chatter: contribution to machine-tool chatter research-1[J]. Journal of manufacturing science and engineering, 1965, 87(4): 447-454.
[15] LAWRENCE C T, TITS A L.A computationally efficient feasible sequential quadratic programming algorithm[J]. Siam journal on optimization, 2001, 11(4): 1092-1118.
[16] FLETCHER R.The sequential quadratic programming method [M] // Nonlinear optimization. Berlin, Heidelberg: Springer, 2010: 165-214.